军队重点学科专业课程教材

现代雷达原理与应用

张财生　张　林　薛永华　金　丹　编著

电子工业出版社

Publishing House of Electronics Industry

北京·BEIJING

内 容 简 介

本书介绍雷达探测目标的基本原理、雷达系统的分机组成、目标参数测量和跟踪、电子战中的雷达等内容。雷达系统的分机组成内容包括发射机、接收机、显示终端以及天线和伺服系统的基本组成、基本工作原理和主要技术指标；目标参数测量和跟踪内容包括雷达作用距离的分析，距离、角度、速度等参数的测量方法和跟踪原理；电子战中的雷达内容包括辐射源侦察系统、有源干扰机、无源干扰设备、导弹逼近告警设备以及诱饵雷达、雷达对抗控制管理系统等的组成、原理、分类、工作过程等。

本书注重雷达技术理论与实践应用相结合，适合作为雷达工程、电子对抗、情报处理等专业高年级本科生和研究生的教材或参考书，也适合作为雷达操作员和雷达维护人员培训的辅助教材。

图书在版编目（CIP）数据

现代雷达原理与应用/张财生等编著. —北京：电子工业出版社，2023.3
ISBN 978-7-121-45222-2

Ⅰ. ①现… Ⅱ. ①张… Ⅲ. ①雷达－高等学校－教材 Ⅳ. ①TN951

中国国家版本馆 CIP 数据核字（2023）第 046051 号

责任编辑：谭海平
印　　刷：北京虎彩文化传播有限公司
装　　订：北京虎彩文化传播有限公司
出版发行：电子工业出版社
　　　　　北京市海淀区万寿路 173 信箱　　邮编：100036
开　　本：787×1092　1/16　印张：23.5　字数：571.5 千字
版　　次：2023 年 3 月第 1 版
印　　次：2024 年 8 月第 2 次印刷
定　　价：89.00 元

凡所购买电子工业出版社图书有缺损问题，请向购买书店调换。若书店售缺，请与本社发行部联系，联系及邮购电话：（010）88254888，88258888。

质量投诉请发邮件至 zlts@phei.com.cn，盗版侵权举报请发邮件至 dbqq@phei.com.cn。

本书咨询联系方式：（010）88254552，tan02@phei.com.cn。

前　言

雷达的出现，改变了第二次世界大战（以下简称"二战"）的空战模式，并且帮助盟军赢得了"二战"。从"二战"至今，配备雷达的武器装备越来越多，从事雷达作战的人员也日益增多。西安电子科技大学丁鹭飞教授等编著的《雷达原理》是国内关于雷达启蒙的经典教材，国内雷达技术领域的大多数人员是基于该教材进入雷达行业从事相关教学和研究的。在实际工作中，很多从事雷达相关工作的工程师并不是雷达专业科班出身的，对雷达的习得知识大多来自各种短期培训或自学。

当前关于雷达的教材和相关技术理论的各种专著大多是从雷达技术理论研究、装备研制角度编写的，学术性高，逻辑性强，内容也较抽象。本书从雷达应用的角度出发，尽可能用图来介绍雷达的基本工作原理、技术、方法等抽象内容，为从事雷达业务的初学者提供了解现代雷达原理、应用和相关术语的不同视角，达到只需具备比较简单的数学、物理知识就可学习雷达技术的目的。本书主体内容的框架结构如图 0.1 所示，全书从各种物体对电磁波的二次散射现象开始，描绘典型的雷达系统是如何探测目标的，由此引出第一部分内容：雷达系统的分机组成及其技术性能指标，对应的第 2 章重点讨论发射机产生大功率射频脉冲信号的方法，第 3 章重点分析接收机接收微弱目标回波并从中提取目标信息的流程，第 4 章给出可显示目标各类有效信息的终端及相关应用，第 5 章介绍发射、接收电磁波的"天线"；紧接着针对"雷达能看多远"的核心问题引出雷达方程和目标检测理论，定量分析发射机、接收机、天线等分系统的技术性能指标对雷达作用距离的影响，即第二部分内容（第 6 章）；然后结合"目标在哪"等需求，讨论利用蕴含在回波幅度、时间、频率、相位中的信息开展目标参数测量和跟踪的方法，对应第三部分（第 7 章）；第四部分（第 8 章）针对雷达主动发射信号的基本特征，分析其在电子战中面临的挑战，给出开展雷达对抗的基本措施。

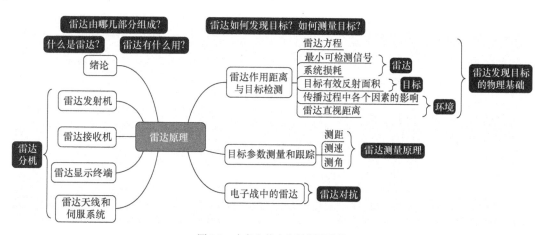

图 0.1　本书主体内容的框架结构

　　为了强化雷达基本概念和实际应用，最终让普通学生也可掌握相对深奥的理论知识，懂得雷达在实际中"如何才能将其技战术性能发挥到极致"，编著者基于电子信息领域初学者的知识背景，以雷达基本工作原理、参数测量基本理论和技战术指标的物理意义为重点，力求从以下几个方面致力于提高相关内容的可读性。

　　1．体系框架方面。让学生在学习之前能对雷达有一个框架上的把握和掌控，开篇就告诉学生雷达研究的是"如何利用电磁波获取感兴趣目标的更多信息"，并在最初就对信号发射、回波接收、目标检测处理、态势信息显示等雷达工作过程进行系统性的阐述。针对不同章节内容相对独立的问题，致力于通过雷达信号，让不同章节的内容有一条清晰的主线，将零碎的相关理论知识和技术使用串联起来。每章的开篇设置了"导读问题"，每章重点内容都有思维导图，它们以电子文件形式提供（见文后二维码链接）以便帮助读者更好地掌握知识的框架，构建各章节知识点之间的联系，并且与应用层面建立关联。

　　2．内容选取方面。从战术使用角度，选取适合于雷达装备操作、战术使用人员的教学内容，在阐述雷达基本组成、工作原理、目标参数测量方法的基础上，重点分析雷达各技术指标的物理意义，并给出形象理解的方法。例如，在分析雷达基本工作过程和各个分机的组成及原理时，重点解读各分机的各技术参数对战术性能、战术使用的影响，注重分析各技术指标与衡量雷达作战能力的战术指标间的关系，突出战术使用人员的需求。

　　3．内容呈现方面。尝试先从战场目标探测的军事需求出发，引导学生结合导读问题思考雷达系统可以怎么做，猜测雷达是如何尽可能满足战场军事需求的，并结合书中的内容来检验自己的猜测。由浅入深地帮助学生探索雷达世界，培养学生发现新方法和新技术的思维，引导学生学会自己提出需求并解决问题，在学习过程中学会"由需求到问题，再由问题到方法"的工程思维。

　　4．图解雷达方面。在保证内容正确和准确的同时，每个理论/技术尽可能都结合图来描述，尽可能让语言生动一些，并且补充一些可以加深理解的辅助材料，让内容更形象、更简单易学。

　　5．能力培养方面。重视公式的物理意义及公式之外的逻辑理解和推导能力，培养学生的创新思维。多年后，学生可能会忘记雷达方程，也可能会忘记如何计算灵敏度，但只要还记得雷达探测目标的机理和过程，基于待分析雷达的各种技术参数就能很容易地推测出其战术性能。每章结束时都给出一定量的习题，以帮助读者掌握基本概念，强化应用能力。

　　6．技术发展史方面。以讲故事的方式，分享给有志于深入学习的读者，阐述不同时代雷达工程师是如何将战场中的"需求"提炼成为对应的"理论"和"方法"，并用它们改变整个战场的作战方式的，进而实现对雷达核心内容的深刻解释，理解军事需求对雷达技术进步的驱动作用。

　　选用本书开展教学时，可结合知识体系的构建开展"工程思维"培养，实现思维层面的引领，如发射机章节清楚地阐述了发射信号波形参数对后续雷达能够获取的目标信息，接收机章节描述了提取蕴含在目标回波信号幅度、频率、相位等参量中的各种目标信息的方法；利用广义的"正弦信号"这一桥梁，连接"可感知的信号"与"不可感知的电磁波"，作为雷达的"魂"，串起"发射机-接收机-天线-距离、角度、速度参数测量-目标显示"等部分涉及的相关知识和技术。

然而，由于编著者能力有限，无法引导读者快速成长为雷达"达人"，终究要靠埋头苦读、探索和实践才能学到真功夫。编著者衷心希望本书能为有志于雷达事业的读者铺路，同时感受到雷达的美。

本课程教学学时计划为40～60。对于短期培训，可以选讲本书的前两部分。书中用星号（*）标注的章节内容主要是扩展内容。本书的第1章、第2章、第3章、第5章和附录由张财生编写，第4章和第6章由张林编写，等7章由薛永华编写，第8章由金丹编写，全书由张财生统稿。编著者在编写过程中，参考了许多国内外文献资料、图表等，在此对原作者表示衷心的感谢。

由于编著者水平有限，书中难免存在一些缺点和不当之处，殷切希望广大读者批评指正。选用本书教学时，可联系 caifbi2008@163.com 获取配套 PPT 和雷达虚拟演示示教软件。

彩色插图　　　　　　思维导图 PDF 版　　　　　思维导图 Xmind 版

编著者

2022 年 11 月

目　录

第1章 绪论

导读问题

1. 什么是雷达？它是如何探测目标的？
2. 光学、声学类传感器也能获取战场态势信息，为什么雷达不可或缺？

本章要点

1. 雷达理论背景知识，包括基本工作原理和基本探测能力。
2. 雷达系统各基本组成单元的基本功能、工作原理和相互关系。
3. 衡量雷达关键技战术性能参数的物理意义。

1.1 概述

信息是构成现代军队作战能力的核心要素之一，获取信息的能力也已成为衡量作战能力高低的首要标志。而信息优势的建立需要能够全天时、全天候获取战场态势信息的传感器。光学、声学类传感器都是获取信息的手段，但实践中发现光学传感器受气象条件影响大，声学传感器探测距离比较近。

飞机、舰艇、汽车、建筑物、地面等大多数物体都会反射电磁波，就如它们会反射光一样。电磁波和光本质上都是电磁能流，主要区别是光的频率要高得多。"二战"期间，基于电磁波进行目标探测定位的新型传感器——雷达的出现和应用，克服了光学传感器在夜晚或恶劣气象条件下看不见、看不清的缺陷，也克服了声学传感器看不远的问题，帮助盟军以少胜多。因此，是来自战场的军事需求促进了雷达技术的发展和应用，从某种意义上说是历史选择了雷达。

雷达的工作原理与日常遇到的声波反射的原理非常相似，生活中如朝岩石峡谷或山洞的方向大喊，可以听到回声。如果已知声速，则利用回声返回所需的时间可以计算出岩石峡谷或山洞的距离。雷达的工作过程几乎相同，先发射电磁能量，照射到反射物体后向许多方向散射，如图 1.1.1 所示，其中可探测到的部分通常是沿其原发射方向向后散射的那部分能量，这部分能量就称为**回波**。雷达就是利用目标反射回波中蕴含的信息来确定其方向和距离的。

因此，雷达的基本工作过程很容易理解。如图 1.1.2 所示，利用返回到雷达的反射能量可以感知目标的存在，而且通过比较接收到的回波信号与发射信号，还可确定其位置和获得其他与目标有关的信息。然而，其涉及的相关理论可能比较复杂。为了能够正确操作和使用雷达系统，必须了解其详细的工作原理。

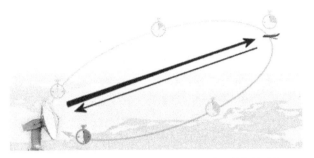

图 1.1.1 雷达测距就是测量电磁波脉冲信号的往返时间

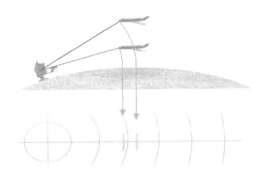

图 1.1.2 目标斜距及其显示

1.1.1 雷达的定义

雷达是英文 Radar 的音译，即无线电探测和测距，是利用反射的电磁波来检测物体存在的电子设备，可用于飞机、舰船、航天飞机等目标的检测和定位。严格来说，目前雷达的功能范畴已超越了当初命名时单纯的"检测"和"定位"，但不变的是，还是利用电磁波照射目标后形成二次散射信号，这也是雷达区别于通信、导航、电子侦察等系统的根本特征。

Radar 一词的由来

Radar 是 Radio detection and ranging 的缩写，是美国海军研究实验室（Naval Research Lab，NRL）当年用于无线电探测定位领域的代号。美国两位海军少校 F. R. Furth（后来成为海军少将）和 S. M. Tucker（后来成为海军少将）在海军部任职时，设计了这个首字母缩写词并采取行动使其生效。原始信函日期为 1940 年 11 月 10 日，由当时的海军作战部长 H. R. Stark 签署，把 Radar 作为正式用词。后来，Furth 和 Tucker 都作为海军上校成为 NRL 的负责人（海军上校 Furth，1949—1952；海军上校 Tucker，1955—1956）。海军上校 Furth 后来成为 NRL 的主任。雷达一词很快就被普遍使用，虽然当时 Radar 被国际协议采用，但直到 1943 年，英国人在这一领域的工作中仍然保留了 Radio Location（无线电定位）和 Radio Direction Finding（无线电定向）这两个术语。

1.1.2 雷达的功能

雷达是利用目标对电磁波的二次散射现象来发现目标并确定其位置的。如图 1.1.3 所示,在以雷达为原点、以正北为极轴的极坐标系中,利用目标对电磁波的反射现象可测得目标的尺度参数,如斜距 R、方位角 β、仰角 ε、速度 v、高度 H 等,其中目标的方位角 β 定义为目标斜距在水平面的投影与正北方向之间的夹角,目标的仰角 ε 定义为目标斜距与水平面的投影之间的夹角。雷达目标的真方位(参考真北)是真北与直接指向目标的直线之间的角度。这个角度是在水平面和真北沿顺时针方向测量的。雷达目标的方位角也可以从船舶或飞机等平台自身的中心线沿顺时针方向测量,称为**相对方位角**。

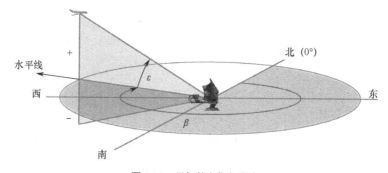

图 1.1.3　目标的方位角/仰角

另外,通过目标回波还可以测量目标的特征参数,如目标的尺寸、形状等。

1.1.3 目标尺度参数测量

雷达发射的是高功率电磁脉冲信号,该脉冲通过天线的方向性聚焦在一个方向上,并以光速在给定方向上传播。如果在这个方向上有障碍物,例如飞机,那么脉冲的一部分能量会向各个方向散射,其中一部分也会反射回雷达,天线接收到部分能量后,可获取目标的相关信息,实现对目标距离和空间角度的测量,而目标位置的变化率可由其距离和角度随时间和角度的变化规律得到,并由此建立对目标的跟踪。

1. 目标斜距的测量

电磁波在遇到导电表面时会产生反射,这就让目标距离的测量成为可能。雷达通过测量电磁波传播到目标并从目标返回的时间 t_R 来计算得到目标的距离,如图 1.1.4 所示。

电磁能量在自由空间以光速 c 传播。因此,雷达信号传播到距离为 R 的目标并返回雷达的时间为 $2R/c$。于是,目标距离 R 为

$$R = \frac{1}{2}(光速) \times (往返时间) = \frac{ct_R}{2} \tag{1.1.1}$$

如果距离用 km(千米)或 nmi(海里)表示,时间 t 用 μs 表示,式(1.1.1)就变成

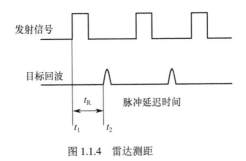

图 1.1.4　雷达测距

$$R = 0.15t_R \, \text{km} = 0.081t_R \, \text{nmi} \qquad (1.1.2)$$

$1\mu s$ 往返时间相当于距离 150m 或 0.081nmi。雷达信号传播 1nmi 的时间为 $12.35\mu s$。

通过测量雷达信号往返目标的时间，雷达可测出目标的距离。在远距离上和气象条件不好时，其他传感器都达不到雷达的测量精度。在仅受视线限制的距离上（通常为 200～250nmi），地面雷达测量飞机的距离精度可达几十米。业已证明，雷达测量行星间距获得的精度仅受传播速度精度的限制。

2. 目标方向的测量

目标方向的测量即目标的角度测量，包括方位角和仰角。

发射机能量由方向性天线聚集成一个窄波束辐射到空中。当天线波束轴对准目标时，回波信号最强，当天线波束轴偏离目标时，回波信号减弱，如图 1.1.5 所示。当天线波束在空间扫描时，接收机输出的回波脉冲串的最大值所对应的时刻的波束轴线指向，即为目标所在方向。人工录取时，当显示器画面出现最大值的时刻，读出目标角度数据。自动录取时，因为天线方向图是对称的，所以回波脉冲串的中心位置就是其最大值方向。因此，目标的角度通过方向性天线（具有窄波束的天线）来实现。

图 1.1.5　回波信号强度的变化

当天线的电尺寸（定义为天线物理尺寸与发射信号波长的比值）增大时，天线的波束变窄，测角精度和角分辨力等测角性能提升。

大多数雷达系统的天线都是在单个波瓣或波束中辐射能量的，天线可在方位上旋转。波束的形状使得回波信号强度随着天线波束在目标上的运动而在幅度上发生变化。实际操作中，搜索雷达天线连续运动；由检测电路或操作员目测确定的最大回波点是波束指向目标时，雷达系统可以定位到最大信号返回点，并通过手动或自动跟踪电路使波束保持在该位置。

1）方位角测量

为了准确测量方位角，需要对正北方向进行测量。因此，必须使用指南针或在 GPS 等导航卫星的帮助下独立确定正北方向，如图 1.1.6 所示。

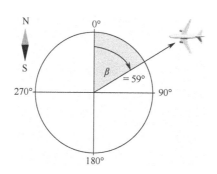

图 1.1.6　方位角测量

2）仰角/高度测量

仰角 ε 是水平面和视线之间的角度，在垂直平面上测量。参考方向（即 0°仰角）是水平线，仰角主要用希腊字母 ε（epsilon）表示。它在水平线以上为正，在水平线以下为负。

高度或测高雷达在垂直平面上使用非常窄的扇形波束。除了垂直平面中的波束，波束在高度维上进行机械或电子扫描，以精确定位目标。如果在接收机中检测到回波信号，则仰角就是天线方向图的当前指向。如图 1.1.7 所示，目标距离较近时不考虑地球曲率，目标高度为 $h = R\sin\varepsilon$；目标距离较远时需要考虑地球曲率，目标高度为 $H = R\sin\varepsilon + \dfrac{R^2}{2r_e}$。

图 1.1.7　高度测量

3. 目标相对速度的测量

相对速度的测量除采用距离变化率进行测量外，还可通过测量回波中的多普勒频移来得到。因为当目标与雷达间存在相对速度时，接收到的回波信号的载频相对于发射信号的载频产生频移，这个频移就是多普勒频率 f_d，有

$$f_d = \frac{2v_r}{\lambda} \qquad (1.1.3)$$

式中，f_d 为多普勒频率，单位为 Hz；v_r 为雷达与目标之间的径向速度，单位为 m/s；λ 为载波的波长，单位为 m。

当目标向着雷达运动时，$v_r > 0$，回波载频提高；反之，$v_r < 0$，载频降低。因此，雷达只要测出回波信号的多普勒频率，就可以确定目标与雷达站之间的相对运动速度。

1.1.4　目标特征参数测量

现代雷达除了能够获取目标的距离、方位、仰角等尺度参数，如果在一维或多维上有足够的分辨力，还能进一步获取目标的特征参数，如目标的尺寸和形状信息；发射不同极化的电磁波，可测量目标形状的对称性。原理上，雷达还可测量目标表面的粗糙度和介电特性等。

1. 目标的尺寸和形状

若雷达具有足够的分辨力，它就能测量目标的宽度或尺寸。因为许多感兴趣的目标尺寸的量级是几十米，所以雷达分辨力必须是几米或更少。这一量级的分辨力在距离坐标上很容易得到。对于常规雷达天线和通常的作用距离而言，角分辨力远低于距离分辨力。但是，运用多普勒频域的分辨力，雷达可得到与距离分辨力相当的目标横向距离维（角度维）分辨力，但这要求目标的各部分和雷达间存在相对运动。在合成孔径雷达（SAR）中，雷达载体的飞机或航天器的运动使雷达和目标存在相对运动。而在逆合成孔径雷达（ISAR）中，这种相对运动是由目标的相对转动来提供的。目标和雷达之间的相对运动是 SAR/ISAR 具有优良目标横向距离分辨力的基础。

目标的尺寸本身很少令人感兴趣，但目标的形状和尺寸对识别目标类型来说却很重要。高分辨力雷达（如 SAR 和 ISAR）获得目标的径向距离和横向距离，并由此提供目标的尺寸和形状。

进一步比较不同极化波的散射场可得到目标对称性的度量，因此可以利用不同的外观比例来区分目标。例如，区分杆状物或球状物，区分球状物或飞机。要全面利用极化信息，应当测量回波信号的两个正交极化分量以及它的交叉极化分量的相位与幅度。原理上，这些测量（它们确定极化矩阵）能识别目标的类型，但在实际应用中并不容易实现。

表面粗糙度是目标形状的一个特征。对来自地面或海面回波的表面粗糙度的度量显得尤其重要。粗糙的目标对入射的电磁能量产生漫反射，光滑的目标则镜面反射电磁能量。通过观测作为入射角的函数的后向散射信号的特性可以判断目标的表面是否光滑。表面粗糙度是一个相对值，它取决于照射信号的波长。在某一波长照射下是粗糙的表面，当用更

长的波长照射时它有可能是光滑的表面。因此，测量目标表面粗糙度的另一种方法是改变照射的频率，然后观测目标散射由镜面反射到漫反射的转折点。直接测量目标粗糙度的方法是观测物体的散射且观测的分辨力要能分辨物体的粗糙度。

2. 其他目标特征测量

像由时域的多普勒频移可确定目标的径向速度一样，由相似的空域多普勒频移可得到目标速度的切向（横向距离）分量。空域多普勒频移扩展或压缩视在的天线辐射方向图（恰如径向速度分量能扩展或压缩动目标回波的时间波形以产生时域的多普勒频移）。切向速度的测量需要长基线天线，如干涉仪。但由于它要求的基线太长，因而切向速度的测量并没有得到实际应用。

根据接收信号幅度随时间的变化，可以记录复杂目标回波的径向投影变化（径向投影的变化通常表现为雷达截面积的变化）。目标的振动、飞机螺旋桨的转动或喷气发动机的转动使雷达回波产生特殊的调制，它可通过雷达回波信号的频谱分析来进行检测。

1.1.5　雷达基本组成

根据雷达发射信号的连续性，可将雷达分为连续波雷达和脉冲雷达两大类。

单一频率连续波雷达是一种最为简单的雷达形式，容易获得运动目标与雷达之间的距离变化率（即径向速度）。其主要缺点有三：一是无法直接测知目标距离，如欲测知目标距离，则必须调频，但用调频连续波测得的目标距离远不及脉冲雷达精确；二是在多目标的环境中容易混淆目标；三是大多数连续波雷达的接收天线和发射天线必须分开，并要求有一定的隔离度。

脉冲雷达容易实现精确测距，而且是在发射脉冲休止期内接收回波，不存在接收天线与发射天线隔离的问题，因此绝大多数脉冲雷达的接收天线和发射天线是同一副天线。由于这些优点，脉冲雷达在各种雷达中居于主要地位。这种雷达发射的脉冲信号可以是单一载频的矩形脉冲，如普通脉冲雷达的情形；也可以是编码或调频形式的脉冲调制信号，这种信号可以增大信号带宽，并在接收机中经匹配滤波输出很窄的脉冲，从而提高雷达的测距精度和距离分辨力，这就是脉冲压缩雷达。此外，雷达发射的相邻脉冲之间的相位可以是不相干（随机）的，也可以是具有一定规律的相干信号。相干信号的频谱纯度高，能得到好的动目标显示性能。

典型单基地脉冲雷达主要由天线、发射机、接收机、收发转换开关（通常简称收发开关）、调制器、同步器和显示器等组成，如图 1.1.8 所示。

脉冲雷达的基本工作流程如图 1.1.9 所示。发射机产生信号（通常是重复的窄脉冲串）并由天线辐射到空间，收发转换开关使天线时分复用，反射物或目标截获并再辐射一部分雷达信号，其中一部分信号沿着雷达的方向返回。雷达天线收集回波信号，并由接收机进行放大、滤波等处理。显示器显示接收处理后的输出，操作员根据显示器的显示判断目标存在与否，或者采用电子设备处理接收机的输出以便自动判断目标存在与否，并根据发现目标后的一段时间内的检测建立目标的航迹。使用自动检测和跟踪设备时，通常向操作员提供处理后的目标航迹，而不是原始雷达检测信号。在某些应用中，处理后的雷达输出信号可以直接用于控制一个系统（如制导导弹），而无须操作员的干预。

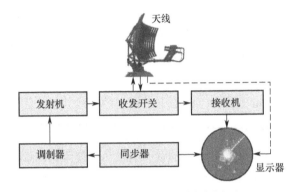

图 1.1.8　单基地脉冲雷达系统基本组成

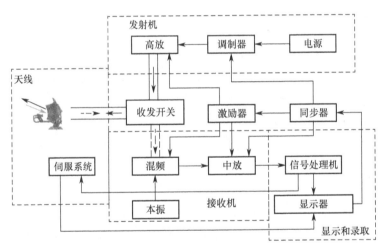

图 1.1.9　脉冲雷达的基本工作流程

1. 发射机

发射机产生由天线进入自由空间的短时高功率射频脉冲。发射机可以是一个磁控管振荡器，这是微波雷达发射机早期的形式，简单的雷达仍在沿用。现代高性能雷达要求有相干信号和高的频率稳定度，因此需要用晶体振荡器作为稳定频率源，并通过倍频功率放大链得到所需的相干性、稳定度和功率。放大链的末级功率放大管最常用的是功率行波管或速调管。当频率低于 600MHz 时，可以使用微波三极管或微波四极管。

发射机通过“通”“断”从激励器的信号中切割出相干脉冲，并将该脉冲放大到所期望的功率电平以便传输。通过恰当地改变该信号，就能方便地改变高功率发射脉冲的宽度和脉冲重复频率，以满足各种工作要求。同理，通过改变激励器的低功率信号，可容易地改变、调制或编码高功率脉冲的频率、相位和功率电平，以便进行脉冲压缩。

2. 收发开关

收发开关在发射脉冲时切断接收支路，尽量减少漏入接收支路的发射脉冲能量；当发射脉冲结束时断开发射支路，由天线接收的回波信号经收发开关全部进入接收支路。收发开关通常由特殊的充气管组成。发射时，充气管电离打火形成短路状态，发射脉冲通过后即恢复开路状态。为了不阻塞近距离目标回波，充气管从电离短路状态到电离消除开路状态的时间极短，通常为微秒量级，对于某些雷达体制为纳秒量级。

3. 天线

天线以所需的分布和效率将发射机能量传输到空间，要求具有窄的波束以保证雷达有很高的目标定向精度。当搜索目标时，天线波束对一定的空域进行扫描。扫描可以采用机械转动方法，也可以采用电子扫描方法。大多数天线只有一个波束，但有的天线同时有几个波束。分布在天线副瓣中的能量应尽量小，低副瓣天线是抗干扰所需要的。有些脉冲雷达不采用反射面天线，而采用平面阵列天线。

4. 接收机

典型的接收机都是超外差式的，如图 1.1.10 所示。在接收机的前端有一个低噪声高频放大器（LNA），放大后的载频信号和本振信号混频，所得信号的频率称为**中频**，它等于载频信号频率（RF）和本振频率（LO）的差。在较低的中频（IF）上，滤波和放大都比较方便。当采用数字信号处理时，为了降低处理运算的速率，应该把信号混频至零中频；为了保持相位信息，零中频信号分解成两个互相正交的信号，分别进入不同的两条支路，然后对这两条支路做数字处理。

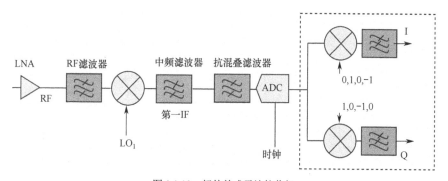

图 1.1.10　超外差式雷达接收机

5. 显示器

显示器是将雷达获得的经过处理的有用信息显示给操作员的设备，它向操作员呈现一个连续的、易于理解的雷达目标相对位置的图形图像。雷达屏幕显示回波信号产生的明亮光点。如图 1.1.11 所示，脉冲传输延迟时间越长，它们到雷达显示器中心的距离就越远。屏幕上的偏转方向是天线当前指向的方向。

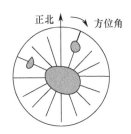

图 1.1.11　雷达显示器上显示的明亮光点

较为简单的雷达在模拟处理后将信息直接输送至显示器。最常见的显示器是搜索雷达用的平面位置显示器，它的优点是能把雷达四周的目标全部直观地显示出来。雷达处在显示器中心原点上，细小的辉亮弧条表示飞机目标。目标所处的方位判读与地图的读法相同，即正上方表示正北（相对于雷达）。辉亮目标和中心点之间的距离表示雷达至目标的距离。对于先进的雷达，信息经数字处理后还输送给平面位置显示器，用以消除荧光屏上剩余的杂波和噪声。另外，还可将地图重叠到显示器上。如果是三坐标雷达，还可在目标旁用数码表示目标高度。新型表格显示器还能将目标的批号和其他有用的信息全部以数码形式表示出来。

6. 同步器

同步器的作用是，通过产生很短的均匀间隔的连续脉冲串使发射机和显示器同步工作。它们指定雷达脉冲依次发射的时间，并提供给调制器和显示器。

7. 伺服系统

伺服系统控制天线旋转运动，控制信号可以用下述任意一种方法提供：①显示器中的搜索扫描电路；②由操作人员给天线定位的手控装置；③角度跟踪系统。

8. 激励器

激励器产生一个连续的、高度稳定的微波频率和相位的低功率信号并发送给发射机与接收机，产生频率上有精确偏差的本振信号和基准信号。

9. 信号处理机

信号处理机是一种经专门设计用来有效进行实时信号处理所需的大量重复性加、减、乘运算的数字计算机。数据处理机装入当前选择的工作模式所用的程序。

信号处理机可以根据到达时间（即距离）对从 A/D 变换器来的输入数进行排序，并将每个距离间隔的数存入称为**距离单元**的内存位置，然后根据其多普勒频率滤除大量不想要的杂波。通过对每个距离单元形成一个窄带滤波器组，信号处理机就可积累从同一个目标来的后续回波（即具有相同多普勒频率的回波）的能量，并进一步降低噪声和背景杂波。处理机通过分析所有滤波器的输出来确定背景噪声和剩余杂波，根据振幅超出该电平的情况自动检测目标回波，然后确定目标的距离和多普勒频率。

10. 数据处理机

数据处理机是一部通用数字计算机，它控制并进行雷达各分机的常规运算。数据处理机通过监视控制板上选择开关的位置，规划并执行选择的工作模式，如远程搜索、边扫描边跟踪、SAR 测绘、近距交战等；接收来自飞机惯性导航系统的信号；在搜索和跟踪期间，使雷达天线保持稳定并控制天线；基于信号处理机来的输入信号，控制目标截获程序，使操作人员只需给显示器上需要跟踪的目标套上标识符号。

在自动跟踪时，数据处理机计算跟踪误差信号，以预测所有测量和预计的变量的影响。这些变量有雷达载机的速度和加速度、期望目标速度、信噪比变化的范围等。这种处理方式形成非常平滑和精确的跟踪。

数据处理机不断监视雷达的所有操作，包括它本身在内。当出现问题时，会把发生的问题告知操作人员。此外，它还能进行机内自检，将故障定位到能在任务中迅速切换的一个组件。

1.1.6　雷达探测能力

雷达方程是描述影响雷达探测性能诸因素的唯一方式，也是最有用的方式，它根据雷达特性给出雷达的作用距离。一种给出接收信号功率 P_r 的雷达方程形式是

$$P_r = \frac{P_t G_t}{4\pi R^2} \cdot \frac{\sigma}{4\pi R^2} \cdot A_e \tag{1.1.4}$$

为了与雷达发射、目标散射、回波接收过程对应，式（1.1.4）右侧写成三个因子的乘积。第一个因子是在距辐射功率为 P_t、发射增益为 G_t 的雷达 R 处的功率密度。第二个因子的分子是以平方米表示的目标截面积 σ，分母表示电磁辐射在返回途径上随距离的发散程度，如同第一因子的分母表示电磁波在向外辐射途径上的发散程度一样。前两项的乘积表示返回到雷达的每平方米的功率。有效孔径为 A_e 的天线截获功率的一部分，其数量由上述三个因子的乘积给出。如果雷达的最大作用距离定义为当接收功率 P_r 等于接收机最小可检测信号 S_{min} 时的雷达作用距离，则雷达方程可写为

$$R_{max}^4 = \frac{P_t G_t A_e \sigma}{(4\pi)^2 S_{min}} \tag{1.1.5}$$

当同一副天线兼作发射和接收时，发射增益 G_t 与有效接收孔径 A_e 的关系式为

$$G_t = 4\pi A_e / \lambda^2$$

式中，λ 表示雷达发射信号的波长。将该式代入式（1.1.5）得到雷达方程的另外两种形式：

$$R_{max}^4 = \frac{P_t G_t^2 \lambda^2 \sigma}{(4\pi)^3 S_{min}} \tag{1.1.6a}$$

$$R_{max}^4 = \frac{P_t A_e^2 \sigma}{4\pi \lambda^2 S_{min}} \tag{1.1.6b}$$

上面给出的雷达方程可用于粗略计算雷达测距性能，但由于过于简化，故不能得到实用的结果，估算的作用距离往往过于乐观。主要有两个原因：①方程不包括雷达的各种损失；②目标截面积和最小可检测信号本质上是统计量，所以作用距离必须用统计值来规定。

雷达方程除了用于估算作用距离，还可指导如何在和雷达性能相关的各种参数中选择可行的折中方案，从而为初始的雷达系统设计使用打下了良好的基础。

1.2 工作频段及其应用

1.2.1 频段的划分方法

雷达的工作频率没有根本性的限制。无论工作频率如何，只要是通过辐射电磁能量来检测和定位目标，并且利用目标回波来提取目标信息的任何设备都可认为是雷达。已经使用的雷达工作频率从几兆赫兹到紫外线区域。任何工作频率的雷达，其基本原理都是相同的，但具体的实现却差距巨大。实际上，大多数雷达的工作频率是微波频率，但也有值得注意的例外。

雷达工程师利用表 1.2.1 所示的字母来标识雷达常用工作频段。这些字母频段在雷达领域是通用的，它作为一种标准已被电气和电子工程师协会（IEEE）正式接受并被美国国防部所认可。在过去，人们试图用其他字符频段来细分整个频谱（如在波导中使用和在电子对抗措施中使用），如图 1.2.1 所示的雷达工作频率两种代号的对应关系，但表 1.2.1 是雷达界采用的唯一频段标识。

表 1.2.1 标准的雷达频段命名法

名　称	频率范围	国际电信联盟规定的雷达频段
HF	3～30MHz	
VHF	30～300MHz	138～144MHz　216～225MHz
UHF	300MHz～1GHz	420～450MHz　890～942MHz
L	1～2GHz	1.215～1.4GHz
S	2～4GHz	2.3～2.5GHz　2.7～3.7GHz
C	4～8GHz	5.25～5.925GHz
X	8～12GHz	8.5～10.68GHz
Ku	12～18GHz	13.4～14.0GHz　15.7～17.7GHz
K	18～27GHz	24.05～24.25GHz
Ka	27～40GHz	33.4～36.0GHz
V	40～75GHz	59～64GHz
W	75～110GHz	76～81GHz　92～100GHz
mm	110～300GHz	126～142GHz　144～149GHz 231～235GHz　238～248GHz

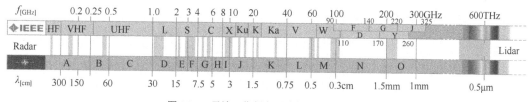

图 1.2.1 雷达工作频率两种代号的对应关系

最初的代码（如 P、L、S、X 和 K）是在"二战"期间为保密而引入的。尽管后来不再需要保密，但这些代码仍沿用至今。由于雷达使用了新的频段，其他的字符是后来增加的，其中 UHF 代替了 P 频段，但 P 频段的代号不再作为正式术语使用。

使用字母可方便地标识雷达的常用工作频段。国际电信联盟（ITU）为无线电定位（雷达）指定了特定的频段，这些频段列于表 1.2.1 的第三列，它们适用于包括北美、南美在内的 ITU 第 II 区。其他两个区的划分略有不同。例如，尽管 L 频段如表 1.2.1 的第二列所示，其范围是 1～2GHz，但实际上，L 频段雷达的工作频率均在国际电信联盟指定的 1.215～1.4GHz 范围内。

每个频段都有其自身特有的性质，如图 1.2.2 所示，从而使它比其他频段更适合于某些应用。下面说明在雷达中已采用的或者可以工作的电磁波频谱的各部分的特性。

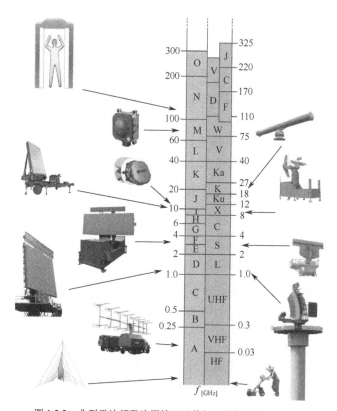

图 1.2.2 典型雷达频段选用情况及其与两种代号的对应关系

1. 高频（HF）（3～30MHz）

虽然"二战"前夕英国安装的第一部作战雷达 Chain Home（本土链，见图 1.2.3）的工作频率位于该频段，但用在雷达上时它有许多缺点。在 HF 段，窄波束宽度要采用大型天线，外界自然噪声大，可用的带宽窄，且民用设备广泛使用电磁频谱的这一部分，因而雷达所用的该频段被限制在很窄的范围内。另外，波长长意味着许多有用的目标位于瑞利区（具体见 6.6 节），在该区内目标的尺寸比波长小。因此，目标的截面积在 HF 频段条件下比在微波条件下小。

图 1.2.3　Chain Home 雷达的天线

尽管 HF 频段有许多缺点，英国当时仍采用该频段，这是因为 HF 频段是当时所能得到性能可靠的大功率器件的最高频率。它对飞机的防御距离达 200nmi。就是这些雷达在不列颠战役中成功地探测到敌机，并且依赖它使有限的英国战斗机能有效地抗击进攻的轰炸机。

高频电磁波的一个重要特性是它能被电离层折射，并且根据电离层实际情况，电磁波可以在 500～2000km 的距离外折射回地面。这可用作飞机和其他目标的超视距检测。对于需要大面积观察（如海洋）的雷达来说，可能实现的超视距探测距离使得 HF 频段颇具吸引力，而采用常规雷达是不实际的。

2. 甚高频（VHF）（30～300MHz）

20 世纪 30 年代研制的大多数早期雷达都工作在该频段。在当时，这些频率的雷达技术是技术领域大胆的探索并处于 30 年代技术的前沿。这些早期的雷达很好地适应了当时的需要并牢固地确立了雷达的实用性。

和 HF 频段一样，VHF 频段也很拥挤，带宽窄，外部噪声高，波束宽。但是与微波频段相比，所需的工艺简单、价格便宜。大功率和大尺寸天线都现成可用。对于性能好的动目标显示（MTI）雷达所需的稳定的发射机和振荡器来说，该频段较更高频段更容易实现，并且可以免除当频率升高时盲速对 MTI 效能的限制。雨的反射不成问题。在好的反射表面

（如海面）上采用水平极化，直射波和表面反射波间的相长干涉会大大增加雷达的最大防空距离（几乎为自由空间作用距离的两倍），但伴随而来的相消干涉会导致覆盖范围内某些仰角能量为零和低仰角能量降低。

该频段是低成本、远距离雷达的优选，如卫星探测设备。理论上要减小该频段大多数空中目标的雷达截面积也很困难。尽管甚高频有许多诱人的特点，但是它的优点并不总能弥补它的局限，所以许多雷达不采用该频段。

3. 超高频（UHF）（300MHz～1GHz）

甚高频雷达的许多情况也适合于超高频，但比起 VHF 频段，超高频段外部噪声低，波束也较窄，并且不受气候的困扰。在有合适的大天线情况下，对于远程警戒雷达，特别是用于监视航天飞机/飞行器、弹道导弹等外层空间目标的雷达，这个频段是好的。它特别适合于机载早期预警（AEW），如 E-2C 预警机，其机载雷达使用机载动目标显示（AMTI）技术检测飞行器。超高频段的固态发射机能产生大功率并且具有维修性好和带宽大的优点。

4. L 频段（1～2GHz）

L 频段是地面远程对空警戒雷达的首选频段，如作用距离为 200nmi 的用于空中交通管制的雷达［美国联邦航空局（FAA）将其命名为 ARSR］。在该频段能得到好的 MTI 性能和大功率及窄波束天线，且外部噪声低。军用 3D（三坐标）雷达使用过 L 频段，也使用过 S 频段。L 频段也适用于必须检测外层空间远距离目标的大型雷达。

5. S 频段（2～4GHz）

在 S 频段，对空警戒雷达可以是远程雷达，但比在较低频率上更难达到远距离。随着频率升高，MTI 雷达出现的盲速数量增多，从而使 MTI 的性能变差。雨杂波会明显减小 S 频段雷达的作用距离。但对于必须准确估计降雨率的远程气象雷达来说，它是首选频率。它也是对空中程监视雷达的较好频率，例如航线终端的机场监视雷达（ASR）。该频段波束宽度更窄，因而角精度和角分辨力高，从而易于减轻军用雷达可能遭遇的敌方的主瓣干扰的影响。由于在更高的频率能得到窄的仰角波束宽度，也有军用三坐标雷达和测高雷达采用 S 频段。远程机载对空警戒脉冲多普勒雷达也工作在该频段，如图 1.2.4 所示的 E-3 预警机的机载预警和控制系统（AWACS）。

图 1.2.4　E-3 预警机的机载预警和控制系统（AWACS）

通常，比 S 频段低的频率适合于对空警戒（大空域内探测和低数据率跟踪多目标）。S 频段以上的频率更适合于信息收集，例如高数据率精确跟踪和识别个别目标。若一雷达既要用于对空警戒又要用于精确跟踪（如基于多功能相控阵雷达的军用防空系统），S 频段是合适的折中。

6. C 频段（4～8GHz）

C 频段介于 S 频段和 X 频段之间，可视为二者的折中。但是，在该频段或更高的频段上实现远程对空警戒很困难。该频段常用于导弹精确跟踪的远程精确制导雷达中。多功能相控阵防空雷达和中程气象雷达也使用该频段，如"爱国者"导弹的制导雷达。

7. X 频段（8～12GHz）

X 频段是军用武器控制（跟踪）雷达和民用雷达的常用频段。舰载导航和领港、恶劣气象规避、多普勒导航和警用测速都使用 X 频段。工作于该频段的雷达尺寸适宜，所以适合于注重机动性和质量轻且非远距离的场合。X 频段雷达的带宽宽，可产生窄脉冲（或宽带脉冲压缩），并且可用尺寸相对小的天线产生窄波束，这些都有利于高分辨力雷达的信息收集。一部 X 频段雷达可小到拿在手里，也可大如图 1.2.5 所示的麻省理工学院林肯实验室的"干草堆山"（Haystack Hill）雷达，其天线直径为 120ft（英尺），平均辐射功率为 500kW。不过，降雨天线会大大削弱 X 频段雷达的功能。

图 1.2.5　Haystack Hill 雷达系统

8. Ku、K 和 Ka 频段（12～40GHz）

在"二战"期间发展起来的初期 K 频段雷达中，它们的波长都集中在 1.25cm（24GHz）。由于该波长很接近水蒸气的谐振波长，而水蒸气的吸收会降低雷达的作用距离，因此选择这个波长是不适宜的。后来，以水蒸气的吸收频率为界将 K 频段细分为两个频段。低端用 Ku 表示，高端用 Ka 表示。这些频段受到关注是因为带宽宽，且用小孔径天线可获得窄波束。但是，在该频段难以产生和辐射大的功率。由于雨杂波和大气衰减的限制，工作在较高频率愈加困难，所以并没有多少雷达采用这些频率。但是，用于机场地面交通定位和控制的机场场面探测雷达由于要求高分辨力，它们工作在 Ku 频段。在这个特殊应用中，由于要求的作用距离短，其缺点并不重要。

9. 毫米波频段（40GHz 以上）

尽管 Ka 频段的波长约为 8.5mm（35GHz），但考虑到 Ka 频段雷达的工艺与毫米波的相比更接近微波雷达的工艺，它很少被认为是毫米波频段的典型频率，所以毫米波雷达的频率范围取为 40～300GHz。在 60GHz 频率上，由于大气中氧气吸收产生的异常衰减，排除了雷达在其邻近频率的应用。因而，94GHz 频率（3mm 波长）通常代表毫米波雷达的"典型"频率。

如表 1.2.1 所示，在 IEEE 标准中，40GHz 以上的频段被进一步分成字母频段。尽管人们对电磁频谱的毫米波频段感兴趣，但是到目前为止还没有现役雷达工作于 Ka 频段以上。大功率、高灵敏度接收机和低损耗传输线在毫米波频段上不易实现，但这并不是根本问题。因为即使是在"晴朗"的天气下，毫米波频段也存在很高的衰减，这是雷达很少采用该频段的主要原因。实际上，所谓"传播窗口"（94GHz）处的衰减也大于 22.2GHz 水蒸气吸收频率点处的衰减。毫米波雷达更适合于那些工作于没有大气衰减环境的空间雷达。对近程应用，当总衰减不大且可承受时，人们在大气层内的近程雷达中也考虑采用这些频率。

10. 激光频率

红外光谱、可见光谱和紫外光谱的激光雷达可得到幅度、效率适当的相参功率和定向窄波束。激光雷达具有良好的角度和距离分辨力，对目标信息的获取来说颇具吸引力。例如，精确测距和成像已用于军用雷达测距器和勘探的距离测量。人们已考虑利用这些雷达从太空测量大气温度、水蒸气、臭氧的分布剖面以及云层的高度和对流层风速。激光雷达孔径的实体面积较小，因而不能用于大空域的警戒。激光雷达的严重缺点是在雨、云或雾中不能有效地工作。

1.2.2 不同频段的应用

由于电磁波在空间传播的衰减，以及雷达目标回波的散射特性都与频率有关，因此，雷达要根据不同用途来选择其工作频率。目前，大多数雷达的工作频率都为 2～20GHz。例如，地波超视距雷达的频率为 2～40MHz；天波超视距雷达的频率低到 2MHz；100～500MHz 多用于远程警戒雷达、目标识别等；1～2GHz 多用于低空防御、终端防御的雷达中；2～4GHz 则用于火控、机场着陆雷达；4～8GHz 用于制导、舰载、靶场精密测量和机场着陆雷达等；机载火控雷达多工作在 9～15GHz；毫米波雷达工作频率可以高达 94GHz；用于地下探测时，常用的频率是 1MHz～1GHz，因为在此频段，土壤对电磁波的衰减很小。

雷达系统可以工作的频带很宽。雷达的工作频率越高，受雨或云等天气条件的影响就越大。但是，发射频率越高，雷达系统的精度就越好。

1. HF 和 VHF 雷达（A 频段和 B 频段）

300MHz 以下的雷达有着悠久的历史传统，因为这些频率代表了"二战"期间无线电技术的前沿。如今，这些频率用于预警雷达和所谓的超视距（OTH）雷达。在较低的频率更容易获得高功率发射机，电磁波的衰减也小，但天线物理尺寸非常大。该频带也用于通信和广播，因此雷达的带宽是有限的。

当前，这些频段正在卷土重来，因为实际使用的隐身技术在 HF 和 UHF 频段下并没有达到预期的效果。

2. UHF 雷达（C 频段）

300MHz 到 1GHz 是一个很好的雷达工作频段，常用于远程探测及跟踪卫星和弹道导弹。这些雷达用于预警和目标捕获。一些天气雷达，如风廓线仪就使用该频段工作，因为电磁波受云和雨的影响非常小。

3. L 频段雷达（D 频段）

该频段（1～2GHz）优先用于 400km 范围内的远程空中监视雷达。它们经常发射高功率、宽带和脉冲内调制的脉冲。由于地球曲率的影响，低空飞行目标可达到的最大作用距离是有限的。在空中交通管制（ATC）中，像航路监视雷达（ARSR）这样的远程监视雷达工作在这个频段，加上单脉冲二次监视雷达（MSSR），它们使用相对较大但旋转较慢的天线。

4. S 频段雷达（E/F 频段）

大气衰减高于 D 频段，发射功率要比低频率雷达高得多，才能实现良好的最大射程。例如，脉冲功率高达 20 MW 的中功率雷达（MPR）。在这个频率范围内，天气条件的影响比 D 频段的更大。因此，有气象雷达在 E/F 频段工作，但更多的是在亚热带和热带气候条件下工作，因为在这里，雷达可以看到严重风暴以外的情况。

机场专用的机场监视雷达（ASR）用于检测和显示航站区内飞机的位置，中等探测范围可达 100km。ASR 探测民用和军用机场附近的飞机位置与天气状况。

5. C 频段雷达（G 频段）

G 频段常用于许多短程或中程移动军事战场监视、导弹控制和地面监视雷达，精度和分辨力均较高，但天气对其影响非常大。因此，空中监视雷达通常使用圆极化天线馈源。

6. X 频段和 Ku 频段雷达（I/J 频段）

在该频段（8～18GHz）中，使用的波长与天线尺寸之间的关系比在较低频段中要好得多。I/J 频段是一种相对流行的雷达频段，军事上常用于机载雷达，执行拦截战斗机和攻击敌机及地面目标的任务。小尺寸天线可以提供良好的性能。因此，对于机动性和质量都很重要且不需要很远射程的应用非常有意义。

该频段广泛用于海上民用和军用导航雷达，也适用于基于合成孔径雷达（SAR）的星载或机载成像雷达，用于军事电子情报和民用地理测绘。

7. K 频段和 Ka 频段雷达（K 频段）

频率越高，大气衰减越大，可达到的精度和距离分辨力也会提高。该频段的雷达具有作用距离短、分辨力极高和数据率高等特点。在 ATC 应用中，常用于地面运动雷达（SMR）或机场地面探测设备（ASDE）。使用几纳秒的极短发射脉冲可以提供高距离分辨力，雷达显示屏上可以看到飞机的轮廓。

8. V 频段雷达

该频带的衰减高，雷达应用范围仅限于几米的短程。

9. W 频段雷达

W 频段有两个明显的现象：衰减最大的频率约为 75GHz，衰减相对最小的频率约为 96GHz。这两个频率都在实际使用中。在汽车工程中，小型内置雷达装置的工作频率为 75～76GHz，用于驻车辅助、盲点和刹车辅助。目前，实验室设备的工作频率为 96～98GHz。这些应用为雷达在极高频率（如 100GHz）下的使用提供了借鉴。

1.3　主要技战术参数

雷达的战术参数是指雷达完成作战任务所具备的功能和性能；雷达的技术参数是指描述雷达技术性能的量化指标。雷达的战术参数是设计雷达的主要依据，而雷达的技术参数又决定了雷达的战术性能。

1.3.1　战术参数

1. 探测范围

雷达对目标进行连续观测的空域，称为**探测范围**，也称**威力范围**，包括探测目标的距离、方位角和仰角的范围。

2. 参数测量精度和准确度

精度：测量时作用的最小单位。

准确度：测量时数据的有效位数，用均方误差表示。

3. 分辨力

雷达的目标分辨力是它区分距离维或角度维非常近的目标的能力。武器控制雷达需要极高的精度，应该能够区分相距仅几米的目标。搜索雷达通常精度较低，只能区分相距数百米甚至数千米的目标。雷达分辨力通常包括距离分辨力 ΔR、角分辨力 $\Delta \theta$ 和速度分辨力 ΔV（具体见第 7 章）。

　　距离分辨力 ΔR：同一方向上两个目标的最小可分辨距离，取决于信号带宽 B，带宽越大，距离分辨力越大；带宽越小，距离分辨力越差，如图 1.3.1(a)所示。

　　角分辨力 $\Delta\theta$：同一距离上两个目标的最小可分辨角度，取决于波束宽度，波束宽度越大，角分辨力越小；波束宽度越小，角分辨力越高，如图 1.3.1(b)所示。

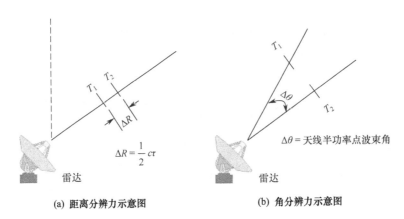

(a) 距离分辨力示意图　　　　　　　(b) 角分辨力示意图

图 1.3.1　分辨力示意图

　　速度分辨力 ΔV：同方位、同距离上的两个目标的最小可分辨速度，取决于数字滤波器的带宽 Δf，带宽越小，分辨力越差；带宽越宽，分辨力越高。

　　空间分辨单元：由距离分辨力和角分辨力确定的分辨单元。脉冲宽度越窄（或发射脉冲的频谱越宽），波束角越窄，分辨单元越小，如图 1.3.2 所示。

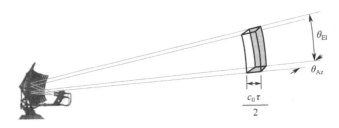

图 1.3.2　空间分辨单元示意图

4．数据率 D

数据率 D 定义为单位时间内雷达对任意目标完成测量的次数。

5．跟踪速度

对距离和角度的最大连续跟踪速度。

6．跟踪目标的数量

指同时能够跟踪的目标的数量。

7. 抗干扰能力

抗干扰能力是指雷达在干扰环境中能够有效检测目标和获取目标参数的能力。雷达的抗干扰能力一般从两个方面描述：①采取了哪些抗干扰措施；②以具体数值表达，如动目标改善因子等。

8. 可靠性

可靠性主要用 MTBF 和 MTTR 来描述。MTBF 为平均无故障时间，MTTR 为平均修复时间。

对于机群编队的评估，即使雷达采用很窄的笔形波束，雷达在远距离上可能还是无法分辨出正在接近的、紧密编队飞行的飞机。因此，战斗机雷达一般都配备有敌机编队评估模式。在这种模式下，雷达在维持态势感知的边跟踪边扫描模式和对可疑的多重目标进行单目标跟踪模式之间更替，以提供非常好的距离和多普勒分辨力。

1.3.2 技术参数

实际中，雷达探测目标的性能、预判目标的运动趋势等，均与发射信号的载频、相参性、脉冲宽度、脉冲重复周期、脉冲重复频率、调制带宽、波形持续时间等参数密切相关。发射、接收、天馈等分系统的高性能是雷达有效获取目标参数的保证。各分系统的主要技术参数如下。

1. 雷达工作频率 f（见 2.1.2 节）

雷达的工作频率由其用途决定，用符号 f 表示。

2. 发射功率（见 2.1.2 节和 6.1 节）

雷达的发射功率很大程度上决定了雷达"能看多远"。

3. 接收机灵敏度 S_{imin}（见 3.4.2 节）

接收机灵敏度 S_{imin} 一般为-60～-140dBW，它将影响雷达的作用距离。

4. 脉冲重复频率（PRF）（见 2.1.2 节、7.1 节和 7.5 节）

发射信号的脉冲重复频率（PRF）决定雷达无模糊测距和无模糊测速的范围。

5. 脉冲宽度和调制带宽（见 7.4 节）

发射信号的脉冲宽度和调制带宽决定雷达的近距离盲区和距离分辨力，影响雷达"能看多清"的问题。

6. 天线增益和波束宽度（见第 5 章和 7.4 节）

天线增益是天线对电磁波聚焦能力的衡量，它影响雷达的作用距离；波束宽度决定雷达的角分辨力。

1.4　应用与发展

最初，雷达是为了满足对空监视和武器控制的军事需求而研制的。雷达系统有多种尺寸和不同的性能规格，可以在远/近距离以及在光学和红外传感器不能穿透的条件下完成任务。它可以在黑暗、薄雾、浓雾、下雨和下雪时工作，其高精度测距和全天候工作的能力是其最重要的属性之一，这就使得它在现代战场上得以广泛应用。

伴随雷达系统发展的技术主线是频段、信号调制技术和器件的发展。20 世纪 40 年代，随着微波技术的发展，尤其是在 1936 年，美国海军研究实验室发明了收发转换开关，使得雷达收发信号可以共用天线，大幅减小了雷达的体积和质量，而微波多腔磁控管的发明也同样具有里程碑意义，它使得雷达能够产生 L 频段以上的高功率射频信号，同时由于发射信号频率的提高又进一步减小了雷达系统的体积，提高了目标参数的测量精度，极大地拓展了雷达在机载、弹载、星载等对设备体积、质量等要求较高的平台上的应用，也促进了雷达在武器控制、炮位侦察、火控瞄准等领域的大规模应用。而军事上的广泛应用又使得雷达技术得到了快速发展。

美国在 1943 年研制出的最早的微波炮瞄雷达 AN/SCR-584 工作在 S 频段，其测距精度为 22.8m，测角精度为 0.06°，它与指挥仪配合，大大提高了高炮射击的命中率。1944 年，德国发射 V-1 导弹袭击伦敦时，最初英国平均需要发射上千发炮弹才能击落一枚 V-1 导弹，使用 AN/SCR-584 炮瞄雷达协助后，平均仅需 50 余发就能击落一枚 V-1 导弹。

从 20 世纪 50 年代开始，航空和空间技术迅速发展，超音速飞机、导弹、卫星和宇宙飞船等都以雷达作为主要的探测手段；20 世纪 60 年代中期以来研制的反洲际弹道导弹系统使雷达在探测距离、跟踪精度、分辨力和目标容量等方面得到了进一步提高。

现代雷达的应用极为广泛，它不仅作为武器装备应用于军事，成为目标搜索、跟踪、测量和武器引导、控制以及敌我识别等不可缺少的设备，而且在民用和科学研究方面也有十分重要的作用，如机场和海港管理、空中交通管制、天气预报、导航及天文研究等都需要使用雷达。

1.4.1　雷达的分类

1. 按信号波形连续与否分类

雷达有两大类型：连续波（CW）型和脉冲型。CW 雷达连续发射电磁波，同时接收反射回波。与此相反，脉冲雷达以窄脉冲形式间断地发射电磁波，而在两次发射的间隔期间内接收回波。

脉冲雷达可分为两大类：①能测量多普勒频率，②不能测量多普勒频率。前者称为**脉冲多普勒雷达**，后者简称为**脉冲雷达**。在本书中，我们广义地将凡是发射脉冲的雷达都称为脉冲雷达。

2. 按用途分类

1) 军用雷达按战术来分类

（1）预警雷达（超远程雷达）。

（2）搜索和警戒雷达。

（3）引导指挥雷达（监视雷达）。

（4）火控雷达。

（5）制导雷达。

（6）战场监视雷达。

（7）机载雷达，包括机载截击雷达、机载护尾雷达、机载导航雷达、机载火控雷达。

（8）无线电测高仪。

（9）雷达引信。

2) 按照雷达信号的形式分类

（1）脉冲雷达。

（2）连续波雷达。

（3）脉冲压缩雷达。

（4）脉冲多普勒雷达。

（5）噪声雷达。

（6）频率捷变雷达。

3) 按照其他标准分类

（1）按角跟踪方式分类：单脉冲雷达、圆锥扫描雷达、隐蔽锥扫雷达。

（2）按测量目标的参量分类：测高雷达、两坐标雷达、三坐标雷达、测速雷达、目标识别雷达。

（3）按信号处理方式分类：各种分集雷达（频率分集、极化分集）、相参或非相参积累雷达、动目标显示雷达、合成孔径雷达。

（4）按天线扫描方法分类：机械扫描雷达、相控阵雷达、频扫雷达。

1.4.2 雷达的应用

与光学等传感器相比，雷达具有许多优点，具体如下：①能够在白天或黑夜中远距离工作；②能够在任何天气下工作，在雾和雨中，甚至可以穿透墙壁或雪层；③作用距离远；

④能够检测并跟踪移动物体，可以进行高分辨率成像，从而识别物体；⑤可以全天时全天候工作。因此，雷达在军事和民领域应用广泛。

1. 军事应用

1）搜索和引导雷达

对空搜索雷达的用途是尽早发现敌方飞机，对海搜索雷达的用途是发现敌方舰船。搜索雷达通常是二坐标的，即测定入侵武器的实时方位和距离。发现敌机后，若要引导己方歼击机去迎击，还需要测定敌机高度，需要用三坐标雷达进行引导。三坐标引导雷达可兼作搜索之用。第三个坐标（仰角）可用多波束、频扫和相扫等方法获得。

2）跟踪测量和火控雷达

在发射导弹和卫星时，为了知道其是否进入正确的轨道，在起飞段需要有精密的跟踪测量雷达，以测定目标的距离、方位、高度、速度等信息。这种雷达通常采用单脉冲测角方式，并把自动化跟踪的数据输入计算机，获得目标的未来轨迹。高射炮或地空导弹的火控雷达也用单脉冲测角，它不仅精度高，而且抗干扰能力强。

3）敌我识别雷达

敌我识别雷达用于探明目标是敌机还是我机（友机），其常用天线如图 1.4.1 所示，这是一种利用二次雷达原理工作的设备。敌我识别雷达包括询问机和应答器，实际上是一种特殊的发射、接收设备。询问机通过天线向目标发射编码询问信号，我（友）机上装的应答器在收到询问信号后发回特殊的编码回答信号。回答信号经询问机接收并解码后在显示器上显示出我机的标志。

图 1.4.1　二次雷达天线

4）机载雷达

机载雷达用于战斗机下视、下射和测绘。机载雷达具有下视能力，以发现低空飞行的飞机、巡航导弹或地面高速行驶的车辆，这时会有很强的地杂波从天线进入接收机。另外，由于雷达载机的高速飞行，地杂波谱会发生很大的扩散。这些都会增加机载雷达从地杂波中检测动目标的难度。机载下视雷达的另一个重要用途是地形测绘，其原理是利用雷达载机高速运动对地面各点所产生的不同的多普勒频率变化，使方位分辨力比天线真实方位波束的分辨力提高数百倍甚至上千倍，如合成孔径雷达。雷达测绘地图可接近光学照相所能达到的清晰度，并且不受气象条件和黑夜的限制。但是，飞机对机载雷达的体积和质量限制极严，因而必须采用优越的结构设计、精密的加工和先进的设备。微波集成、线性电路集成和大规模数字电路集成是减轻质量、缩小体积和提高可靠性的重要技术途径。

机载雷达从诞生之日起就在搜索海面舰船和潜水艇的任务中扮演着重要的角色。海岸警戒飞机一般都装备有多功能搜索和气象雷达。由于基本上所有的船只都配有能够反射强回波的雷达反射器，而且海面杂波与地面杂波相比通常要小许多，所以这些雷达，无论是脉冲的还是脉冲多普勒的，都可以发现远距离的小型船只。虽然无法看见海面以下的情况，但分辨力很好的雷达还是广泛用于检测潜望镜和潜艇的通气管；逆合成孔径雷达（ISAR）在这一点上特别有用。

2. 民用雷达和科研用雷达

1）机场和海港管理

现代机场的飞机起落频繁，而且要求在黑夜或能见度差的云雾天气安全正点起落。因此，空中交通管制雷达就成为现代机场必备的设备，以实现全面的空中交通管制。现代机场配有较远距离的航线监视雷达、机场上空四周的空中监视雷达和观测跑道上飞机的高分辨率航空港监视雷达等，如图 1.4.2 所示的民航空管雷达 ASR-12。海港和河港的船舶进出也十分频繁，必须使用高分辨率雷达和应答器提供监视、指挥、进港导航等服务，以避免碰撞、搁浅等灾难。

图 1.4.2　民航空管雷达 ASR-12

2）气象雷达

气象雷达能对恶劣天气提前发出警报。例如，它可观测 400～500km 以外的台风中心并测知其行进速度和方向。船上和飞机上都装有气象雷达，可测知前进航道上的暴风雨区，从而采取绕道行驶的航线。图 1.4.3 至图 1.4.5 所示均为典型的气象雷达。

图 1.4.3　德国气象局的降水预报雷达

图 1.4.4　Smart-R（车载多普勒雷达，DOW）观测沙尘暴

图 1.4.5　天线保护罩下的气象雷达

3）天文研究

天文雷达是研究较近天体的有力工具，它能精确测定天体离测定点的距离。现代雷达测月球距离的精度已达米数量级，这是其他方法无法达到的。它还能测知天体的形状和自转方向与速度等。

4）导航雷达

舰船上一般均装有导航雷达，这种雷达应有较高的分辨力，避免在航行中与邻近的船只或小岛碰撞。有些飞机上装有多普勒导航雷达，多以连续波工作，天线产生前后左右几个波束，借以测定航线的偏差。

5）探地雷达

如图 1.4.6 所示，探地雷达是使用电磁波来绘制隐藏在视觉不透明结构中的物体和特征的技术，例如土壤、混凝土、砖砌、停机坪、岩石、木材和冰。它是一种非侵入性的地下成像技术，自 20 世纪 70 年代以来一直在开发，用于对地球进行浅层、高分辨率地下成像。探地雷达是一种常用于环境、工程、考古和其他浅层调查的方法。与其他调查方法相比，它快速、易于使用且价格低廉。典型的平均辐射功率可能在毫瓦数量级。

图 1.4.6 探地雷达

1.4.3 雷达的发展历史

1. 雷达的早期发现与应用

1886—1888 年，海因里希·赫兹（Heinrich Hertz）验证了电磁波的产生、接收和散射。

1903—1904 年，克里斯琴·赫尔斯迈耶（Christian Hülsmeyer）研制出原始的船用防撞雷达并获得专利权。

1922 年，G. 马可尼（G. Marconi）在接受无线电工程师学会（IRE）荣誉奖章时的讲话中提出了一种船用防撞测角雷达的建议。

1925 年，约翰·霍普金斯大学的 G. 布赖特和 M. 图夫（G. Breit）通过阴极射线管观测了来自电离层的第一个短脉冲回波。

1934 年，美国海军研究实验室（NRL）的 R. M. 佩奇（R. M. Page）拍摄了第一张来自飞机的短脉冲回波照片。

1935 年，英国人和德国人第一次验证了对飞机目标的短脉冲测距。

1937 年，由罗伯特·沃森·瓦特（Robert Watson-Watt）设设计的第一部可用雷达 Chain Home（本土链）在英国建成。

1938 年，美国陆军通信兵的 SCR-268 成为首次实用的防空火控雷达，后来生产了 3100 部。该雷达的探测距离大于 100nmi，工作频率为 200MHz。

1939 年，研制成第一部实用舰载雷达——XAF，它安装在美国海军"纽约号"战舰上，对飞机的探测距离为 85nmi。

1941 年 12 月，生产了 100 部 SCR-270/271 陆军通信兵预警雷达，其中一部雷达架设在檀香山，它探测到了日本飞机对珍珠港的入侵，但将该反射回波信号误认为是友军飞机，铸成了大悲剧。

2．雷达发现过程中的重要实验

本节给出关于雷达的一系列里程碑式的重要发现、重要发明和早期应用。

1865 年，苏格兰物理学家詹姆斯·克拉克·麦克斯韦提出了"电磁场理论"（关于电磁波及其传播的描述）。他证明了电场和磁场以波的形式在空间中传播，且以恒定的光速传播。

1886 年，德国物理学家海因里希·赫兹发现了电磁波，从而证明了麦克斯韦理论。

1897 年，意大利发明家 G. 马可尼实现了电磁波的第一次长距离传输。马可尼被称为无线电通信的先驱。

1900 年，尼古拉·特斯拉提出可以利用电磁波的反射来探测移动的金属物体。

1904 年，德国工程师克里斯琴·赫尔斯迈耶发明了电动镜，用于在能见度低的情况下对水上交通进行监控。这是第一次实用的雷达测试，后来赫尔斯迈耶在德国、法国和英国申请了他的发明专利。

1921 年，美籍物理学家阿尔伯特·华莱士·赫尔发明了磁控管作为高效的发射管。

1922 年，美国海军研究实验室的电气工程师 Albert H. Taylor 和 Leo C. Young 利用电磁波第一次发现了一艘木船。

1930 年，Lawrence A. Hyland（也是美国海军研究实验室的成员）首次发现了一架飞机。

1931 年 1 月，William A. S. Butement 和 P. E. Pollard 在英国提出了第一个雷达系统建议。

他们为一艘船配备了雷达，天线使用的是带有喇叭辐射器的抛物面天线。尽管他们的设备产生了短期效果，但由于缺乏政府支持，这项工作被放弃了。

1933 年，Rudolph Kühnhold 在其发明的声呐的基础上，提出了所谓的无线电表。它的工作波长为 48cm，发射功率约为 40W。通过测试，开发了 Freya 雷达，并于 1938 年开始批量生产。Freya 是德国在"二战"期间部署的预警雷达，它以北欧女神 Freya 的名字命名。从 1938 年到 1945 年，向武装部队交付了 1000 多台设备。

1935 年，罗伯特·沃森·瓦特（后来的罗伯特爵士）提出电磁波可以用来探测远处的飞机，并开始了集中研究。1939 年，英国拥有了一系列高度机密的无线电测向（RDF）站的防御链。

1936 年，通用电气的技术人员 George F. Metcalf 和 William C. Hahn 开发了速调管，这是雷达中作为放大器或振荡器的重要组件。

1939 年，来自伯明翰大学的两名工程师 John Turton Randall 和 Henry Albert Howard Boot 使用多腔磁控管建造了一个小而强大的雷达。B-17 飞机配备这种雷达后，可以在夜间和雾中发现目标并与德国潜艇作战。

1940 年 3 月 22 日，德国工程师 Erich Hüttmann 申请了脉内调制和脉冲压缩的专利，该专利（DE768068C）于 1955 年 6 月 10 日获得认可并公布。

1940 年，在各种战争事件和空战需求的驱动下，雷达技术在"二战"期间得到了大力发展。美国、俄罗斯、德国、法国和日本均分别开发了不同的雷达设备。

20 世纪 40 年代后期，出现了动目标显示（MIT）技术，这有利于在地杂波和云雨等杂波背景中发现目标。高性能的动目标显示雷达必须发射相干信号，于是研制了功率行波管、速调管、前向波管等器件。

20 世纪 50 年代以来，许多新的技术逐步应用到雷达中，并且不断出现新的体制，雷达的发展进入蓬勃发展阶段。

20 世纪 50 年代出现了高速喷气式飞机，60 年代又出现了低空突防飞机和中、远程导弹以及军用卫星，也促进了雷达性能的迅速提高，已较广泛地采用了动目标显示、单脉冲测角和跟踪以及脉冲压缩技术等。

20 世纪 60 年代至 70 年代，计算机、微处理器、微波集成电路和大规模数字集成电路等应用到雷达上，出现了相控阵雷达，使雷达性能大大提高，同时减小了体积和质量，提高了可靠性。

20 世纪 70 年代至 90 年代，由于反弹道导弹、空间卫星探测与监视、军用对地侦察、民用环境和资源勘查等的需要，又出现了合成孔径雷达、高频超视距雷达、双/多基地雷达、超宽带雷达、逆合成孔径雷达、干涉仪合成孔径雷达、综合脉冲与孔径雷达等新技术、新体制的雷达。

3. 雷达发现过程中的重要人物

Albert H. Taylor（1879 年 1 月 1 日—1961 年 12 月 11 日）是一名美国电气工程师。Alfred H. Taylor 和 Leo C. Young 在美国首次对无线电反射现象进行了观测，为美国海军研制出了雷达（见图 1.4.7）。

图 1.4.7　Albert H. Taylor 在美国海军研究实验室工作

在 Taylor 的指导下，美国海军无线电研究实验室进行了无线电通信研究。在 Young 的协助下，Taylor 于 1922 年利用超外差接收电路将其实验推到了 60MHz 的频率。那年夏天在这些频率下工作时，Taylor 和 Young 首先注意到波托马克河上船只的信号反射，并发现可能获得这些船只的距离和方位。这实际上是对雷达的重新发现，Taylor 当时称之为可以"探测敌舰和飞机"的设备。1922 年 9 月，他致函工程局，声称该设备可以在黑暗和低能见度及晴朗天气下工作，并请求授权开发利用该技术发现。然而，Taylor 当时没有获得授权，也没有继续他的雷达研究工作。

Leo C. Young（1891 年 1 月 12 日—1981 年 1 月 16 日）是一名美国无线电工程师。Young 在青少年时期就对无线电报很感兴趣。他于 1905 年建造了他的第一台无线电接收机。在第一次世界大战期间，他作为一名无线电专家加入了海军预备役部队，在当时的海军通信部主任 Albert H. Taylor 博士的指导下工作。自 1918 年起，他奉命前往华盛顿参与建立海军飞机无线电实验室（见图 1.4.8）。

1919 年，当 Taylor 被任命为海军飞机无线电实验室的指挥官时，两人重聚。1922 年，Taylor 和 Young 对波托马克河上的木制蒸汽船 Dorchester 反射的高频电磁波进行了历史性观测，当时它在发射机和便携式接收机之间经过。这就产生了一个连续波雷达研究项目。

1930 年，Young 被任命负责美国海军研究实验室（NRL）的一个研究项目，该项目通过反射电磁波首次探测到了飞机。4 年后，他研究开发出了第一个通过无线电脉冲运行时间来测量距离的系统。

William Alan Stewart Butement（1904 年 8 月 18 日—1990 年 1 月 25 日）是英国物理学家和电气工程师。1915 年他全家搬到伦敦，在那里他就读于伦敦大学学院（理学学士，1926

年）。经过两年的物理学研究生学习后，1928 年，他加入了位于伍尔维奇的陆军办公室信号实验机构，担任科学官，在那里他帮助英国陆军开发无线电通信设备。

图 1.4.8　Young 戴着无线电耳机的早期照片

1939 年，Butement 设计了雷达系统，该系统可以在比以前更大的范围内探测并准确定位船只。它还可以探测低空飞行的飞机并测距。他的实验结果非常好，以至于 1939 年 8 月空军部订购了一些被称为**本土链低空探测**（Chain Home Low）的装置，以补充 Chain Home（本土链）雷达。第一个本土链低空探测部队于 1939 年 11 月投入使用，到 1940 年中期，本土链低空探测及时沿着英国南部和东南海岸线延伸，在不列颠之战中发挥了重要作用。

Albert Wallace Hull（1880 年 4 月 19 日—1966 年 1 月 22 日）是美国物理学家和电气工程师。他于 1909 年获得耶鲁大学物理学博士学位，并在伍斯特理工学院任教，1913 年加入通用电气研究实验室。他于 1928 年被任命为副主任，并于 1950 年退休。他在电子管工业电子领域开展了开创性工作，并因发明磁控管和闸流管而受到赞誉，他拥有 94 项专利。

4．发展趋势

随着目标速度的增大及科学技术的发展，一方面对雷达提出了远距离、高数据率、高精度及能对付多个目标等高要求，另一方面也使雷达技术随着新技术的采用而得到了很大的发展，如各种新体制雷达的研制，特别是数字技术在雷达中的应用，可以从雷达信号中获取更多的情报，进而更好地发挥雷达的功能。

雷达设备的模块化、小型化、高机动性和高可靠性是总的发展趋势。雷达一方面综合运用各种新技术、新器件来完善和提高自身的性能，另一方面为不断适应各种新技术的对抗，也促使雷达不断地发展。为了提高军用雷达的抗干扰性能和生存能力，除改进雷达本身设计外，将多种雷达组合成网，可以获得更多的自由度。天线和信息处理的自适应技术，导弹真假弹头和飞机机型、架数的识别技术，也是雷达技术的重要研究课题。

相控阵雷达特别是数字阵列雷达具有极高的可靠性，它的天线有可能与装载雷达的飞机或卫星等载体的形状完全贴合，称为**共形天线**，是受到人们重视的新型雷达。

雷达波长将向更短的方向扩展，从 3mm 直至激光频段。毫米波雷达和激光雷达的信号虽然在大气层内有严重衰减，但更适于装在卫星或空间飞行器上工作，只用很小的天线就能得到极高的定位精度和分辨力。

小结

自然界中大多物体对电磁波的二次散射现象是雷达能够探测目标的物理基础。因此，电磁波的产生、发射、接收、处理、显示是雷达探测目标的基本流程，也决定了雷达系统的基本组成单元。为此，本章首先对雷达探测目标的基本过程进行了介绍，讨论了如何利用电磁波开展目标探测，分析了能够产生大功率射频信号的发射机，能够把射频信号转换成电磁波并发射到空间中去的天线，能够截获处理目标回波的接收机，能够从回波中提取目标各种信息的信号处理器等分系统，并且讨论了它们是如何组合到一起探测目标的。

在雷达的基本知识层面，还介绍了雷达的定义、组成、功能、雷达测量原理、工作频段的划分、主要战术参数，以及雷达的应用和发展情况。雷达的主要战术参数包括探测范围、测量精度和准确度、分辨力、数据率 D、跟踪速度、跟踪目标的数量、抗干扰能力、可靠性；主要的技术参数包括雷达工作频率 f、发射功率和调制波形、脉冲重复频率（PRF）、天线波束形状和扫描方式、脉冲宽度 τ、接收机灵敏度 S_{imin}。

思考题

1. 雷达探测目标的物理基础是什么？如何发现目标？
2. 雷达天线发射出去的电磁波在空间中是什么形状？如何对目标定位？
3. 如何用极坐标系来表示目标位置及各参数的关系？
4. 雷达能看多远与哪些因素有关？
5. 描述单基地脉冲雷达工作时的信号流。
6. 描述收发开关的功能，并说明在没有收发开关的条件下雷达可以工作的情况。
7. 简要列举雷达的 10 种代表性应用。

第 2 章 雷达发射机

导读问题

结合余弦信号的基本表达式 $s(t) = A(t)\cos(2\pi f t + \varphi)$，思考：

1. 发射机需要发什么信号？对其幅度、频率、相位有何要求？有何挑战？

2. 怎么发信号？怎么衡量发得怎样？

本章要点

1. 单级振荡式发射机/主振放大式发射机的组成与原理。

2. 衡量发射机性能的核心技术指标。

2.1 概述

雷达是利用目标对电磁波的二次散射现象来发现目标并确定其位置的。雷达发射信号的基本参量如信号的幅度、频率、相位等技术参数，将直接影响雷达的战术性能。为了发现远距离目标，雷达发射的信号功率要高，即信号幅度要大；而由天线理论可知，发射信号的波长越长，所需的天线尺寸就越大，为了减小雷达系统尺寸，发射信号频率需要提升到射频频段；而对于收发共用天线的雷达，发射信号还必须是脉冲形式。因此，当脉冲雷达工作时，要求能发射大功率的射频脉冲信号。

"二战"期间，由于作战需要，雷达技术发展极为迅速。就使用的发射信号频率而言，战前的器件和技术只能达到几十兆赫兹。大战初期，德国首先研制成大功率三、四极电子管，将频率提高到 500MHz 以上。这不仅提高了雷达搜索和引导飞机的精度，而且提高了高炮控制雷达的性能，使高炮有更高的命中率。例如，美国研制的精密自动跟踪雷达SCR-584 使高炮命中率从战争初期的数千发炮弹击落一架飞机，提高到数十发炮弹击落一架飞机。

1939 年，英国发明了工作在 3000MHz 的磁控管振荡器，它可便捷地产生功率大、频率高的信号，得到了大规模的推广应用。地面和飞机上装备采用这种磁控管的微波雷达后，使盟军在空中作战和空-海作战方面获得优势。大战后期，美国进一步把磁控管的频率提高到 10GHz，同时减小了机载雷达的体积和质量，提高了可靠性和测量精度。因此，早期的雷达发射机都利用磁控管振荡器来产生大功率射频信号，现在简单的雷达仍在沿用。

20 世纪 40 年代后期，出现了有利于在地杂波和云雨等杂波背景中发现目标的动目标显示技术。高性能的动目标显示雷达要求发射机发射频率稳定度高且相位相参的信号。因此，就需要用高稳定的晶体振荡器作为频率源，并通过倍频器、混频器得到所需的相位相参、频率稳定度高的信号。功率行波管、速调管、前向波管等器件的成功研制也为射频信号功率放大链提供了射频功率放大管，解决了射频信号功率放大难的问题。

2.1.1   发射机的基本组成与原理

根据产生信号射频、大功率的不同方式，雷达发射机主要分为单级振荡式和主振放大式两大类。当然，这更多地具有一种分类讨论上的意义，现代雷达大多采用主振放大式发射机。

1. 单级振荡式发射机的组成

单级振荡式发射机由脉冲调制器和大功率射频振荡器组成，如图 2.1.1 所示。由于它提供的射频信号直接由一级大功率振荡器提供，故名单级振荡式发射机。大功率射频振荡器是发射机的核心，一般是磁控管振荡器。

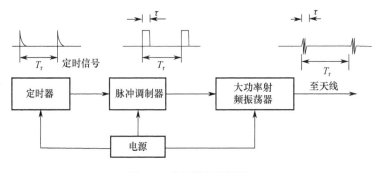

图 2.1.1   单级振荡式发射机

实际工作时，定时器产生脉冲重复周期 T_r 符合要求的定时信号，作为脉冲调制器的触发信号，然后脉冲调制器产生脉冲宽度 τ 符合要求的射频脉冲信号，控制大功率射频振荡器的输出。

因此，单级振荡式发射机的主要优点是简单、经济、轻便，但是受大功率射频振荡器性能的局限性的影响，其主要缺陷是发射信号频率不够稳定，脉冲间的相位是随机的。

脉冲调制器的作用是产生供发射机开、关用的调制脉冲，必须具有发射高频脉冲所需的脉冲宽度，并提供发射管所需的调制能量。

2. 主振放大式发射机的组成

为了克服单级振荡式发射机的发射信号频率不够稳定、脉冲间的相位随机的问题，主振放大式发射机采用多级组成，如图 2.1.2 所示。由各级功能来看，第一级用来产生射频信号，称为**主控振荡器**；第二级用来放大射频信号，称为**射频放大链**。取"主控振荡器"中的"主振"和"射频放大链"中的"放大"组成该类发射机的名字，其中射频放大链是发射机的核心，其优点是发射信号的频率、相位可以实现一些较高的指标。

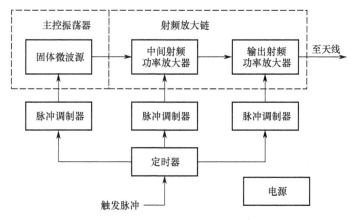

图 2.1.2　主振放大式发射机

2.1.2　发射机的主要技术指标

发射信号的技术参数将直接影响雷达的战术性能,因而评估一个发射机的性能,可以通过其发射信号的主要参数来衡量。而雷达发射脉冲信号的基本参数有频率、幅度、脉冲宽度、脉冲重复周期、相位等,对应的技术指标主要有工作频率、输出功率、脉冲重复频率等。

1. 工作频率

雷达的工作频率或频段主要由雷达的用途确定,同时折中考虑感兴趣目标的特性、电波传播条件、天线尺寸、高频器件的性能、雷达的测量精确度等因素。1.2 节介绍过不同用途的雷达的主要工作频段。

2. 输出功率

输出（发射）功率直接影响到雷达的威力和抗干扰能力。发射机的输出功率是指发射机送至天线输入端的功率。

脉冲雷达发射机的输出功率分为峰值功率 P_t 和平均功率 P_{avg}。如图 2.1.3 所示,峰值功率是指脉冲期间射频振荡的平均功率,而平均功率是指脉冲重复周期内输出功率的平均值,即

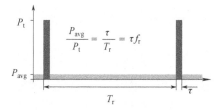

$$\frac{P_{avg}}{P_t} = \frac{\tau}{T_r} = \tau f_r$$

图 2.1.3　脉冲雷达发射机的峰值功率 P_t 和平均功率 P_{avg}

$$P_{\text{avg}} = P_{\text{t}} \frac{\tau}{T_{\text{r}}} = P_{\text{t}} \tau f_{\text{r}} \qquad (2.1.1)$$

式中，$f_{\text{r}} = 1/T_{\text{r}}$ 是雷达的脉冲重复频率；$\tau/T_{\text{r}} = \tau f_{\text{r}}$ 称为雷达的**工作比**，用 D 表示。

单级振荡式发射机的输出功率取决于振荡管的功率容量。主振放大式发射机的输出功率取决于输出级（末级）发射管的功率容量。

3．脉冲重复频率

雷达的脉冲重复频率（Pulse Repetition Frequency，PRF）f_{r} 是每秒发射脉冲的个数。雷达在发射时间以载频发射每个脉冲，在接收或休息时间等待回波返回，然后发射下一个脉冲，如图 2.1.4 所示。从一个脉冲开始到下一个脉冲开始之间的时间称为**脉冲重复周期**（Pulse Repetition Time，PRT）T_{r}，它等于 PRF 的倒数，即

$$T_{\text{r}} = 1/f_{\text{r}} \qquad (2.1.2)$$

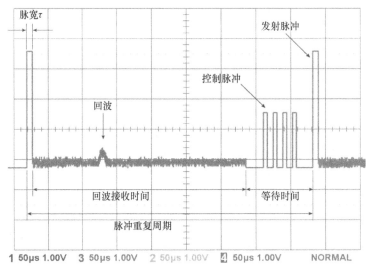

图 2.1.4　雷达系统发射脉冲示意图

4．接收时间

接收时间是指相邻发射脉冲之间的时间。接收时间一般小于或等于脉冲重复周期与发射脉冲宽度的差。它有时还受到所谓的等待时间的限制，在等待期间，接收机在下一个脉冲发射之前就已关闭。

在收发共用天线的脉冲雷达中，在发射脉冲和接收时间之间有一个很短的收发转换开关恢复时间。当收发转换开关必须关闭接收机以响应高发射功率时，就会出现电磁静默时间。当发射功率非常低时，也可在发射脉冲期间收到信号，此时接收时间包括发射时间，如图 2.1.5 所示。

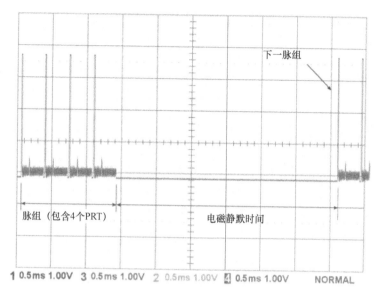

图 2.1.5 脉冲雷达的脉组发射模式

5. 等待时间

如果接收时间在发射下一个脉冲之前结束，则存在纯时间延迟，称为**等待时间**。现代雷达通常需要在等待期间进行系统测试。相控阵雷达就需要类似的等待时间，在这段时间内，天线的移相器（见 5.4 节）必须重新编程，为天线的下一个波束指向做好准备。这可能需要长达 200μs，这就是与接收时间相比，等待时间显得特别长的原因。

在等待时间内，接收机已经关闭，因为在波控系统重新编程期间，天线无法接收到信号。在这段时间内不能处理实测数据，所以在这段时间内进行接收通道不同模块的内部测试，以测试某些电路的完好情况，并在必要时对其进行调整。为此，生成已知大小的信号，馈送到接收通道，并监控其在各个模块中的处理情况。但是，一般情况下视频处理器会屏蔽这些脉冲，使它们不会出现在雷达显示器上。如有必要，作为测试的结果，不同模块可以自动重新配置，并报出详细的错误消息。

此外，等待时间的分布不必是均匀的。它可以一个接一个地快速地发射多个脉冲，每个脉冲只有很短的接收时间，然后就是较长的等待时间。例如，如果需要在同一方向上发射若干脉冲（如脉冲对处理和动目标检测），则不需要等待时间。这对于雷达时间资源分配有利。在短时间内，信号发生器的相位不会发生随机变化。因此，雷达在测距时会更加准确，同时其脉冲重复频率很高，远高于平均值。脉冲重复频率越高，对应的无模糊速度测量范围就越大（见 7.1.2 节）。

6. 信号调制形式

雷达信号调制器主要应满足脉冲宽度、脉冲重复频率和脉冲波形的要求，有调频、调幅和调相等调制形式，如表 2.1.1 所示。

表 2.1.1 雷达的常用信号调制形式

波 形	调制类型	工作比 D/%
简单脉冲	矩形调幅	0.01～1
脉冲压缩	脉内线性调频 脉内相位编码	0.1～10
高工作比多普勒	矩形调幅	30～50
调频连续波	线性调频 正弦调频 相位编码	100
连续波		100

对于常规雷达的简单脉冲波形而言，调制器满足脉冲宽度、脉冲重复频率和脉冲波形的要求比较容易；对于复杂调制，射频放大器和脉冲调制器要采用特殊措施才能满足要求。目前，应用得较多的三种雷达信号形式和调制波形如图 2.1.6 所示，图 2.1.6(a)为简单的固定载频矩形脉冲调制信号波形，τ 为脉冲宽度，T_r 为脉冲重复周期，图 2.1.6(b)为脉冲压缩雷达的线性调频（Linear Frequency Modulation，LFM）信号的示意图，实际雷达发射的线性调频信号脉内调制的细节如图 2.1.7 所示，图 2.1.6(c)为相位编码脉冲压缩雷达中使用的相位编码信号，图中为 5 位巴克码信号，τ_0 为子脉冲的宽度，图 2.1.8 给出了相位编码信号脉冲调制的细节。

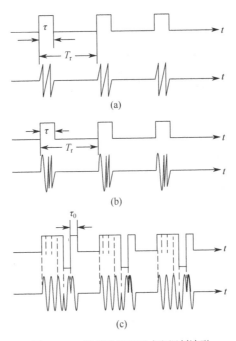

图 2.1.6 三种雷达信号形式和调制波形

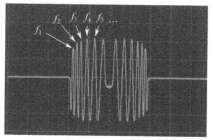

(a) 频率由高到低再由低到高的双向线性调制

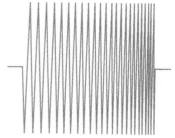

(b) 频率由低到高的单向线性调制

图 2.1.7　线性调频信号的脉冲调制

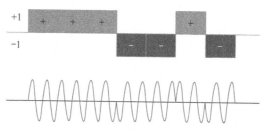

图 2.1.8　相位编码信号的脉冲调制

随着战场目标态势感知需求的多元化，希望雷达能够获取的目标信息越来越多，发射信号也越来越复杂，但本质上还是对发射信号进行调频、调幅和调相，只是调制的具体算法变得更复杂。

7. 总效率

总效率指发射机输出功率与其输入总功率之比。对于主振放大式发射机，要提高总效率，就要注意改善输出级的效率。

8. 信号的稳定度或频谱纯度

信号的稳定度是指信号的频率、相位等各项参数是否随时间做不应有的变化。它可以在时域或频域内衡量。

雷达信号的任何参数不稳定，都会给雷达整机性能带来不利影响。信号参数的不稳定可分为规律性的与随机性的两类。规律性的不稳定往往是由电源滤波不良、机械振动等原因引起的；随机性的不稳定则是由发射管的噪声和调制脉冲的随机起伏引起的。

频谱纯度是信号稳定度在频域中的表示，指雷达信号在应有的信号频谱之外的寄生输出。矩形调幅的典型射频脉冲序列的理想频谱是以载频 f_0 为中心的、包络呈辛克函数状的、间隔为脉冲重复频率的梳齿状频谱，如图 2.1.9 所示。实际上，由于发射机各部分的不完善，发射信号会在理想的梳齿状频谱之外产生寄生输出，如图 2.1.10 所示。从图 2.1.10 中可以看出，存在两种类型的寄生输出：离散的和分布的。前者对应于信号的规律性不稳定，后者对应于信号的随机性不稳定。

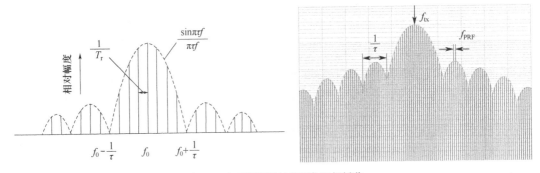

图 2.1.9 矩形射频脉冲序列的理想频谱

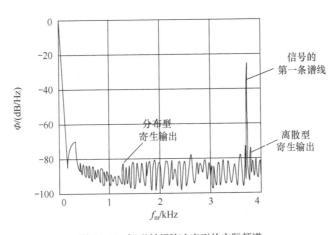

图 2.1.10 矩形射频脉冲序列的实际频谱

现代雷达对信号的频谱纯度提出了很高的要求，除以上电性能要求外，还应考虑以下因素：

（1）在结构方面，应考虑发射机的体积、质量、通风散热、防震、防潮、调整、调谐等问题。

（2）在使用方面，应考虑便于控制监视、便于检查维修、保证安全可靠等。

（3）由于发射机往往是雷达系统中最昂贵的部分，所以还应考虑到它的经济性。

2.2 发射机的组成与原理

2.2.1 单级振荡式发射机

1. 单级振荡式发射机的组成

单级振荡式发射机主要由预调器、调制器、振荡器、电源和控制保护电路等部分组成，如图 2.2.1 所示。调制器包括刚性开关调制器、软性开关调制器和磁开关调制器。单级振荡式发射机各级波形如图 2.2.2 所示。

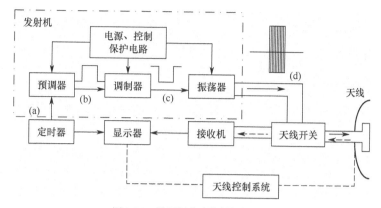

图 2.2.1 单级振荡式发射机的组成

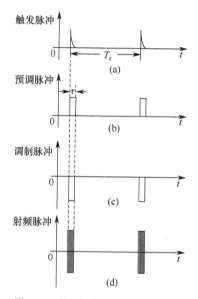

图 2.2.2 单级振荡式发射机各级波形

2. 大功率射频振荡管分类

微波能量是由振荡器产生的，振荡器包括微波管和电源两个部分，其中微波管电源（简称电源或微波源）的作用是把常用的交流电能变成直流电能，为微波管的工作创造条件。微波管是振荡器的核心，它将直流电能转变成微波能。

微波管有微波晶体管和微波电子管两大类。微波晶体管的输出功率较小，一般用于测量和通信等领域。微波电子管的种类很多，常用的有磁控管、速调管、行波管等。它们的工作原理不同、结构不同、性能各异，在雷达、导航、通信、电子对抗和加热、科学研究等方面都得到了广泛应用。由于磁控管的结构简单、效率高、工作电压低、电源简单和适应负载变化的能力强，因而特别适用于微波加热和微波能的其他应用。磁控管由于工作状态的不同，可分为脉冲磁控管和连续波磁控管两类。微波加热设备主要工作于连续波状态，所以多用连续波磁控管。在雷达应用领域，振荡器对于米波雷达采用超短波三极管，对于分米波雷达采用微波三极管或磁控管，对于厘米波采用多腔磁控管。

磁控管中使用交叉的电场和磁场来产生雷达设备所需的高功率输出。

3. 磁控管的物理结构

磁控管是一种能产生微波能的电真空器件，其内部结构的剖视图如图 2.2.3 所示。磁控管本质上是一个置于恒定磁场中的二极管，可用作自激微波振荡器。管内的电子在相互垂直的恒定磁场和恒定电场的控制下，与高频电磁场发生作用，将从恒定电场中获得的能量转变成微波能量，从而达到产生微波能的目的。磁控管在雷达发射机中用作脉冲或连续波振荡器，频率范围为 600~95000MHz。

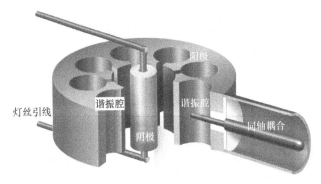

图 2.2.3　磁控管内部结构的剖视图

磁控管归类为二极管，因为它没有网格。磁控管的阳极为圆柱形实心铜块；阴极和灯丝位于管的中心，由灯丝引线支撑。灯丝引线足够大且足够坚固，可将阴极和灯丝结构固定在适当的位置。阴极是间接加热的，由高辐射效率的材料构成，围绕其圆周的圆柱形孔是谐振腔。窄槽从每个空腔延伸到管的中心部分，将内部结构分成与谐振腔一样多的部分。每个谐振腔都作为并联谐振电路工作。如图 2.2.4 所示，可以将阳极块结构的后壁视为电感部分，叶片尖端区域可以等效为并联谐振电路的电容器部分。因此，腔体的谐振频率由谐振腔的物理尺寸决定。如果单个谐振腔振荡，就会激发下一个谐振腔也振荡。从一个谐振腔到下一个谐振腔会发生 180° 的相位延迟。因此，谐振腔链形成了一个独立的慢波结构。

图 2.2.4　阳极块中的谐振腔具有并联谐振电路的功能，与槽相对
的阳极壁是电容器，孔周围的弯路是电感（只有一圈）

　　磁控管的阴极提供电子，然后通过这些电子来完成能量的转移。阴极位于阳极的中心，由围绕加热器的辐射材料（主要是氧化钡）的空心圆柱体组成。灯丝的馈线必须使整个阴极居中，阳极和阴极之间的任何偏心都可能导致严重的内部电弧或故障。阳极和阴极之间的开放空间称为**相互作用空间**。在这个空间中，电场和磁场相互作用，对电子加速。磁场通常由安装在磁控管周围的强永磁体提供，使磁场与阴极轴平行。

　　磁控管由管芯和磁钢（或电磁铁）组成。管芯的结构包括阳极、阴极、能量输出器和磁路系统四部分。管子内部保持高真空状态。磁控管的外形如图 2.2.5 所示。

图 2.2.5　磁控管的外形

　　阳极是磁控管的主要组成之一，它与阴极一起构成电子与高频电磁场相互作用的空间。在恒定磁场和恒定电场的作用下，电子在该空间内完成能量转换的任务。磁控管的阳极除与普通的二极管的阳极一样收集电子外，还对高频电磁场的振荡频率起决定性作用。图 2.2.6 中显示了俄罗斯老雷达 Bar Lock 的磁控管 MI 29G。

图 2.2.6　俄罗斯老雷达 Bar Lock 的磁控管 MI 29G

　　磁控管的阴极既是电子的发射体，又是相互作用空间的一个组成部分。阴极的性能对管子的工作特性和寿命影响极大，被视为整个管子的心脏。

　　能量输出器是把相互作用空间中所产生的微波能输送给负载的装置。能量输出装置的作用是无损耗、无击穿地通过微波，保证管子的真空密封，同时做到便于与外部系统相连接。小功率连续波磁控管大多采用同轴输出在阳极谐振腔高频磁场最强的地方放置一个耦合环，当穿过环面的磁通量变化时，就在环上产生高频感应电流，进而将高频功率引到环外。耦合环面积越大，耦合越强。大功率连续波磁控管常用轴向能量输出器，输出天线通过极靴孔洞连接到阳极翼片上。

磁控管的磁路系统就是产生恒定磁场的装置。磁路系统分为永磁和电磁两大类。永磁系统一般用于小功率管，磁钢与管芯牢固合为一体构成所谓的包装式。大功率管多用电磁铁产生磁场，管芯和电磁铁配合使用，管芯内有上、下极靴，以固定磁隙的距离。磁控管工作时，可以很方便地改变磁场强度的大小，以调整输出功率和工作频率。另外，还可以将阳极电流馈入电磁线包以提高管子工作的稳定性。

大功率磁控管的机械调谐范围一般为频率的 5%～10%，在某些情况下可达 25%。随着工艺和技术的发展，人们于 1960 年左右研制出旋转调谐（自旋调谐）的磁控管。阳极腔体上悬挂有一个带槽孔的盘，当它旋转时就交替地给空腔加上感性或容性负载，以升高或降低频率。盘旋转一周，频率在整个带宽内来回变化的次数等于沿围绕阳极的腔体的数目，所以能够实现快速调谐。调谐盘用轴承支撑在真空中（最初是为旋转阳极 X 射线管研制的）并通过磁耦合到外部的轴上。如果转速为 1800r/min，管子有 10 个腔体，则可在带宽内每秒调谐 300 次。若调制器的 PRF 不同步于调谐速率，则发射的频率将在脉间按某一规律变化，其变化频率为 PRF 与调谐速率之差。

快速改变调制器的 PRF 或马达转速，能得到不规则的（伪随机）频率跳变。接收机本振的初始跟踪信息从一个和调谐盘装在同一轴上的、通常为电容性的内部变换器得到。旋转调谐器的使用除高成本、大质量外，还带来一些弊病：由于旋转盘不易冷却，管子的半均功率输出小于采用一般调谐的磁控管。不能保证精确的带边调谐，因为每个调谐周期都覆盖了整个调谐范围，又不允许指定带宽以外的运用，调谐范围容限只能由带宽承担。

旋转调谐（自旋调谐）的磁控管内部结构如图 2.2.7 所示。

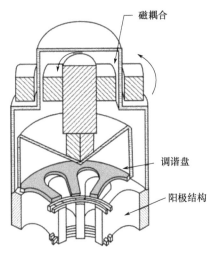

图 2.2.7　磁控管内部结构

*4．磁控管的使用

磁控管是微波应用设备的心脏，因此，磁控管的正确使用是维护微波设备正常工作的必要条件。磁控管在使用时应注意以下几个问题。

1）保持负载匹配良好

磁控管的输出负载应尽可能做到匹配，也就是它的电压驻波比应尽可能小。驻波比大不仅反射功率大，使负载实际得到的功率减少，而且会引起磁控管跳模和阴极过热，严重时会损坏管子。

为使磁控管负载不发生变化，应经常检查波导连接处是否接触良好、波导内是否进水或有异物、波导是否变形等。对于因升降天线而需要拆卸连接波导的雷达发射机，开机前务必确认波导的连接状态，不连接天线就要连接等效负载，严禁磁控管在无负载的情况下开机工作。

2）冷却

冷却是保证磁控管正常工作的条件之一，大功率磁控管的阳极常用水冷，其阴极灯丝引出部分及输出陶瓷窗同时进行强迫风冷，有些电磁铁也用风冷或水冷。冷却不良将使管子过热而不能正常工作，严重时将烧坏管子。应严禁在冷却不足的条件下工作。

3）预热

在给磁控管加高压前，应充分预热，预热不足将缩短磁控管的使用寿命，甚至损坏磁控管。

4）合理调整阴极加热功率

磁控管起振后，由于有害电子回轰阴极使阴极温度升高而处于过热状态，阴极过热将使材料蒸发加剧，寿命缩短，严重时将烧坏阴极。防止阴极过热的办法是按规定调整降低阴极加热功率。

5）老练

对于新的或者长期不用的磁控管，在正式使用前要进行"老练"。有的雷达可直接在机上老练，对于备品磁控管有专门的老练仪器。老练的原理和步骤如下：先将磁控管预热好，然后加上较低的高压使磁控管起振，再慢慢升高高压并观察磁控管电流表，若电流表指针出现抖动现象，说明磁控管内部气体电离引起轻微打火，此时要降低高压至电流表指针不抖动为止，工作一段时间后再升高高压，如此反复直到在满高压状态下电流表指针也不抖动，就完成了老练工作。

6）保存和运输

磁控管的电极材料为无氧铜、镍等，在酸、碱湿气中易于氧化。因此，磁控管的保存应防潮、避开酸碱气体，防止高温氧化。包装式磁控管因带磁钢，应防止磁钢的磁性变化，在管子周围 10cm 内不得有铁磁物质存在。管子运输过程中应放入专用的防震包装箱，以防止受震动、撞击而损坏。

5. 磁控管的不足

采用磁控管作为单级振荡式发射机的振荡器件尽管具有多种优势，但随着雷达的发展和对雷达信号处理的需要，磁控管由于自身的结构原因，在以下几种情况下不适用。

（1）需要对频率进行精确控制，而要求的精度在考虑到齿轮间隙、热漂移、频推和频牵等因素后超过磁控管调谐所能达到的程度。

（2）需要精确的频率跳变，或在脉间或脉组内的频率跳变。

（3）需要极高的频率稳定度。磁控管的稳定性不适合输出宽脉冲（如 100μs），起始抖动又限制它们在极窄脉冲中的应用（如 0.1μs），这种弱点在大功率时和低频段尤为突出。

（4）需要脉间相参以进行二次跨周期杂波对消。注入锁相方式已被试用，但这种方式需要较大的功率，以至于没有成功运用。同样，对磁控管的功率输出进行合成也不诱人。

（5）要求编码或成形脉冲，磁控管仅仅只有几个分贝的脉冲成形范围，而且频率推移效应也使它得不到期望的好处。

（6）要求最低可能的杂散功率电平。磁控管不能提供很纯净的频谱，而是在比其信号带宽宽得多的带宽内产生相当可观的电磁干扰（ElectroMagnetic Interference，EMI）（同轴线磁控管要稍好一些）。

磁控管的局限性已难以满足战场需求，最终促使雷达使用功能更强也更复杂的主振放大式发射机。

2.2.2　主振放大式发射机

1. 主振放大式发射机的组成

如图 2.1.2 所示，主振放大式发射机包括主控振荡器和射频放大链两部分。主振放大式发射机与单级振荡式发射机的根本不同在于，主振放大式发射机是利用晶振在低电平获得所需频率精度的发射信号的，可以很容易地采取各种稳频措施，可以很容易地产生相位相参信号，可以很方便地用于频率捷变雷达，可以很方便地产生各种复杂波形。

主振放大式发射机采用多级射频放大链，射频放大链常有以下几种形式。

（1）微波三、四极管式放大链。

（2）行波管—行波管式放大链。

（3）行波管—速调管式放大链。

（4）行波管—前向波管式放大链。

主振放大式发射机射频放大链包括多级射频放大器，每级都有自身的电源、调制器及其控制器。它的设计质量与射频放大管的选择关系密切。

*2. 典型的射频真空放大管

一直到 20 世纪 70 年代中期，雷达发射机只采用这种或那种真空管产生微波功率。如前所述，早期的发射机都使用磁控管，而放大链系统的发展则不得不等待合适的大功率脉冲放大管的开发。尽管开发了各种管子，但成功的种类是速调管、行波管和正交场管，三极管和四极管在低于 600MHz 的雷达中也得到应用。

速调管和行波管称为**线性电子注管**，因为加速电子注的直流电场与聚焦和约束电子注的磁场的轴线指向相同；与其相对，在交叉场放大管如磁控管、正交场管中，电场与磁场相互垂直。

1）速调管放大器

多腔速调管以其高增益和大功率而闻名。但在 20 世纪 50 年代，它的带宽只有 1%或更低一些，只有对腔体进行机械调谐才能得到宽频带，通常使用同调（用一个调谐旋钮或电动驱动机构同时调谐所有的腔体）。尽管在速调管增益与带宽间进行折中是可行的，但速调管的参差调谐比中频电路复杂得多。速调管的频率响应是中间增益的乘积及其全部独立腔体响应的总乘积；某些调谐组合会产生过大的谐波输出，并且宽带的小信号增益不能确保宽带的饱和增益。由于强电子注给腔体提供大负载，速调管的带宽随功率电平的增大而增大。

在计算机的帮助下，可以确定调谐各腔的最佳方案，速调管的带宽迅速增大。在固定腔体调谐下，3dB 带宽达 8%，个别的可达 11%（Varian VA-812C）。速调管带宽的展宽也部分地取决于电子注导流系数的改进，但更重要的是输出腔设计的改进。无论前面的增益或激励有多大，输出腔的"功率-带宽"特性决定了从通过该腔的电子注里能吸取出的能量。因此在宽带速调管中用双重调谐或三重调谐的腔体，有时称为**长作用腔或组腔**，取代单腔。长作用腔在一个腔体内有多个作用隙缝，以从电子注中取能，如图 2.2.8 所示。这种组腔技术也推广到了前面的腔体中。在发现组中各腔体不必相互耦合后，组腔速调管可达到 20%的带宽。组腔速调管的复杂性和价格高于一般速调管，但与性能相似的行波管或行波速调管相比，组腔速调管的结构仍然简单，价格也低。

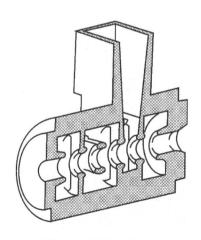

图 2.2.8　速调管内部结构

2）行波管放大器

行波管放大器在结构上包括电子枪、慢波电路、集中衰减器、能量耦合器、聚焦系统和收集极等部分，如图 2.2.9 所示。

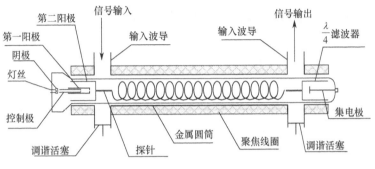

图 2.2.9　行波管放大器结构示意图

在行波管放大器中，电子注与慢波电路中的微波场发生相互作用。微波场沿着慢波电路向前行进。为了使电子注同微波场产生有效的相互作用，电子的直流运动速度应比沿慢波电路行进的微波场的相位传播速度（相速）略高，称为**同步条件**。输入的微波信号在慢波电路中建立起微弱的电磁场。电子注进入慢波电路相互作用区域后，首先受到微波场的速度调制。电子在继续向前运动时逐渐形成密度调制。大部分电子群聚于减速场中，而且电子在减速场中的滞留时间比较长。因此，电子注的动能有一部分转化为微波场的能量，从而使微波信号得到放大。

行波管放大器的特点是频带宽、增益高、动态范围大和噪声低，抗饱和能力强、工作稳定性高。行波管放大器的频带宽度（频带高低两端频率之差/中心频率）可达 100%以上，增益为 25～70dB，低噪声行波管的噪声系数最低可达 1～2dB。缺点是体积大、质量大，需要较大的聚焦线包，因此逐步被微波晶体管放大器取代。

小功率螺线形行波管在带宽上仍占第一位。由于在所有频率上其相速基本不变，螺线使行波管的带宽超过倍频程。螺线形行波管未用于大功率雷达，因为大功率要求高压电子注，而电子速度太高则难以与螺线上的低速射频波同步。螺线形行波管最高运行电压为 10kV，峰值功率约为几千瓦。为了得到大功率，需要使用其他类型的有较高射频速度的慢波电路，而这些慢波结构的带通特性可能导致带边振荡。此外，在慢波线上会同时传播前向波和反向波，这可能引起返波振荡。线路不同时，还可能产生其他振荡。由于这些原因，大功率行波管的研制落后于速调管，到目前仍然较贵。到 1963 年，Varian 公司用三叶草线路研制出几兆瓦级的脉冲行波管，如图 2.2.10 所示，这种圆-环慢波结构既重又坚实，足以承受与速调管相当的功率。

大功率行波管的慢波结构包括螺线形结构（反绕螺线或环杆线路）、耦合腔电路（如三叶草线路）及梯形网络。在 100kW 以下，环杆线路的带宽比耦合腔电路宽，效率也高；在 200kW 以上或低于 200kW 但受平均功率限制，耦合腔线路则占优势。

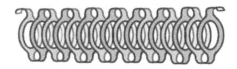

图 2.2.10　圆-环慢波结构行波管

如果采用耦合腔电路的行波管是阴极脉冲调制的，则在脉冲电压上升或下降过程中的某一时刻，电子注速度和高频电路的截止频率（π 模）同步，这会引起振荡。在高频输出脉冲前后沿产生的特殊振荡形状称为**兔耳**。很少能完全抑制这种振荡。由于这种特殊振荡取决于电子速度，而电子速度又取决于注电压，因此采用脉冲调制阳极或栅极可以防止它的产生（见本节后面的说明）。在这种情况下，要保证不在加高压期间就加上阴极调制脉冲，而要等高压加到 60%～80% 的满值时，即超过引起振荡的安全值时，再加调制脉冲。

为了防止由于输入端和输出端反射引起的振荡，在大功率行波管的慢波线中间必须有不连续性，即切断（Sever）。虽然沿慢波线分布损耗也能防止振荡，但它会降低效率，对大功率管是不利的。一般达到 15～30dB 增益的每节管子都有一个切断。在每个切断处，已调制的电子注载运信号继续前进，而沿慢波线传播的功率被耗散在切断处的负载中，这样就消除了反向传输功率。切断处的负载可以放在管外，以减少高频结构内的功率耗散。

行波管的效率低于速调管，因为保持稳定需要负载，同时也因沿整个结构的大部分都存在较高的功率。提高大功率行波管效率的一个重要手段是所谓的速度渐变（Velocity Tapering），运用这种方法时，对慢波线最后几节的长度进行渐变，以便能与换能后失速的电子注相适应。速度渐变允许从电子注中取出更多的能量，并显著改进管子的功率带宽特性。但大功率行波管在带边的功率输出一般有显著下降，它的额定带宽很大程度上取决于整个系统所能允许的功率跌落。

降压收集极可以显著提高行波管（速调管）的效率。中等电压下的多收集极节在近于最佳电压时吸收每个失能的电子。通信领域用到多于 10 个收集极节的行波管，3 节大功率行波管是现代雷达中的典型应用。降压收集极的各种不同电压需求使高压电源变得较为复杂，幸运的是，收集极电压并不像电子注电压那样要求严格的稳压。

3）行波速调管

1963 年，Varian 公司研制了一个复合管，它的前面几节都是速调管腔体，输出级用了三叶草行波结构。当时的目的是从腔体对电子注能更有效地群聚出发，试图提高 S 频段宽带行波管 VA-125 的效率。结果不仅是效率略有提高，而且由于腔体调谐的灵活性加上后面的宽功率——带宽能力的行波输出腔，在带宽方面也有了显著的改进。为了补偿行波管输出级在边带的增益跌落，有意识地在边带频率处将前面几级速调管腔的增益调高。因为它部分属速调管，部分属行波管，故命名为行波速调管。在 VA-145 中可达 14% 的 3dB 带宽，或 12% 的 1dB 带宽，在中心频率有 41dB 增益和 48% 的效率。虽然比大多数速调管复杂且贵，但与除聚腔速调管外的其他速调管相比，在同样的大功率下，行波速调管具有较宽的带宽。

3. 主振放大式发射机的优点

主振放大式发射机相比单级振荡式发射机的优点如下。

1) 载波频率的精度和稳定度

在振荡型发射机中，振荡频率由射频功率管决定，而不由独立的小功率稳定振荡器提供。因此，振荡频率可能受管子的预热漂移、温度漂移、频推、频牵、调谐器齿隙以及校准误差等因素的影响。在放大链发射机中，频率精度基本等于低电平稳定晶体（或其他）振荡器的精度。而且，放大链的工作频率可通过电子开关在几个振荡器中迅速切换，切换速度远快于任何机械调谐的速度。

2) 发射信号的相参性

从雷达技术发展前期到 20 世纪 50 年代，雷达的信号处理限于非相参处理。在信号特点上，不同的脉冲信号相位不存在固定的关系；在处理方法上，只能采用简单的幅度检波+门限检测判断，导致后续脉冲积累得到的改善因子比较低（见 6.3～6.4 节）。而随着雷达探测需求的提升，相参成为大多雷达发射信号的基本特征。而相参雷达所需的基带信号，一本振（包括上、下变频）、二本振（包括上、下变频）、整机主时钟等信号均由同一基准源（如晶体振荡器）提供。而在信号处理时，采用相参积累+门限检测判断（见 6.3～6.4 节），这样可以保证对于固定目标回波的相位经过接收机处理后是固定的，而运动目标回波的相位经过接收机处理后是变化的，后续脉冲积累得到的改善因子就可以得到大幅提升。因此，发射信号的相参性是提高雷达探测能力的重要保障，也是当前雷达应用的基本特征。

雷达是相参还是非相参始终取决于发射机，区别就是雷达中使用了不同类型的发射机。非相参雷达采用单级振荡式发射机，其发射系统采用的是自振荡的功率振荡器发射机。对于不同的脉冲，每个脉冲的起始相位不同，如图 2.2.11 所示，其起始相位是与振荡器启动过程相关的随机函数。自激式发射机给脉冲间提供随机相位脉冲，且不相参。

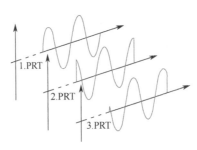

图 2.2.11　非相参雷达的每个脉冲都以随机相位开始

相参雷达采用主振放大式发射机，能够产生高精度的本振信号和相参（相参中频振荡器）信号，放大链可以提供全相参性，在这种情况下脉冲重复频率、中频、高频全都相参（见图 2.2.12）。通常情况下，射频（Radio Frequency，RF）是脉冲重复频率（PRF）的整数倍，每个脉冲以相同的相位开始。从一个脉冲到下一个脉冲保持高水平相位相参性的系统被称为**全相参性系统**。即使 PRF 和 RF 未锁定在一起，相位一致性也会保持。由图 2.2.13 可直观地看出相参脉冲和随机初相脉冲信号的差异。

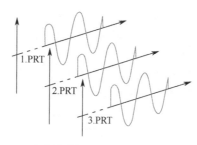

图 2.2.12　每个脉冲都以相同的相位开始的相参信号

稳定连续振荡参考信号

相参脉冲信号

随机初相脉冲信号

图 2.2.13　相参脉冲和随机初相脉冲信号的差异

在全相参雷达中，所有必要的时钟、脉冲和频率都来自主振荡器的高稳定振荡，并与其振荡同步，如图 2.2.14 所示。所有频率都与主振荡器具有固定的相位关系。其基本特征

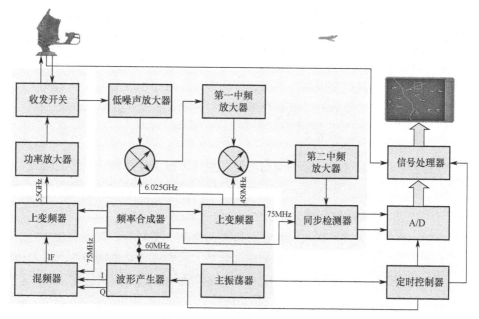

图 2.2.14　全相参雷达的简化框图

是所有信号都以低电平导出，输出设备仅做放大之用。所有信号都由一个主定时源（通常是频率合成器）生成，它为整个系统提供最佳相位相参性。该系统最重要的优点是能够利用较小的相位差异来区分相对较小的速度差异。

图 2.2.15 所示为采用频率合成技术的主振放大式发射机方框图，图中基准频率振荡器输出的基准频率 F、发射信号频率 $f_0 = N_i F + MF$、稳定本振电压频率 $f_L = N_i F$、相参电压频率 $f_c = MF$、定时器触发脉冲频率 $f_t = F/n$ 都由基准信号频率 F 经过倍频、分频和频率合成而产生，它们之间有确定的相参性，所以这是一个全相参系统。

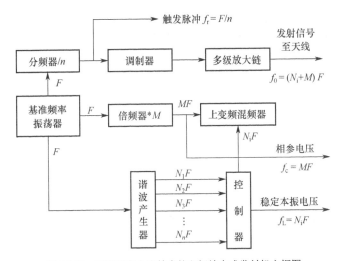

图 2.2.15　采用频率合成技术的主振放大式发射机方框图

3）不稳定度

脉冲振荡器系统和脉冲放大链存在不同种类的不稳定度。对于振荡型系统，脉间频率稳定度取决于高压电源的纹波，而脉内的频率变化则取决于调制波形的顶降和振铃。对于放大链系统，脉间相位稳定度由高压电源纹波决定，脉内的相位变化取决于调制器波形的顶降和振铃。单级振荡式发射机对频率敏感，而主振放大式发射机对相位敏感。

*4）主振放大式发射机的不足

放大链发射系统很容易做到脉间全相参及其他脉冲振荡管系统（通常为磁控管）不能提供的特性：脉冲编码、频率捷变、合成及阵列化，由此带来的代价是复杂的系统和高昂的价格。

（1）**定时**。主振放大式发射机每级都有自身的电源、调制器及其控制器。由于调制器上升时间不同，每个放大级的触发器必须分别调节，以实现恰当的同步而不过多地浪费电子注能量。在正交场管放大链中，应考虑必需的高频激励重选引起的脉宽压缩。

（2）**隔离度**。放大链的每个中间级必须有适当的负载匹配，即使下一级有大的电压驻波比（Voltage Standing Wave Ratio，VSWR）输入，如典型的宽带速调管，或下一级有大的反向功率反射，如在正交场放大管中那样。这种反向功率由正交场放大管输出端失配引起，并沿正交场放大管的低损耗结构返回。例如，具有 1.5:1 的电压驻波比的负载能反射功率 14dB。在某些频率下，这种反射功率将同管内的反射功率复合，并回馈到正交场放大管输入端，其功率电平仅比满功率输出低 8dB。即使正交场放大管仅有 10dB 的增益，反向功率也比到达那里的射频输入功率大 2dB。虽然这不会干扰正交场放大管的正常运转，但是它要求在正交场放大管输入端放置一个 16dB 的隔离器，以便将前级所看到的电压驻波比降低到 1.5:1。

（3）**匹配**。放大链中使用的射频管比振荡管更需要考虑匹配。由于目前已能得到良好的隔离器，如果能保证管子得到良好匹配（如 1.1:1），就能改进放大管的额定能力。另外，正交场放大管和行波管要求能在比规定工作频带宽得多的范围内控制匹配，以确保放大管保持稳定。

（4）**信噪比**。单个放大管的噪声功率输出可能较大。当几个管子连接成链时，输出的信噪比不可能比其中最差的一级好。因此，特别是对输入级，必须仔细检查，看其是否具有足够小的噪声系数，否则可能妨碍整个放大链达到满意的信噪比。

例如，一只 0.5mW 射频信号输入、35dB 噪声系数的低电平行波管在 1MHz 带宽内限制放大链的信噪比在 74dB 以下。常规正交场管的噪声电平比线性注管的大，在 1MHz 带宽时，它们的典型信噪比值只有 55dB，低噪声正交场管则可达到 70dB 或更好。

（5）**电平**。在多级线性注管放大链中，每级管子的工作都部分地依赖于前级的工作状况。特别是在前级可容许的不平坦度的条件下，功率平坦度指标（频段内不变的功率输出）需要精确地规定每级的平坦度。例如，管子的饱和增益在频段内可能是常数，但是，在恒定射频输入时，频段内的功率输出会发生相当大的变化。饱和增益是通过改变各个频点的激励直到发现该频点的最大输出功率而测得的。饱和增益是在该点的输出射频功率与输入射频功率的比值。除非饱和功率输出在频段内为常数，否则在频段内恒定射频激励时，饱和增益与功率平坦度关系很小。平坦的小信号增益并不表示大信号条件下的功率平坦度。一般最好规定管子要经过测试能确保在系统中正常工作，包括足够的射频激励容限。

自然，像管子的容限一样，发射机的增益和电平规划必须包括级间元件所有的损耗和容限以及管子的容限；还需要做的是考虑无源频率形成网络以补偿已知的射频管特性引起的平坦度偏差。

在正交场管放大链中，由于过大的激励功率是无害的（它仅仅馈通并加到输出端），所以电平问题十分简单，只需保证总有足够的激励功率。

（6）**稳定度预分配**。在多级放大链中，每级的稳定度都必须优于整个发射机的指标要求，这是因为所有级的影响是相加的。根据不稳定度的特性和来源，它们可能随机或直接相加，或者在某种特定条件下相减。通常有必要将发射机稳定度要求分解为几个较小的数值并根据难易程度预先分配到各级。稳定度预分配通常是对脉间变化、脉内变化或相位线性度要求的。频率跳变主要来自单级，故一般不在级间预分配。

（7）**射频泄漏**。在屏蔽室和特定场所，典型放大链的发射频率具有 90dB 的增益。为防止放大链自激，从放大链输出端泄漏到输入端的信号必须有 90dB 以上的衰减。但是，更严格的要求是相对于该点的信号电平，泄漏到放大链输入级的射频信号必须低于 MTI 纯度期望的水平，因为泄漏路径可能被风扇叶片、机柜振动等调制。泄漏反馈也会影响到脉冲压缩的副瓣电平。由于 MTI 或脉冲压缩期望的典型纯度电平为 50dB，这将导致从放大链输出到输入端的隔离要求达到 140dB。典型的波导交连和同轴线连接件的泄漏电平为 -60dB，所以达到 140dB 的隔离度是很困难的。

（8）**可靠性**。发射机放大链复杂的结构常常使其可靠性难以达到要求的指标。一般采用备份单级或备份整个放大链来解决这个问题，因而必须使用开关转换组合。仔细分析和限制是必需的，否则故障监控和自动开关转换的复杂性与造价很快会超出限度。对于可接受的可靠性的合理设计，要求对各种序列和备份发射链及转换开关进行综合折中考虑，但这种系统可靠性计算已超出了本书讨论的范围。

（9）**射频放大器**。成功的放大链发射机设计依赖于是否有合适的射频放大器件以及开发它们的可行性。尤其是在复杂的干扰环境下，还要有利于雷达的抗干扰性能。通常具有大时宽、大频宽和复杂内部结构的雷达信号是比较理想的。

2.3　固态发射机

2.3.1　发展概况和特点

应用微波单片集成电路（Monolithic Microwave Integrated Circuit，MMIC）和优化设计的微波网络技术，将多个微波功率器件、低噪声接收机件组合在一起形成的电路称为**固态电路**或**固态模块**。

固态发射模块或固态收发模块是固态电路的具体应用。

固态发射机通常由几十个甚至几千个固态发射模块组成，并且已在机载雷达、相控阵雷达和其他雷达系统中逐步代替常规的微波电子管发射机。

固态发射机与微波电子管发射机相比，具有如下特点。

（1）不需要阴极加热、寿命长。

（2）具有很高的可靠性。

（3）体积小、质量轻。

（4）工作频带宽、效率高。

（5）系统设计和运用灵活。

（6）维护方便、成本较低。

2.3.2 固态高功率放大器模块

1. 大功率微波晶体管

大功率微波晶体管的迅速发展,对固态发射模块的性能和应用起到了重要的推动作用。在 S 频段以下,通常采用硅双极晶体管;在 S 频段以上,则较多地采用砷化镓场效应管(GaAs FET),它们的输出功率在 8~10GHz 频率上可达 20W,在 12GHz 以上只有几瓦。

2. 固态高功率放大器模块

应用先进的集成电路工艺和微波网络技术,将多个大功率晶体管的输出功率并行组合,即可制成固态高功率放大器模块。输出功率并行组合的主要要求是高功率和高效率。

主要有两种典型的输出功率组合方式:空间合成的输出结构和集中合成的输出结构。

1)空间合成的输出结构

主要用于相控阵雷达。由于没有微波功率合成网络的插入损耗,因此输出功率的效率很高,如图 2.3.1 所示。

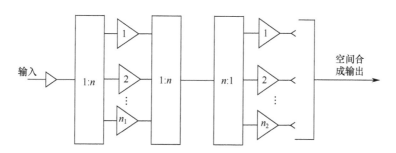

图 2.3.1 空间合成的输出结构

2)集中合成的输出结构

可以单独作为中、小功率的雷达发射机辐射源,也可以用于相控阵雷达。由于有微波功率合成网络的插入损耗,它的效率比空间合成输出结构要低一些,如图 2.3.2 所示。

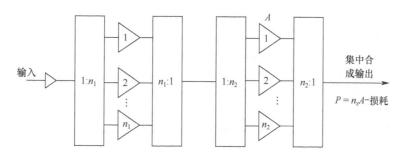

图 2.3.2 集中合成的输出结构

2.3.3　微波单片集成收发模块

微波单片集成电路（MMIC）采用了新的模块化设计方法，如图2.3.3所示，它将固态收发模块中的有源器件（线性放大器、低噪声放大器、饱和放大器或有源开关等）和无源器件（电阻、电容、电感、二极管和传输线等）制作在同一块MES基片上，从而大大提高了固态收发模块的技术性能，成品的一致性好，尺寸小，质量轻。

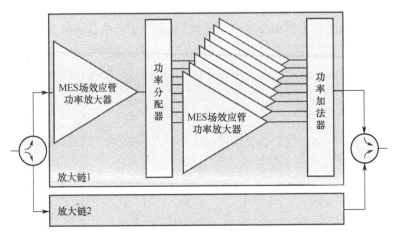

图2.3.3　固态发射机的固态放大链

1．典型MMIC收发模块的组成

典型MMIC收发模块的组成框图如图2.3.4所示。主要由功率放大器、低噪声放大器、宽带放大器、移相器、衰减器、限幅收发开关和环行器等部件组成，具有高集成度、高可靠性和多功能特点。

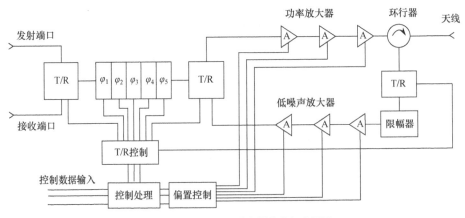

图2.3.4　典型MMIC收发模块的组成框图

2．MMIC 的优点

MMIC 的主要优点如下。

1）成本低

因为有源器件和无源器件构成的高集成度和多功能电路是用批量生产工艺制作在相同的基片上的，它不需要常规的电路焊接装配工艺，所以成本低廉。

2）高可靠性

采用先进的集成电路工艺和优化的微波网络技术，没有常规分立元件电路的硬线连接和元件组装过程，因此单片集成收发模块的可靠性大大提高。

3）电路性能一致性好、成品率高

单片集成收发模块是在相同的基片上批量生产制作的，电路性能一致性好、成品率高，在使用维护中的替换性也好。

4）尺寸小、质量轻

有源器件和无源器件制作在同一块砷化镓基片上，电路的集成度很高，尺寸和质量与常规分立元件制作的收发模块相比越来越小。

2.3.4 固态发射机的应用

固态收发模块对于构建相控阵雷达系统具有很大的吸引力。然而，与固态技术相比，微波管技术在功率输出方面仍然具有显著的优势。从体制上讲，固态发射机主要应用于高工作比的雷达和连续波雷达中。下面介绍在相控阵雷达、全固态化高可靠性雷达和连续波体制对空监视雷达系统中的应用。

1．在相控阵雷达中的应用

固态模块在相控阵雷达中的应用达到实用阶段。相控阵雷达天线中的每个辐射元由单个固态收发模块组成。相控阵雷达天线利用电扫方式，使每个固态模块辐射的能量在空中合成所需要的高功率输出，从而避免了采用微波网络合成功率引起的损耗。

在相控阵雷达中，全固态收发模块由固态发射机、环行器、限幅收发（T/R）开关、低噪声接收机、移相器和控制逻辑电路等组成。如图 2.3.5 所示，一种典型的 L 频段相控阵雷达的收发模块参数如下：最大峰值功率为 1kW；带宽为 10%～20%；脉冲宽度大于 10μs；接收机噪声系数为 3dB；四位数字式移相器的相移量分别为 22.5°、45°、90° 和 180°。

2．在全固态化高可靠性雷达中的应用

如图 2.3.6 所示，一种典型的 L 频段高可靠固态发射机的参数如下：输出峰值功率为 8kW、平均功率为 1.25kW，其主要特点如下所示。

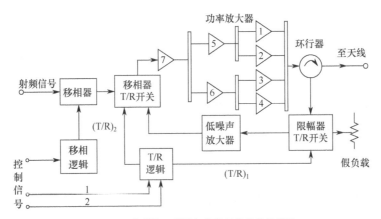

图 2.3.5　典型的 L 频段相控阵雷达的收发模块

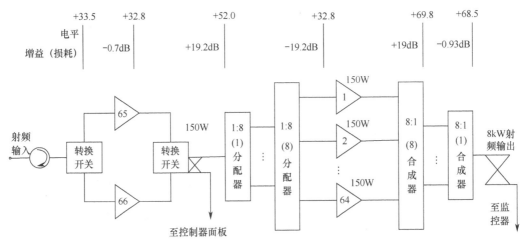

图 2.3.6　L 频段高可靠固态发射机

（1）功率放大级采用 64 个固态放大集成组件组成，每个集成组件的峰值功率为 150W、增益为 20dB、带宽为 200MHz、效率为 33%。

（2）采用高性能的 1:8 功率分配器和 8:1 的功率合成器，保证级间有良好的匹配和高的功率传输效率。

（3）采用两套前置预放大器（组件 65 和 66），如果一路预放大器失效，转换开关将自动接通另一路。

（4）高可靠性，体积小，质量轻，机动性好。

3．在连续波体制对空监视雷达系统中的应用

一种连续波体制对空监视雷达的组成框图如图 2.3.7 所示。整个天线阵面由 2592 个相控阵偶极子辐射器组成。每个辐射器直接由一个平均功率为 320W 的固态发射模块驱动。由于固态发射模块与偶极子辐射器采用了一体化结构，与电子管发射机相比，功率传输效率提高了 1dB。2592 个固态发射模块输出的总平均功率为 830kW，当考虑天线阵面的增益时，在空中合成的有效辐射功率高达 98dBW。

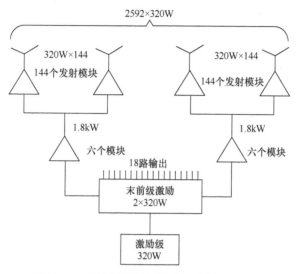

图 2.3.7　一种连续波体制对空监视雷达的组成框图

2.4　脉冲调制器

脉冲调制器的任务是给发射机的射频各级提供合适的视频调制脉冲。脉冲调制器由电源部分、能量存储部分和脉冲形成部分等组成，如图 2.4.1 所示。

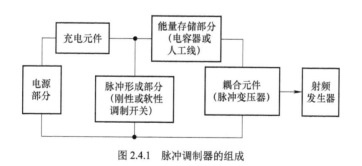

图 2.4.1　脉冲调制器的组成

电源部分的作用是把初级电源（如市电）变换成符合要求的直流电源；能量存储部分的作用是为了降低对电源部分的高峰值功率要求；脉冲形成部分在短促的脉冲期间给射频发生器提供能量。

脉冲调制器在短促的脉冲期间给射频发生器提供能量，在较长的脉冲间歇期间停止工作，因此，为了有效地利用电源功率，采用储能元件在脉冲间歇期间把电源送来的能量存储起来，等到脉冲期间再把存储的能量放出，交给射频发生器。常用的储能元件有电容器和人工线（也称**仿真线**）。

脉冲形成部分利用一个开关控制储能元件对负载（射频发生器）放电，以提供电压、功率、脉冲宽度及脉冲波形等都满足要求的视频脉冲。常用的开关元件有真空三极管/四极管、氢闸流管、半导体开关元件（可控硅元件）和具有非线性电感的磁开关等。

由真空三极管/四极管开关元件组成的调制器统称为**刚性调制器**或**刚管调制器**。由于开关器件可随意地接通和断开，又称这些调制器为**刚性开关调制器**。刚性开关调制器电路用电容器储能。

由氢闸流管等开关元件组成的调制器称为**软性开关调制器**，因为触发脉冲只能控制其导通，不能控制其断开，只能等到其电流下降到一定程度时开关自然断开。软性开关调制器电路用仿真线储能。

使用真空管或晶体管作为放电开关，称为**刚管调制**；使用氢闸流管对人工线储能作为放电开关，称为**软管调制**。此外，也可用电磁元件作为脉冲开关调制。对调制脉冲的一般要求是起边和落边较陡，脉冲顶部平坦。

2.5 频率合成器

频率源被喻为众多电子系统的"心脏"，广泛应用于现代电子设备中，包括在现代雷达中的应用。频率合成器的出现，更加灵活地解决了雷达所需的各种频率信号的生成问题，常用于相控阵雷达系统中。频率合成（Frequency Synthesis）是指以一个或数个参考频率为基准，在某一频段内，综合产生并输出多个工作频率点的过程。基于这个原理制成的频率源称为**频率合成器**（Frequency Synthesizer）。

性能优良的频率合成器应同时具备输出相位噪声低、频率捷变速度快、输出频率范围宽和捷变频率点数多等特点。频率合成器一般可分为直接式、间接式（锁相式）、直接数字式和混合式。

2.5.1 频率合成技术的发展

频率合成理论大约是在 20 世纪 30 年代中期提出来的。最初产生并进入实际应用的是直接频率合成技术。

20 世纪 60 年代末 70 年代初，相位反馈控制理论和模拟锁相技术在频率合成领域里的应用，引发了频率合成技术发展史上的一次革命，相干间接合成理论就是这场革命的直接产物。随后数字化的锁相环路部件如数字鉴相器、数字可编程分频器等的出现及其在锁相频率合成技术中的应用标志着数字锁相频率合成技术得以形成。由于不断吸引和利用脉冲计数器、小数分频器、多模分频器等数字技术发展的新成果，数字锁相频率合成技术已日益成熟。

直接数字频率合成（Direct Digital frequency Synthesis，DDS）的出现导致了频率合成领域的第二次革命。20 世纪 70 年代初，J. Tierney 等人发表了关于直接数字频率合成的研究成果，第一次提出了 DDS 的概念。由于直接数字频率合成器（Direct Digital Frequency

Synthesizer，DDFS）具有相对带宽很宽、频率捷变速度很快、频率分辨率很高、输出相位连续、可输出宽带的正交信号、可编程和全数字化便于集成等优越性能，因此在短短的二十多年时间里得到了飞速的发展，DDS 的应用也越来越广泛。

2.5.2　直接频率合成技术

直接频率合成器（Direct Synthesizer，DS）是最先出现的一种合成器类型的频率信号源，它将两个基准频率直接在混频器中进行混频，以获得所需要的新频率。这些基准频率是由石英晶体振荡器产生的。这种频率合成器原理简单，易于实现，如图 2.5.1 所示。合成方法大致可分为两种基本类型：一种是所谓的**非相干合成方法**；另一种是**相干合成方法**。

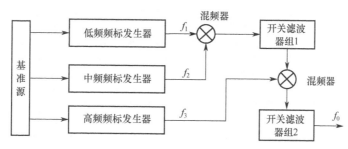

图 2.5.1　直接频率合成器原理图

如果用多个石英晶体产生基准频率，产生混频的两个基准频率相互之间是独立的，就称其为**非相干直接合成**；如果只用一块石英晶体作为标准频率源，产生混频的两个基准频率（通过倍频器产生）彼此之间是相关的，就称其为**相干直接合成**。

直接频率合成器是最早出现和最先使用的一种频率合成器，它由一个或多个晶体振荡器经过开关转换、分频、倍频、混频、滤波得到所需要的频率。虽然提出的时间早，最初的方案也显得十分落后，但由于直接模拟合成具有频率捷变速度快、相位噪声低的优点，在频率合成领域占有重要的地位。

直接模拟频率合成器容易产生过多的杂散分量，设备量大是其主要缺点。随着声表面波（Surface Acoustic Wave，SAW）技术的发展，新型 SAW 直接频率合成器实现了较低的相位噪声、更多的跳频频道、快的频率捷变速度、小体积和中等价格。随着 SAW 技术的成熟，SAW 直接频率合成技术将使直接模拟频率合成器再现辉煌。

直接频率合成器的优点如下：输出信号有相干和非相干两种，可达到微秒级、亚微秒级的频率切换速度是直接合成技术的主要特色，而这是间接合成方法所无法比拟的，此外，相位噪声可以做得低也是直接合成技术的优点。

直接频率合成器的缺点如下：电路结构复杂、体积大、成本较高、研制调试一般比较困难，由于采用了大量的混频、滤波环节，直接模拟频率合成器很难抑制因非线性效应而引入的杂波干扰，因而难以达到较高的杂波抑制度。

2.5.3 间接频率合成技术

间接频率合成器（Indirect frequency Synthesizer，IS）又称**锁相频率合成器**。锁相频率合成器是目前应用最广的频率合成器。间接频率合成器有模拟和数字两种，分别为模拟间接频率合成器和数字间接频率合成器。

1. 锁相环工作原理

基本锁相环（Phase Locked Loop，PLL）包括三个部分：鉴相器（Phase Detector，PD）、环路滤波器（Loop Filter，LF）、压控振荡器（Voltage-Controlled Oscillator，VCO），其原理如图 2.5.2 所示。

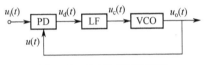

图 2.5.2   基本锁相环原理图

在锁相环频率合成器中，输入信号 $u_i(t)$ 通常由晶振产生参考信号。当压控振荡器的工作频率 f_0 由于某种原因发生变化时，其相位相应地发生变化，这种变化是在鉴相器中与输入参考信号的相位进行比较产生的，其结果使鉴相器输出一个与相位误差 θ_e 成正比的误差电压 $u_d(t)$，用来控制压控振荡器频率发生的变化，使 VCO 的振荡频率 f_0 能够稳定在 f_r 上。PLL 输出频率稳定度与参考晶振的频率稳定度相同。

2. 数字锁相频率合成器

数字锁相频率合成器是以数字锁相环为基础构成的锁相频率合成器。应用数字鉴相器和可编程数字分频器是数字锁相频率合成器有别于模拟锁相频率合成器的主要特征。图 2.5.3 所示是单环锁相频率合成器，图 2.5.4 所示是在反馈通道中插入了混频器的锁相混频频率合成器，图 2.5.5 所示是采用前置分频器的频率合成器，其中 VCO 频率锁相到参考源的谐波频率上，谐波次数等于数字分频器的分频比。

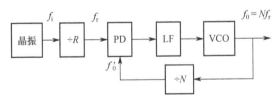

图 2.5.3   单环锁相频率合成器

锁相频率合成器优缺点分析如下：锁相频率合成器利用了相位反馈控制原理来稳频，当对频率切换速度要求不高但对相位噪声、杂散抑制要求较高时，锁相频率合成有其特殊的优势。

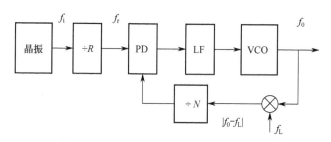

图 2.5.4 锁相混频频率合成器

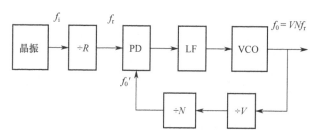

图 2.5.5 采用前置分频器的频率合成器

模拟锁相频率合成器的优点是能获得较低的相噪，缺点是模拟锁相的锁定不可靠，需要外加辅助频率捕获措施，输出频率点数少。

数字锁相频率合成器的优点是不需要外部辅助频率捕获，可用数字指令来选择输出频率，输出频率点数多，易于集成；缺点是带内相位噪声不仅受限于参考源的相噪，也受限于数字鉴相器、数字分频器等数字器件的相噪。

由于间接合成器结构简单，性能优越，因此锁相频率合成技术一提出就得到了非常迅速的发展，很快成为频率合成领域中最活跃的一个技术主流。

2.5.4 直接数字频率合成技术

直接数字频率合成器（DDS）是近年来发展非常迅速的一种器件，它采用全数字技术，具有分辨率高、频率转换时间短、相位噪声低等特点，并具有很强的调制功能和其他功能。

直接数字频率合成器由相位累加器、只读存储器（ROM）、数模转换器（DAC）及低通滤波器组成，如图 2.5.6 所示。在参考源时钟的控制下，相位累加器依据数字指令，产生以数字方式逼近的线性增加的相位函数。相位累加器的输出送到 ROM 的查询表中，把相位码转换为正弦波形的幅度码。ROM 的输出送 DAC，产生阶梯形的正弦波，最后经低通滤波器平滑得到所需频率的波形。

DDS 的主要优点是相位可以连续地快速切换频率、频率分辨率极高、体积小和成本低，主要缺点是工作频率有限、相噪高。

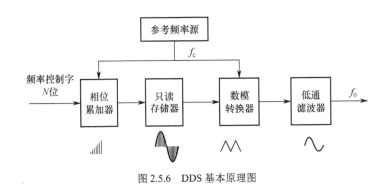

图 2.5.6　DDS 基本原理图

2.5.5　频率合成器的主要技术指标

频率合成器设计方案的选择取决于系统对频率合成器技术指标的要求。技术指标确定后，即可根据要求优化频率合成器方案。技术指标基本上决定了频率合成器的成本、体积、质量以及技术实现的难易程度。

1．工作频率和频率范围

工作频率就是在特定的工作条件下，频率合成器所产生的稳定载频的标称频率值，通常用实际测量的估计值表示。

频率范围是指频率合成器在满足规定的技术条件下的最高工作频率与最低工作频率之差。

2．跳频间隔和跳频点数

频率合成器相邻两个工作频率之差的绝对值称为**跳频间隔**，也称**频率分辨率**，通常用最大跳频间隔和最小跳频间隔表示。

频率合成器满足指标要求的工作频率点数称为**跳频点数**，也称**通道数**。

3．频率转换时间

从发出频率转换指令开始，到频率转换完毕，并进入允许的相位误差范围所需要的时间称为**频率转换时间**（Frequency Switching Time）。对于变容管调谐的电压控制振荡器来说，其转换时间为纳秒量级。直接频率合成器的转换速度取决于各部分电路的响应时间，一般来说放大、混频、倍频、分频电路和速度是很快的，主要限制来自电路中的滤波器以及控制电路的响应时间。总之，直接频率合成器的频率转换时间容易达到 1～2μs。

锁相环频率合成器的速度主要受限于环路本身，其环路带宽有限，通常在 100～200kHz以下，因此切换时间在几十微秒甚至几百微秒。雷达和电子对抗用的频率合成器频率间隔较大，至少是几兆赫兹，因此允许环路带宽比其他用途的锁相环（几千赫兹）大得多，但实际电路设计受到器件参数的限制，环路带宽不可能非常大，其频率转换时间一般不小于 10μs。

4. 谐波抑制和杂散抑制

所谓谐波，是指与输出信号有相干关系的信号，在频谱上反映为信号频率 f_0 的整数倍 nf_0 处的单根谱线（$n = 2, 3, 4, \cdots$）谐波功率与载波功率之比，称为**谐波抑制**。

杂散是指和输出信号没有谐波关系的一些无用谱，在频谱上可能表现为若干对称边带，也可能表现为信号频率 f_0 谱线旁存在的非谐波关系的离散单根谱线。这些谱线的幅度一般都高于噪声。杂散抑制是指与载波频率成非谐波关系的离散频谱功率与载波功率之比。

频率源中的谐波和杂散主要由频率源中的非线性元件产生，也有机内机外干扰信号的影响。另外，当频率源的电源质量较差时，电源纹波也会在频率源输出信号中引起杂波，它们常以离散的单根谱线出现在距载频 50Hz, 100Hz, 200Hz 等处。

直接频率合成器的杂散输出较多，某些分量可能较大。相比之下，由于锁相环路的抑制作用，锁相环频率合成器的杂散成分较少，一般容易达到 -60dB 的杂散抑制。

5. 长期频率稳定度

频率合成器在规定的外界条件下，在一定时间内工作频率的相对变化，称为**长期频率稳定度**。

频率合成器的长期频率稳定度与其所选用的参考标准源的长期频率稳定度相同。对频率合成器的长期频率稳定度的要求与应用场合有关。一般来说，独立工作的雷达系统对频率合成器的长期频率稳定度没有特殊要求。在无线电导航、定位系统中对长期稳定度有较高的要求，如 GPS 接收机要求本振的长期频率稳定度达到 10^{-9}/天的数量级。

6. 短期频率稳定度

短期频率稳定度是频率合成器的主要质量指标，通常所说的短期频率稳定度主要指各种随机噪声造成的瞬时频率或相位起伏，即相位噪声。

相位噪声是频率合成器的一项主要质量指标，它表征合成器输出频率的短期频率稳定度。频率合成器的相位噪声直接影响多种系统的性能指标。

例如，在多普勒测速雷达中利用多普勒频移得到速度数据，动目标显示雷达利用多普勒效应在时域上从背景中提取动目标信息，脉冲多普勒雷达利用多普勒效应在频域上滤除地物和气象杂波、提取动目标信息等，都要求发射激励源和接收本振源高度稳定。

7. 频谱纯度

频谱纯度是指输出信号接近正弦波的程度。影响频率合成器频谱纯度的因素主要有两个，一个是相位噪声，另一个是寄生干扰。相位噪声是瞬间频率稳定度的频域表示，在频谱上呈现为主谱两边的连续噪声。

小结

发射机需要产生什么样的电磁波、如何产生符合要求的电磁波以及发射出去的电磁波的性能如何，是本章的核心问题。

为此，本章主要介绍了两种不同类型雷达发射机的结构组成，给出了衡量发射机性能的主要技术指标；分析了单级振荡式发射机和主振放大式发射机的工作原理以及固态发射机的应用情况，介绍了脉冲调制器的功能和工作原理以及现代雷达广泛采用的频率合成器技术。除了相控阵雷达系统采用固态发射机，主流的高性能雷达均采用主振放大式发射机。

本章还重点分析了雷达发射信号波形的基本参数，包括发射频率、脉冲宽度、脉内或脉间调制和脉冲重复频率。发射频率不但可以在脉间变化，也可以在脉内变化（脉内调制）。峰值功率是单个脉冲的功率，平均功率是峰值功率在脉冲重复周期内的平均值。峰值功率越高，脉冲宽度越宽以及 PRF 越高，产生的平均功率越大。本质上，决定雷达探测距离的是能量而不是功率。发射信号参数将决定雷达的战术性能，结合第 7 章的知识可知，发射信号带宽（对于简单未调制的脉冲来说也就是脉冲宽度）将决定距离分辨力，而脉冲重复频率（PRF）将决定距离和速度测量的模糊程度。

实际中，雷达判断探测目标的特性、预判目标的运动趋势，均与发射信号的载频、相参性、脉冲宽度、脉冲重复周期、脉冲重复频率、调制带宽、波形持续时间等参数密切相关。发射信号的高性能是雷达有效获取目标参数的保证，大功率、射频已成为发射信号幅度、频率参数方面的基本特征，但发射信号的脉宽、脉内调制形式、脉冲重复周期是需要结合装备的实际探测需求来确定的。

思考题

1. 雷达发射机如何发射大功率射频信号？有哪些方法可以产生大功率射频脉冲信号？各自的工作原理是什么？
2. 主振放大式发射机能给现代雷达带来哪些好处？
3. 衡量发射机的技术指标有哪些？各指标的物理意义是什么？不同发射信号参数对雷达探测性能有何影响？
4. 描述相参的含义，全相参雷达如何实现不同信号的相参性？有什么优点？
5. 哪些技术指标可以衡量频率合成器的性能？
6. 非相参脉冲雷达和相参脉冲雷达的关键区别是什么？
7. 描述现代雷达对发射机有哪些要求。

第 3 章　雷达接收机

导读问题

结合回波信号的基本表达式 $s(t) = A(t)\cos[2\pi f(t - t_R) + \varphi] + N(t) + J(t) + C(t)$ 思考：

1. 接收机需要收什么？
2. 怎么收？有何挑战？
3. 怎么衡量收得怎样？

本章要点

1. 超外差式接收机提取目标回波信号的流程、基本组成与原理。
2. 衡量接收机性能的核心技术指标及其物理意义。

3.1　概述

3.1.1　雷达接收机的任务

目前，脉冲雷达系统是雷达应用的主干系统，功能涵盖几乎所有的雷达类型，形成了庞杂的装备体系。而在脉冲雷达应用中，回波信号相比发射信号而言，其幅度微弱，频率是射频（即使目标运动可能带来多普勒频移），波形也是脉冲，如图 3.1.1 所示，噪声 $N(t)$、杂波 $C(t)$、干扰 $J(t)$ 与目标的有用回波如影随形。因此，雷达接收机的基本任务是，在天线接收到的回波中剔除不需要的信号（杂波、干扰），保留所需的信号（目标），然后将微弱目标射频信号加以放大并转换成视频信号，送到显示器或其他终端设备中去。因此，抑制回波中的各种干扰、放大信号幅度、降低信号频率，将回波处理成有利于提取目标信息的信号，是接收机的本质特征。

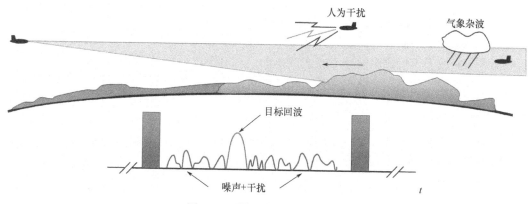

图 3.1.1　雷达回波组成分量示意图

3.1.2 雷达接收机的基本组成

历史上，雷达接收机曾出现过超外差式、超再生式、晶体视放式和调谐高频（Tuned Radio Frequency，TRF）式等四种类型，其中超外差式雷达接收机因其具有灵敏度高、增益高、选择性好和适用性广等优点，在所有现代雷达系统中都得到了应用。

超外差式雷达接收机的结构如图 3.1.2 所示，其基本组成主要有三部分：一是高频部分，俗称接收机"前端"，包括接收机保护器、低噪声高频放大器、混频器和本机振荡器（本振）；二是中频放大器，它包含匹配滤波器；三是检波器和视频放大器。

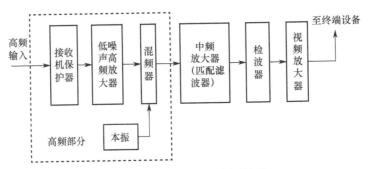

图 3.1.2 超外差式雷达接收机的结构

典型超外差式接收机电路图如图 3.1.3 所示。

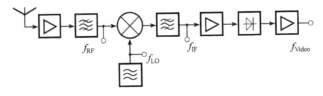

图 3.1.3 典型超外差式接收机电路图

目标的微弱回波信号经过适当放大，与本振混频变成中频（混频器的原理见 3.2.4 节）。混频后的输出一般不能有严重的镜频和寄生频率问题，达到最终的中频可能需要一次以上的变换。中频放大不仅比微波频率放大成本低，稳定性好，而且有用回波占有较宽的百分比带宽，使滤波工作得到简化。另外，超外差式接收机的本振频率可随着发射机频率的改变而改变，同时并不影响中频滤波，使得中频后的信号处理可以做成标准化设备。超外差式接收机的这些优点，淘汰了其他的接收机形式。

为了提高接收机的频率选择性和抗镜像频率干扰的能力，超外差式接收机常采用如图 3.1.4 所示的二次混频的形式来抑制镜像频率干扰，这种形式比一次混频具有更好的相邻信道选择性。

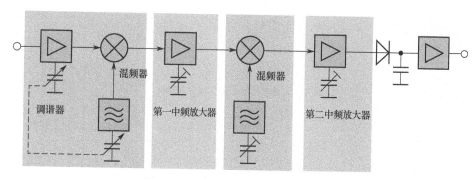

图 3.1.4 二次混频的超外差式接收机框图

1. 调谐器

调谐器是一个频率转换器，由混频器、第一本振（LO）和所需的滤波器组成。第一混频将输入信号变为可用的中频（IF）信号，如 500MHz 的信号。第一本振产生一个频率用于与输入信号混合以获得中频。混频后，仅对所需的中频进行处理。

2. 第一中频放大器

第一中频放大器是具有高增益的窄带放大器。第一中频具有相对较高的频率，自动增益控制措施一般会在这里实现。

3. 二混频

第一中频放大器以固定频率从第二本振向下混频到第二中频。

4. 第二中频放大器

第二中频放大器是增益非常高的窄带放大器，频率是 60～75MHz 的标准值。雷达接收机的中频放大器决定了接收机的增益、信噪比和有效带宽。典型的中频放大器通常包含 3～10 个放大器级。中频放大器能够改变接收机的带通和增益。

第二中频放大器通常是对数放大器。大信号不会使对数放大器饱和，而只是减少了同时施加的小信号的放大。当正常接收机饱和时，对数接收机通常可以检测到小的回波信号。

5. 检波器

接收机中的检波器用于将中频脉冲转换为视频脉冲，图 3.1.5 所示的就是简单的包络检波过程。检波，就是从已调制的中频（或高频）信号中取出调制信号（如视频信号），这个过程与调制过程相反，称为**解调**，完成解调过程的设备称为**检波器**。解调是调制的相反过程，与信号的调制方式调幅、调频、调相相对应，解调过程必须有包络检波、频率检波和相位检波之分，彼此相反相成，以达到传递信号的目的。检波依赖的是二极管的单向导电特性和电容器两端电压的暂态特性。输入信号经过二极管后，产生许多新的频率分量，负载电容 C 滤除中频（或高频）分量，得到输入信号的包络波形。

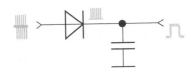

图 3.1.5   简单的包络检波过程示意图

6．视频放大器

视频放大器接收来自检测器的脉冲并将这些脉冲放大以应用于显示器。视频放大器本质上是一个使用高增益晶体管的 RC 耦合放大器。然而，视频放大器必须具有相对较宽的频率响应。

3.1.3   雷达接收机的主要质量指标

1．灵敏度

灵敏度表示接收机接收微弱信号的能力，一般用如图 3.1.6 所示的最小可检测信号功率 S_{min} 表示。超外差式接收机的灵敏度一般为 10^{-12}～10^{-14}W。

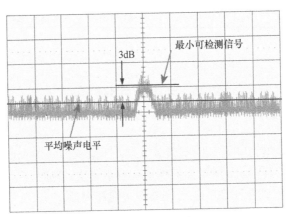

图 3.1.6   灵敏度即最小可检测信号功率

2．接收机的工作频带宽度

接收机的带宽表示接收机的瞬时工作频率范围。接收机的带宽主要取决于高频部件的性能。选择较宽的带宽就必须选择较高的中频，以减少混频器输出的寄生响应对接收机性能的影响。

3．动态范围

动态范围是指接收机任何环节都不饱和时最大输入信号功率与最小可检测信号功率之比。当输入信号太强时，接收机发生过载；而当输入信号太弱时，信号淹没在杂波中，不能被检测出来。

为了使强弱信号都能被较好地接收，接收机必须具有较大的动态范围，而这可用对数放大器、各种增益控制电路来实现。

4．中频的选择和滤波特性

中频的选择与发射波形的特性、接收机的带宽以及高频部件和中频部件的性能有关。一般中频选择为 30～500MHz。带宽越宽，选择的中频越高。

滤波特性是降低接收机噪声的关键性能。滤波特性的带宽大于回波信号的带宽时，过多的噪声进入接收机；反之，信号能量受到损失。

选择中频时，还要考虑以下问题：

（1）没有其他发射功率强的发射机工作在此频率上。

（2）频率不能太高，以便更容易处理。

（3）频率必须适应接收带宽的频率范围，以避免镜像频率。

5．工作稳定性和频率稳定度

工作稳定性是指，当环境条件（如温度、湿度、机械振动等）和电源电压发生变化时，接收机的性能参数（振幅特性、频率特性和相位特性等）受影响的程度。

频率稳定度是指，当环境条件（如温度、湿度、机械振动等）和电源电压发生变化时，接收机在指定时间内频率变化的数值。一般采用频率稳定度和相位稳定度极高的本机振荡器，即"稳定本振"。

6．抗干扰能力

在现代电子战和复杂的电磁干扰环境中，抗有源干扰和无源干扰是雷达系统的重要任务之一。有源干扰为敌方施放的各种杂波干扰和邻近雷达的同频异步脉冲干扰；无源干扰主要是从海浪、雨雪等地物反射的杂波干扰和敌机施放的箔片干扰。

7．微电子化和模块化结构

微电子化和模块化结构主要采用微波单片集成电路（MMIC）、中频单片集成电路（IF Monolithic Integrated Circuit，IMIC）和专用集成电路（Application Specific Integrated Circuit，ASIC）组成的接收机，其主要优点是体积小、重量轻、成本低、一致性好。

3.2　接收机的组成及功能电路

由图 3.1.2 可知，超外差式雷达接收机的工作过程如下：将从天线接收的高频回波通过天线开关送至接收机保护器，经过低噪声放大器放大后再送至混频器。在混频器中，高频回波信号与本振信号混频后得到中频信号，由中放放大并匹配滤波后，经过检波器送视频放大器放大，最后送终端处理设备。

　　更通用的超外差式雷达接收机的组成方框图如图 3.2.1 所示。它适用于收发共用天线的各种脉冲雷达系统。实际的雷达接收机不一定包含图中的全部单元。

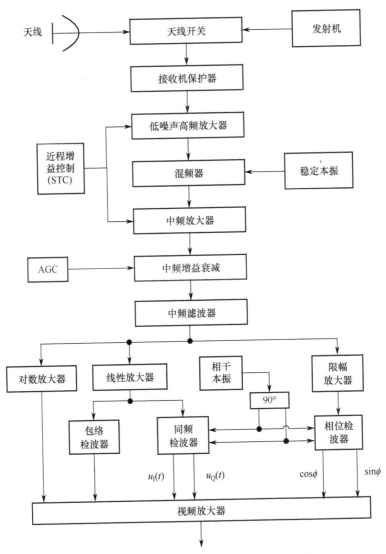

图 3.2.1　更通用的超外差式雷达接收机的组成方框图

　　雷达接收机的高频部分因处于接收机的前端，故又称**接收机前端**。接收机前端的特性在三个方面影响非相参脉冲雷达的性能：前端引入的噪声会限制最大作用距离；强信号下前端饱和可能限制系统的最小作用距离或处理强干扰的能力；寄生特性影响对带外干扰的敏感性。

　　相参雷达的性能主要受混频器寄生特性的影响，在脉冲多普勒雷达中会降低距离和速度精度，在 MTI 雷达中会损害对固定目标的对消能力，而对高分辨力脉冲压缩系统则会使距离副瓣升高。

3.2.1　收发转换开关

在脉冲雷达中，天线是收发共用的。在发射信号时，要保证天线与发射机接通而与接收机断开；在接收信号时又要保证天线与发射机断开而与接收机接通。完成这一转换任务的就是收发转换开关（简称**收发开关**）。

收发转换开关早期通常由高频传输线和气体放电管组成，后来出现了由铁氧体环行器（或隔离器）和接收机保护器构成的新型收发转换开关。

由高频传输线和气体放电管组成的收发开关主要有两种：分支线型收发开关和平衡式收发开关。

1. 分支线型收发开关

分支线型收发开关是利用传输线 $\lambda/4$ 波长开路和短路的特性实现的，如图 3.2.2 所示。其优点是结构简单，适用于米波段；缺点是带宽较窄，承受功率能力较差。

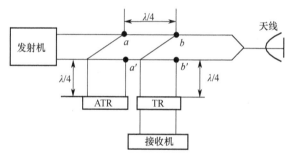

图 3.2.2　分支线型收发开关

2. 平衡式收发开关

与分支线型收发开关相比，平衡式收发开关的功率容量大，带宽也较宽，一般为 5%～10%，而且处在发射状态时漏入接收机的能量较小。实际使用时，在平衡式收发开关和接收机之间还要插入一个"接收机保护器"，如图 3.2.3 所示。图中 TR_1 和 TR_2 是一对宽带接收机保护放电管，两端各为 3dB 裂缝波导桥。

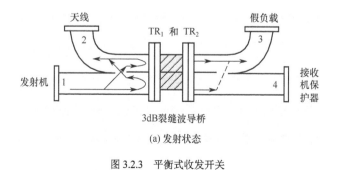

(a) 发射状态

图 3.2.3　平衡式收发开关

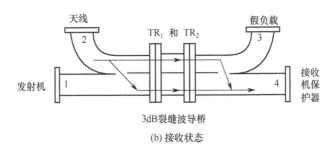

图 3.2.3　平衡式收发开关（续）

平衡式收发开关对应的信号发射和接收过程的信号流如图 3.2.4 所示。3dB 裂缝波导桥的特点是相邻端口（如端口 1 和端口 2）是相互隔离的，当信号从其一端输入时，从另外两端输出的信号大小相等而相位相差 180°。

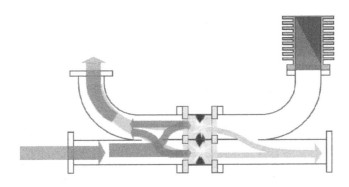

图 3.2.4　平衡式收发开关对应的信号发射和接收过程的信号流

当处于发射状态时，TR$_1$ 和 TR$_2$ 都放电，从端口 1（发射机）输入的发射机信号被反射，送至端口 2（天线）。漏过放电管的两路能量进入端口 4（接收机）的部分反相相消，进入端口 3（假负载）的部分同相相加，被假负载吸收。

当处于接收状态时，TR$_1$ 和 TR$_2$ 都不放电，从端口 2（天线）输入的微弱回波信号通过放电管进入端口 3（假负载）的部分反相相消，进入端口 4（接收机）的部分同相相加，进入接收机。反射到端口 1（发射机）的部分可忽略不计。

3.2.2　接收机保护器

随着大功率、低损耗的铁氧体环行器研制成功，出现了一种由铁氧体环行器、TR 放电管（有源的或无源的）和微波限幅器组成的收发开关——接收机保护器，如图 3.2.5 所示。

1. 铁氧体环行器

大功率铁氧体环行器具有结构紧凑、承受功率大、插入损耗小（典型值为 0.5dB）和使用寿命长等优点，但它的发射端 1 和接收端 3 之间的隔离度为 20～30dB。一般来说，接

收机与发射机之间的隔离度要求为 60～80dB，所以在环行器 3 端与接收机之间必须加上由
TR 管和限幅二极管组成的接收机保护器。

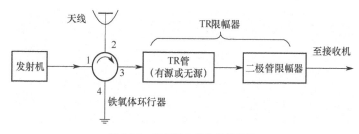

图 3.2.5 环行器和接收机保护器

铁氧体环行器通常用作双工器。环行器的运行可以比作一扇具有三个入口和一个强制
旋转感应的旋转门。这种旋转基于电磁波与磁化铁氧体的相互作用。通过一个特定入口进
入的微波信号遵循规定的旋转方向，必须通过下一个出口离开环行器。来自发射机的能量
逆时针旋转到天线端口。几乎所有雷达应用中使用的环行器都含有铁氧体。

图 3.2.6(a)所示为实际装备中使用的铁氧体环行器。总体积的最大部分被两个巨大的金
属块占据，它们仅具有支撑功能。中间的导体是铜制的。选择导体的宽度以形成 50Ω的阻
抗。铁氧体环行器的工作原理如图 3.2.6(b)所示，能量在接口 1 处分成两个相等的部分，这
些部分由于铁氧体的影响而获得不同的传播速度。在接口 3 处，两个信号部分处于反相状
态，它们会自行对消。两个信号部分在接口 2 处是同相的，它们再次将自己相加为完整的
信号。通过铁氧体环行器的对称结构，始终可以通过选择连接来确定路径方向。如果天线
处于连接中，则发射能量总被发送到天线，而回波信号总能找到通往接收机的路径。

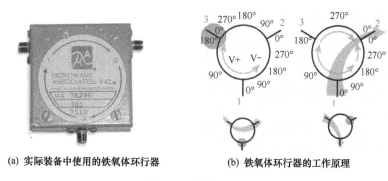

(a) 实际装备中使用的铁氧体环行器　　(b) 铁氧体环行器的工作原理

图 3.2.6 铁氧体环行器

铁氧体环行器也可用作反射保护。在这种情况下，终端器连接到接口 3，该终端器将
接口 2 的反射能量转换为热量，而接口 1 所需的信号可以传递到接口 2。

2. TR 放电管

TR 放电管分为有源和无源两类。有源 TR 放电管内部充有气体，工作时必须加一定的

辅助电压，使其中一部分气体电离。

然而，它有两个缺点：一是外加辅助电压产生的附加噪声会使系统噪声温度增加 50K（约 0.7dB）；二是当雷达关机期间，TR 放电管没有辅助电压，不起保护作用，此时邻近雷达的强辐射能量会进入本接收机，严重时会导致发生烧毁接收机的事故。

因此，最近出现了一种新型的无源 TR 放电管，其内部充有处于激发状态的氚气，不需要外加辅助电压，因此在雷达关机后仍能起到保护接收机的作用。

3. 微波限幅器

微波限幅器可用 PIN 二极管和变容二极管构成，具有功率容量较大、响应时间极短的优点，在 TR 放电管后面作为限幅器效果很好。

3.2.3 高频放大器

接收机高频放大器主要有用于米波段的晶体管高放和用于微波段的行波管高放、微波晶体管高放、隧道二极管高放、参量放大器、体效应管放大器。随后又出现了很多适用于雷达接收机的新型低噪声高频器件。从总的发展趋势看，最具代表性的有以下 4 种：超低噪声的非致冷参量放大器（简称**参放**）；低噪声晶体管（硅双极晶体管和砷化镓场效应管）放大器；低噪声镜像抑制混频器；微波单片集成（MMIC）接收模块。

*1. 微波晶体管放大器

微波晶体管放大器是工作在微波频率范围的晶体管放大器，具有体积小、重量轻、耗电省、调整方便、成本低等优点。

微波晶体管放大器因为需要在一定的频率范围内输出一定的微波功率，所以总是在大信号状态下工作。因此，对于微波晶体管功率放大器，从所用的放大器件和电路设计方法上讲，与小信号微波晶体管放大器相比，有其突出的特点。

（1）要求具有最大功率输出和高效率，并要求一定的带宽。

（2）为了承受大功率和散热条件，需要增强其管子内部结构。

（3）常常处于非线性工作状态，在放大信号的过程中，必然产生大量的谐波失真，必须采用非线性方法来分析和处理。

（4）通常使用大信号 S 参量来设计晶体管的动态输入阻抗和输出阻抗。

（5）在大功率情况下使用时，微波晶体管较易烧毁，因此在选择工作电压和电流时，务必保证不超过最大允许耗散功率（PCM）。

*2. 隧道二极管放大器

隧道二极管又称**江崎二极管**，是以隧道效应电流为主要电流分量的晶体二极管。所谓隧道效应，是指粒子通过一个势能大于总能量的有限区域时所出现的现象。这是一种量子力学现象，按照经典力学是不可能出现的。隧道二极管是采用砷化镓（GaAs）和锑化镓（GaSb）等材料混合制成的半导体二极管，其优点是开关特性好、速度快、工作频率高；缺点是热稳定性较差。一般应用在低噪声高频放大器及高频振荡器中（工作频率可达毫米波段），也可以应用于高速开关电路中。

*3. 参量放大器

参量放大器（Parametric Amplifier）是利用时变电抗参量实现低噪声放大的放大电路。例如，在变容二极管的两端外加一个周期交变电压时，其电容参量将随时间做周期变化。若把这一时变电容接入信号回路，且当电容量变化和信号电压变化满足适当的关系时，就能使信号得到放大。外加的交变电压源称为**泵源**。利用铁芯非线性电感线圈和电子束的非线性等也能构成参量放大器。参量放大的原理在 20 世纪 30 年代就已总结出来，但直到 50 年代后期，能在微波频段工作的半导体变容二极管问世后才得到发展，因为变容二极管具有很高的 Q 值，适于制作噪声电平极低的微波放大器。

变容管参量放大器主要用来放大频率为 $1 \sim 50\mathrm{GHz}$ 的微弱信号。在这个频率范围内，其噪声特性略差于量子放大器，但结构简单，维护也很方便。

变容管参量放大器按工作方式分，有负阻式放大器和上变频式放大器两大类。前者可分为信号频率和空闲频率大致相等的简并式放大器（这时信频回路可兼作闲频回路）和不相等的非简并式放大器。上变频式参量放大器实际上是一个有增益的参量变频器。

*4. 体效应管放大器

体效应管是一种利用某些半导体导带的特殊结构，在强电场作用下产生振荡或放大作用的半导体器件。

在这种器件中，当外加电压超过某一阈值时，其电流随着电压增加而减小，出现负阻效应，放大和振荡就是利用其负阻效应产生的。这种器件的负阻效应发生在某些 N 型半导体的整个晶片体内，因此称为**体效应管**。体效应管是一种重要的固体微波器件，制造体效应管所用的半导体材料主要是砷化镓。

体效应管的典型类型是单结晶体管，常用型号为 BT33 等。

体效应管放大器的突出优点是噪声系数非常低、工作频率高；缺点是需要有制冷设备、通频带窄、抗饱和能力弱、恢复时间长。

3.2.4　混频器

混频是将信号频率由一个量值变换为另一个量值的过程。具有这种功能的电路称为**变频器**或**混频器**。一般用混频器产生中频信号：混频器将从天线接收到的信号与本振产生的信号混频。当混频的频率等于中频时，这个信号可以通过中频放大器，被放大后，进行峰值检波。检波后的信号被视频放大器放大，然后显示出来。

1．混频器的分类

（1）从工作性质上可分为两类，即加法混频器和减法混频器，它们分别得到和频及差频，如图 3.2.7 所示。

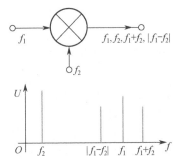

图 3.2.7　混频器输出的主要频率分量

（2）从电路元件上可分为三极管混频器和二极管混频器（实际中，混频器模块利用的是半导体器件的非线性特性来实现变频的）。

（3）从电路上可分为混频器（带有独立振荡器）和变频器（不带有独立振荡器）。

混频器和频率混合器是有区别的。后者将几个频率的信号线性叠加在一起，不产生新的频率。

2．二次混频抗镜频干扰的例子

混频器作为三端口非线性器件（两个输入端和一个输出端），可将两个不同频率的信号变为一系列的输出频谱，输出频率分别为两个输入频率的和频、差频及其谐波。其中两个输入端口分别称为**射频端（RF）**和**本振端（LO）**，输出端称为**中频端（IF）**。混频器实物图如图 3.2.8 所示。混频器通过两个信号相乘进行频率变换：

$$A\cos 2\pi f_1 t \times B\cos 2\pi f_2 t = \frac{AB}{2}\left[\cos 2\pi(f_1 - f_2)t + \cos 2\pi(f_1 + f_2)t\right] \tag{3.2.1}$$

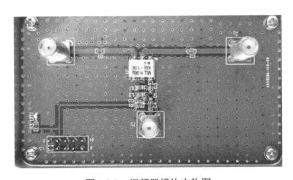

图 3.2.8　混频器模块实物图

如果输入的两个信号 A、B 的频率分别为 f_1、f_2，则输出的混频信号的频率为 $f_1 - f_2$（下变频）或 $f_1 + f_2$（上变频），从而实现变频功能。

接收机镜像频率是超外差接收机固有的指标，它反映雷达接收机带外抗干扰抑制的能力。接收机的镜像频率是指分别位于本振频率的两边、相互对称的频率，如图 3.2.9 所示。镜像频率抑制度是指接收机的镜像频率响应电平相对于信号响应电平的衰减量，反映接收机对镜像频率信号的抑制能力。

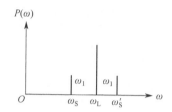

图 3.2.9　镜像频率与信号频率的关系

镜像频率抑制度的大小反映系统的抗干扰能力，如果镜像抑制很低，带外杂散或者噪声信号通过混频器，就会恶化系统灵敏度。需要说明的是，接收机镜像频率抑制是超外差式接收机特有的问题，其镜像频率的数量根据变频次数的不同而不同，一次变频镜像频率为 1 个，二次变频镜像频率为 2 个。当然，多次混频，会出现高次谐波，产生多重镜频频率。主要的镜频频率计算方法如下所示。

如果系统为高本振混频，第一镜像频率为

$$f_{IM1} = f + 2IF_1 \tag{3.2.2}$$

式中，f_{IM1} 为第一镜像频率；f 为系统工作频率；IF_1 为第一中频频率。第二镜像频率为

$$f_{IM2} = f - 2IF_2 \tag{3.2.3}$$

式中，f_{IM2} 为第二镜像频率；f 为系统工作频率；IF_2 为第二中频频率。

3.2.5　本机振荡器

本机振荡器和混频器共同作用，将回波信号变换成便于滤波和处理的中频信号。

早期米波雷达采用高频电子管和晶体管构成本机振荡器，微波段雷达采用反射式速调管和微波固体振荡器构成本机振荡器。

微波管振荡源由微波真空管组成，具有输出功率大、振荡频率高、频谱纯、耐高低温和抗核辐射能力强等优点，但是结构复杂、体积大、工作电压高，应用受到限制。

大多数现代雷达系统需要对目标的一串回波进行处理，这时对本机振荡器的短期频率稳定度有极高的要求，这就要求接收机采用相位稳定性极高的本机振荡器，简称**稳定本振**。

造成稳定本振频率不稳定的因素是各种干扰调制源，它可分为规律性与随机性两类。

风扇和电机的机械振动、声振动或电源波纹等产生的不稳定性属于规律性不稳定，可以采用防振措施和电源稳压方法降低它们的影响。

由振荡管噪声和电源随机起伏引起的本振寄生频率和噪声，属于随机性不稳定。

目前，常采用的稳定本振有锁相型和晶振倍频型。

*1．锁相型稳定本振

采用锁相技术可以构成频率固定的稳定本振，但主要还是用来构成可调谐稳定本振。所谓可调谐，是指频率的变化能以精确的频率间隔离散地阶跃。图 3.2.10 所示为典型的可调谐锁相型本振。

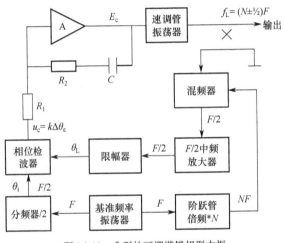

图 3.2.10   典型的可调谐锁相型本振

基准频率振荡器产生稳定的基准频率 F，经过阶跃二极管倍频 N 次，变成一串频率间隔为 NF 的微波线频谱。速调管输出功率的一部分与线频谱混频，如果本振速调管的频率为 $f_L \approx (N \pm 1/2)F$，则混频后得到的差频 f_1 接近 $F/2$，经 $F/2$ 中频放大器放大和限幅后，与频率为 $F/2$ 的基准频率比相，根据相位误差 $\Delta \theta_\varepsilon$ 的大小和方向，相位检波器输出相应的误差信号 $u_\varepsilon = k \Delta \theta_\varepsilon$，经直流放大后输出 E_c，改变速调管的振荡频率，使其频率准确地锁定在 $(N \pm 1/2)F$ 上。因此，只要调节速调管的振荡频率大致为 $(N \pm 1/2)F$，锁相回路就能将其频率准确地锁定在 $f_L \approx (N \pm 1/2)F$ 上，从而实现频率间隔为 F 的可变调谐。这种稳定本振的稳定性取决于基准频率的稳定性。

*2．晶振倍频型稳定本振

在相参脉冲放大型雷达中，载波频率、稳定本振频率和相参本振频率通常均由同一基准频率倍频而成，如图 3.2.11 所示。

基准频率振荡器产生出稳定的基准频率，经过第一倍频器 N 次倍频后输出，作为相参本振信号（中频），再经过第二倍频器 M 次倍频后输出，作为稳定本振信号（微波）。如果多普勒频移不大，则把相参本振信号与稳定本振信号混频，取其和频分量输出，作为雷达的载波信号。如果多普勒频移大，则需要从第一倍频器输出一串倍频信号，其频率间隔为基准振荡器频率，由跟踪器送来的信号选择其能对多普勒频移做最佳校准的一个频率，经与稳定本振信号混频后，作为雷达的载波信号。为了避免产生混频的寄生分量，一般用分频器将基准频率分频而产生脉冲重复频率。

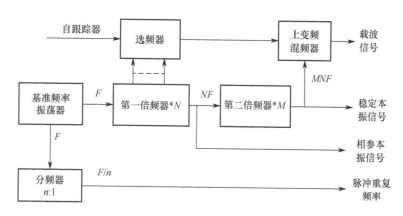

图 3.2.11　晶振倍频型稳定本振

基准频率振荡器采用石英晶体振荡器，其相位不稳定主要是由噪声产生的，在较低的频率上可以获得较好的相位稳定度，一般采用的最佳振荡频率范围为 1～5MHz。用倍频器倍频后，其相位稳定度将与倍频次数成反比地降低。

第一倍频器所需的倍频次数较低，通常用变容二极管制成的低阶倍频器。第二倍频器所需的倍频次数较高，通常需采用由阶跃二极管制成的高阶倍频器。

3.2.6　自动频率控制

雷达接收机需要一定的调谐范围来补偿由于温度和负载等因素变化而导致的发射机和本振频率变化。为此，接收机通常使用自动频率控制（Automatic Frequency Control，AFC）。

发射信号的频率和本振的频率的不稳定将导致混频器输出的中频信号偏离正确中频，使接收机增益大大下降，甚至不能工作。因此，必须采用自动频率控制。早期雷达采用如图 3.2.12 所示的控制接收机本振信号和图 3.2.13 所示的控制发射机发射频率等手段来使得混频后的中频基本保持不变。

控制磁控管的自动频率控制系统采用的是可调谐磁控管振荡器，因此可用固定频率的稳定本振，如图 3.2.14 所示。处于频率跟踪状态时，鉴频器根据差频偏离额定中频的方向和大小，输出一串脉冲信号，经过放大、峰值检波后，取出其直流误差信号去控制调谐电动机转动。转动的方向和大小取决于直流误差信号的极性（正或负）和大小，从而使磁控管频率与稳定本振频率之差接近额定中频。

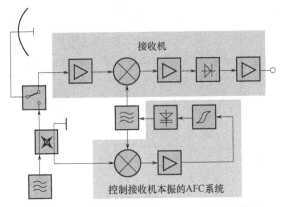

图 3.2.12 控制接收机本振信号的自动频率控制框图

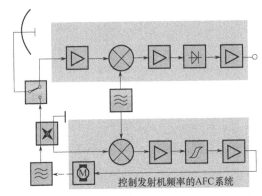

图 3.2.13 控制发射机发射频率的自动频率控制框图

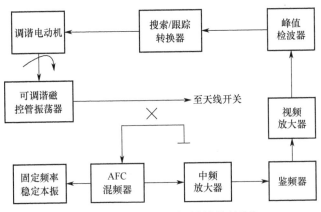

图 3.2.14 控制磁控管的自动频率控制系统

3.2.7 动态范围与增益控制

1. 动态范围

接收机抗过载性能的好坏可用动态范围 D 来表示,它是当接收机不发生过载时允许接

收机输入信号强度的变化范围，其定义式为

$$D(\text{dB}) = 10\lg\frac{P_{\text{imax}}}{P_{\text{imin}}} = 20\lg\frac{U_{\text{imax}}}{U_{\text{imin}}} \tag{3.2.4}$$

式中，P_{imax}、U_{imax} 分别为接收机不发生过载时所允许接收机输入的最大信号功率、电压；P_{imin}、U_{imin} 分别为最小可检测信号功率、电压。

为了防止强信号引起的过载，需要增大接收机的动态范围，这时就必须要有增益控制电路；跟踪雷达为了得到归一化的角误差信号，以使天线正确地跟踪运动目标，就需要自动增益控制电路；由海浪等地物反射的杂波干扰、由敌方干扰机施放的噪声调制等干扰，往往远大于有用信号，更会使接收机过载而不能正常工作，为使雷达的抗干扰性能良好，通常要求接收机应有专门的抗过载电路，如瞬时自动增益控制电路、灵敏度时间控制电路、对数放大器等。

2. 自动增益控制

自动增益控制（Automatic Gain Control，AGC）是一种反馈技术，用来自动调整接收机的增益，以便在雷达系统跟踪环路中保持适当的增益范围。在现在的数字接收机中，该电路已被数字电路取代，没有模拟的 AGC 电路。

在跟踪雷达中，为了保证对目标的自动方向跟踪，要求接收机输出的角误差信号强度只与目标偏离天线轴线的夹角（称为**误差角**）有关，而与目标距离的远近、目标反射面积的大小等因素无关。图 3.2.15 所示为一种简单的自动增益控制电路。

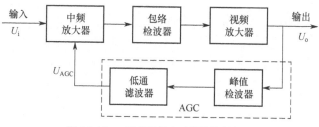

图 3.2.15　一种简单的自动增益控制电路

3. 瞬时自动增益控制（IAGC）

为了应对幅度变化很大的回波信号，需要控制和调整接收机增益。在正常工作期间，常用自动增益控制（AGC）或瞬时自动增益控制（Instantaneous Automatic Gain Control，IAGC）。最简单的 AGC 是根据接收信号的平均电平来调整中频放大器增益的。增益由最大接收信号控制。当同时接收到多个雷达信号时，最弱的信号可能最受关注，这时就需要频繁地使用 IAGC 为每个信号调整接收机增益。AGC 电路本质上是一个宽带直流放大器。当雷达回波信号的幅度发生变化时，它会立即控制中频放大器的增益。IAGC 的作用是充分放大弱信号而减少对强干扰信号的放大。然而，IAGC 的范围受增益控制的中频级数限制。当只控制一个中频级时，IAGC 的控制范围被限制在约 20dB。当控制多个中频级时，IAGC

控制范围可以增加到约 40dB。

因此，IAGC 是一种有效的中频放大器的抗过载电路，它能够防止由于等幅波干扰、宽脉冲干扰或低频调幅波干扰等引起的中频放大器过载，即使干扰电压受到衰减，也能维持目标信号的增益尽量不变。图 3.2.16 所示为一种瞬时自动增益控制电路，它与一般的 AGC 电路原理相似，也是一种反馈技术，用来自动调整中频放大器的增益。

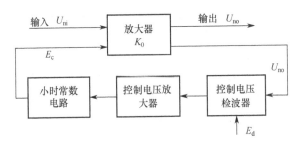

图 3.2.16　一种瞬时自动增益控制电路

4．近程增益控制

灵敏度时间控制（Sensitivity Time Control，STC）电路将随时间变化的偏置电压施加到放大器以控制接收机增益，可用于防止近程杂波干扰所引起的中频放大器过载。

不同的雷达截面积、不同的气象条件和不同的距离所引起的回波强度都不同。但距离对雷达回波的影响超过其他因素。雷达接收到的目标回波功率与 R^4 成反比。距离对信号强度的影响不利于对目标尺寸的测量。当信号超过有效动态范围时，许多雷达接收机会出现不好的特性。这些影响可以用一种称为**灵敏度时间控制**（Sensitivity Time Control，STC）的技术来克服。STC 使雷达接收机的灵敏度随时间变化，即按 R^{-4} 规律随时间而增加，从而使被放大的雷达回波强度与距离无关，如图 3.2.17 所示。

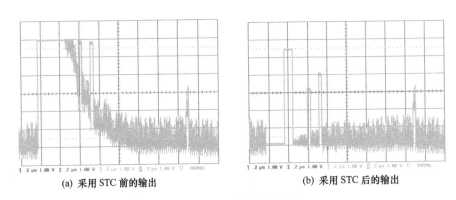

(a) 采用 STC 前的输出　　　　　(b) 采用 STC 后的输出

图 3.2.17　STC 效果对比分析

图 3.2.18 所示为一个典型的 STC 波形。当发射机被触发后，STC 电路将接收机增益降低到零，以防止放大来自发射脉冲的任何泄漏能量。发射脉冲结束后，STC 电压开始上升，

逐渐将接收机增益增加到最大值。在理想情况下，接收机增益与 R^4 成比例。STC 电压对接收机增益的影响通常限制为约 50km，因为近距离目标最有可能使接收机饱和；超过 50km 后，STC 没有影响，接收机正常工作。

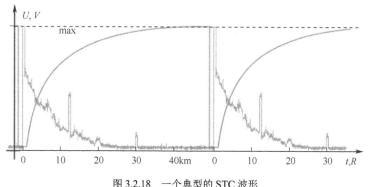

图 3.2.18　一个典型的 STC 波形

在雷达接收机中，回波信号的幅度变化大。STC 电路随时间调整放大器增益是为了使近距离目标返回信号获得最佳的可见性，但并不调整远距离目标回波的增益。

3.3　接收噪声功率与信号能量

3.3.1　内部噪声

顾名思义，噪声就是具有随机幅度和随机频率的电能量。每个接收机的输出端都有噪声。在大多数雷达所用的频段上，噪声主要是在接收机内部产生的。这种噪声主要产生在接收机的输入级，并不是因为输入级本身比其他级产生更多的噪声，而是因为它受到整个接收机的全增益放大而掩盖了后面各级产生的噪声。

因为噪声和接收到的信号被同样放大，所以在计算信噪比时，可以去掉接收机增益这个因素。做法是求出接收机输入端的信号强度，而将接收机的输出噪声除以接收机的增益。因此，通常将接收机噪声定义为单位接收机增益噪声，在实验室里很容易测量。

自无线电问世后，人们就习惯于用噪声系数 F 来描述接收机的噪声性能。噪声系数就是实际接收机的噪声输出与一个具有相同增益的假想的"理想"最低噪声接收机的噪声输出之比，即

$$F = \frac{\text{实际接收机的噪声输出}}{\text{理想接收机的噪声输出}} \qquad (3.3.1)$$

因为这两个接收机的增益相同，所以 F 与接收机的增益无关。

当然，理想接收机内部不产生任何噪声，其输出端仅有的噪声来自外部噪声源。大致上说，这种噪声的频谱特性与导体中热运动所产生的噪声谱特性是一样的。因此，作为衡量 F 的一种标准，用输入端的电阻来表示理想接收机和实际接收机的外部噪声源，如图 3.3.1 所示。

图 3.3.1　理想接收机输出的噪声仅是它从外部噪声源收到的噪声

存在于任何导体中的自由电子的永不休止的随机运动，产生了热运动噪声。电子的随机运动与导体的热力学温度成正比。在某一瞬间，由于偶然的机会，有较多的电子朝着某个方向运动，这种不平衡导致在导体两端产生与温度成正比的随机电压。

热噪声在整个频谱上大致是均匀的。因此，理想接收机输出端的噪声正比于其输入端电阻的热力学温度与接收机带宽的乘积，如图 3.3.2 所示。理想接收机输出的平均噪声功率（单位接收机增益）为

$$平均噪声功率 = kT_0B \tag{3.3.2}$$

式中，k 为玻尔兹曼常数，其值为 1.38×10^{-23}J/K；T_0 为外部电阻的热力学温度（K）；B 为接收机带宽（Hz）。

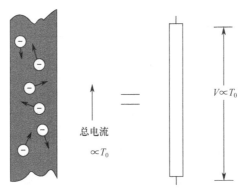

图 3.3.2　由于热运动，任何导体的电阻两端都存在热力学温度成正比的随机电压

因为对于实际接收机和理想接收机而言外部噪声都是相同的，所以在计算噪声系数时，只需使用相同的 T_0 值，其准确值并不重要。为方便起见，取 $T_0 = 290$K。

3.3.2　外部噪声

由于热运动的存在，我们周围的一切物体都辐射电磁波。这种辐射极其微弱，但是仍然可能被灵敏的接收机接收而加到其输出噪声中。在大多数机载雷达所用的频段上，最主要的自然辐射源是地面、大气和太阳，如图 3.3.3 所示。

地面辐射不仅取决于地面温度，而且与地面的"损耗性"或吸收有关。辐射噪声的功率和热力学温度与吸收系数的乘积成正比。因此，虽然水体和陆地温度相同，但因为水是良导体而陆地通常不是，所以水辐射的噪声要少些。雷达接收到地面辐射的多少随其天线

增益和天线指向变化很大。例如，当天线面向温暖的地面时，雷达接收到的噪声就远比指向极其寒冷外层空间的噪声大得多。

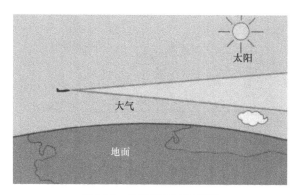

图 3.3.3　最主要的自然辐射源

雷达接收的大气噪声量不仅取决于大气的温度和损耗，而且取决于被天线照射到的大气量的多少。因为大气损耗随频率变化，所以接收到的噪声也与雷达工作频率有关。

来自太阳的噪声随太阳的状态和工作频率的不同变化很大。如果太阳刚巧处于天线主瓣中，其噪声将大大强于在副瓣中的情形。

在雷达系统中，天线罩、天线以及连接天线与接收机的波导系统等都会产生辐射噪声。这些源产生的噪声同样与源的热力学温度和损耗系数的乘积成正比。落在接收机通带范围内的所有这些来自外部噪声源的噪声，与接收机内部噪声具有相似的谱特性。因此，如图 3.3.4 所示，当外部噪声不可忽略时，每种外部源的噪声和接收机噪声通常都用等效噪声温度 T_s 来描述。这些等效噪声温度合起来产生一个等效的系统噪声温度 T_s。

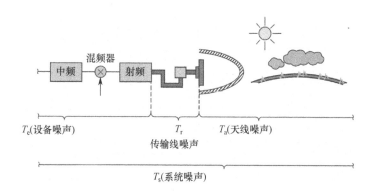

图 3.3.4　当外部噪声不可忽略时，每种外部源的噪声和接收机噪声通常都用等效噪声温度来描述

无论是用接收机噪声系数 F 表示，还是用等效噪声温度 T_s 表示，指的都是噪声能量，而不是噪声功率。目标回波必须与噪声能量较量。噪声能量就是噪声功率乘以噪声能量流的时间——这里就是从任何一个可分辨距离单元接收到回波的持续时间。

因此，对于给定的噪声温度和时宽，可用将接收机带宽 B 减至最小的办法来降低噪声。如图 3.3.5 所示，常见的做法是使中频通带变窄到恰好能通过接收回波中的大部分能量。这就称为**匹配滤波器设计**。如图 3.3.6 所示，多普勒雷达中通带因多普勒滤波而进一步变窄。

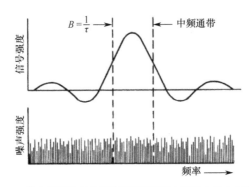

图 3.3.5　使中频通带变窄到恰好能通过接收回波中的大部分能量

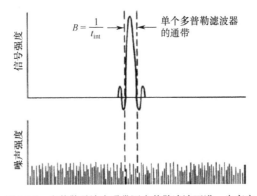

图 3.3.6　多普勒雷达中通带因多普勒滤波而进一步变窄

当然，由于噪声是随机的，各积累周期 t_{int} 中累积的能量有很大不同。但是，大量积累周期的累积能量的平均值一定是 kT_s。因此，要检测一个目标，就必须从该目标接收到足够大的能量，以便使得滤波器的输出明显地大于上述平均噪声电平。

3.3.3　目标信号能量

在天线波束照射目标时间内，如图 3.3.7 所示，雷达从目标接收到的总能量由以下 4 个基本因素决定。

（1）向目标所在方向辐射的电磁波的平均功率，即能量流的速率。

（2）被目标截获并向雷达方向散射的功率大小。

（3）被雷达天线捕获的功率的多少。

（4）天线波束照射目标的时间。

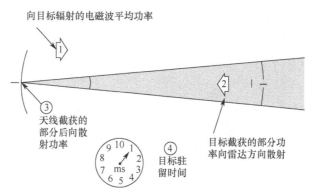

图 3.3.7　决定目标信号能量的基本因素

当天线照射一个目标时，如图 3.3.8 所示，目标所在方向辐射的功率密度与发射机的平均输出功率 P_{avg} 和天线主瓣增益 G 的乘积成正比（功率密度是与垂直于电波传播方向上单位面积的能量流速率）。

图 3.3.8　辐射向目标方向的功率密度正比于平均输出功率和天线主瓣增益的乘积

在电磁波向目标传播的过程中，功率密度逐渐减小的两个原因如下：大气吸收和扩散。除了波长较小的情况，大气吸收引起的衰减较小。目前，我们将它忽略不计。但是，由扩散引起的功率密度的下降却不能忽略。在电磁波向目标传播的过程中，如图 3.3.9 所示，其能量扩散到一个不断扩大的区域，就像一个不断扩大的肥皂泡。这个区域的面积大小正比于到雷达的距离的平方。例如，在目标距离为 R 处，功率密度仅为单位距离的 $1/R^2$。目标所截获的总功率等于目标距离上的功率密度乘以雷达看到的目标几何横截面积（投影面积）。

图 3.3.9　在电波向目标传播的过程中，其功率扩散到一个越来越大的面积上

目标截获的功率有多少向后散射到雷达取决于目标的反射率和方向性。反射率就是总散射功率与总截获功率之比。方向性与天线增益相似，是向雷达所在方向散射的功率与各方向均匀散射时于同一方向上散射的功率之比。习惯上，把目标几何截面积、反射率和方向性归纳为一个因素，称为**雷达截面积**。雷达截面积用希腊字母 σ 表示，常用单位为平方米。

如图 3.3.10 所示，向后散射到雷达所在方向的电波功率密度可用到达目标的发射波的功率密度乘以该目标的截面积来计算。由于目标的方向性可以很强，在某些姿态下，目标的雷达截面积可能要比其几何截面积大许多倍。而在另一些姿态下，情况可能恰恰相反。

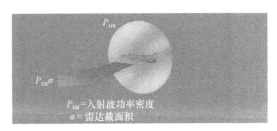

图 3.3.10　反射到雷达方向的功率等于被截获波的功率密度乘以雷达截面积

在电磁波从目标返回的途中，如图 3.3.11 所示，其经历的几何扩散过程与电波向目标传播的过程是一样的。它的功率密度在原先已降低 $1/R^2$ 倍的基础上再降低 $1/R^2$ 倍。这两个因素合起来使得电波返回雷达时的功率密度只有目标距离为 1 时的 $1/R^2$（R 可以采用任意距离单位）。为了感受这个差异的大小，图 3.3.12 画出了同一个目标姿态保持不变、距离从 1km 增加到 50km 时的相对回波强度。人为地假定 1km 处的强度为 1。这样，距离大于 1km 的相对强度就是小数。在 50km 处，相对强度只有 0.00000016——小得在图中无法辨认。顺便提一下，图 3.3.12 还非常形象化地说明了为什么接收机必须具有处理回波大小相差极为悬殊的能力，也就是要有大动态范围。

图 3.3.11　发射功率在返回雷达途中发生同样的扩散过程

后向散射波到达天线时，天线截获一部分功率，功率大小等于后向散射波的功率密度与天线有效面积的乘积，如图 3.3.13 所示。被截获的总能量等于这个乘积再乘以天线照射该目标的时间长度 t_{ot}。

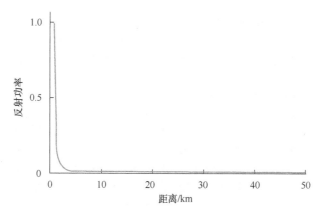

图 3.3.12 目标回波强度随距离的增加而下降

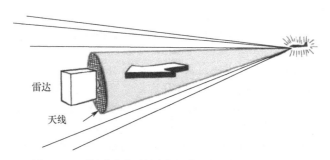

图 3.3.13 雷达截获的反射功率与其天线的有效面积成正比

为了使所有被截获的能量通过天线馈源有效地叠加，目标自然要处于天线主瓣的中心。将上面研究过的决定雷达从目标接收到的总能量大小的各项因素连乘起来，就可以得到目标的信号能量表达式为

$$E \approx K \frac{P_{\mathrm{avg}} G_{\sigma} A_{\mathrm{e}} t_{\mathrm{ot}}}{R^4} \tag{3.3.3}$$

式中，K 为比例因子，其值为 $(1/4\pi)^2$；P_{avg} 为平均发射功率；G 为天线增益；σ 为目标的雷达截面积；A_{e} 为天线有效面积；t_{ot} 为在目标上停留的时间（或称目标驻留时间）；R 为距离。

因此，天线波束在目标驻留时间 t_{ot} 内接收到的总能量能否被有效地利用取决于雷达的积累能力。在简单的脉冲雷达中，积累是通过显示器及操作员的眼睛和大脑完成的。因为这种积累在检波后进行，所以称为**检波后积累**（见第 6 章）。

在脉冲多普勒雷达中，积累主要由信号处理机的多普勒滤波器在检波前完成。如果使滤波器的积累时间 t_{int} 等于 t_{ot}，式（3.3.3）就表示目标驻留时间结束时，滤波器输出的积累后的目标信号的幅度。当然，如前面讨论的那样，目标能否被发现取决于这个幅度与前述的积累后噪声幅度之比。

3.4 噪声系数和灵敏度

3.4.1 噪声系数

接收机的噪声包括内部噪声和外部噪声。内部噪声（时间上连续，振幅相位随机）是一种起伏噪声。内部噪声主要由接收机中的馈线、放电保护器、高频放大器或混频器等产生。外部噪声包括天线热噪声和自雷达天线进入的各种干扰。天线热噪声也是一种起伏噪声。天线的热噪声是由天线周围介质微粒的热运动产生的噪声；自雷达天线进入的各种干扰主要是宇宙噪声，这是由太阳及银河系产生的噪声，这种起伏噪声被天线吸收后进入接收机，呈现为天线的热起伏噪声。利用图 3.4.1 所示的平均信号与平均噪声计算得到的功率比值 S/N，简称**信噪比**：

$$\frac{S}{N} = 10\lg\left(\frac{U_{信号}}{U_{噪声}}\right)^2 = 10\lg\frac{P_{信号}}{P_{噪声}} \tag{3.4.1}$$

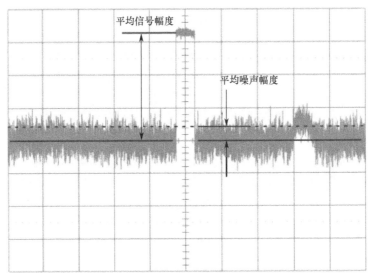

图 3.4.1 计算信号与噪声功率比时对应的平均信号幅度和平均噪声幅度

噪声系数 F 定义为接收机输入端信号噪声比与输出端信号噪声比的比值，即

$$F = \frac{S_i/N_i}{S_o/N_o} \tag{3.4.2}$$

物理意义：它表示由于接收机内部噪声的影响，使接收机输出端的信噪比相对其输入端的信噪比变差的倍数，可改写为

$$F = \frac{N_o}{N_i G_a} \tag{3.4.3}$$

式中，$G_a = S_o/S_i$ 为接收机额定功率增益。因此，噪声系数 F 还可定义为实际接收机输出的额定噪声功率与理想接收机输出的额定噪声功率之比。

N 级电路级联时接收机总噪声系数为

$$F_o = F_1 + \frac{F_2 - 1}{G_1} + \frac{F_3 - 1}{G_1 G_2} + \cdots + \frac{F_n - 1}{G_1 G_2 \cdots G_n} \tag{3.4.4}$$

重要结论：为了使接收机的总噪声系数小，要求各级的噪声系数小、额定功率增益高。而各级内部噪声的影响并不相同，级数越靠前，对总噪声系数的影响越大。所以总噪声系数主要取决于最前面几级。

虽然在许多接收机中内部噪声占主导地位，但是可在接收机混频器前加一个低噪声前置放大器和低噪声混频器使之大大降低。前置放大器本身只产生很小的噪声，但能使信号强度相对于后面各级产生的噪声大大增强。如果采用低噪声前端，就必须对来自接收机前的各种噪声源的噪声做更精确的估计。

3.4.2 灵敏度

接收机的灵敏度表示接收机接收微弱信号的能力。已知接收机噪声系数 F_o 为

$$F_o = \frac{S_i / N_i}{S_o / N_o} \tag{3.4.5}$$

则输入信号的额定功率为

$$S_i = N_i F_o \frac{S_o}{N_o} \tag{3.4.6}$$

令 $\frac{S_o}{N_o} \geq \left(\frac{S_o}{N_o}\right)_{\min}$ 时对应的接收机输入信号功率为最小可检测信号功率，得到接收机灵敏度为

$$S_{i\min} = N_i F_o \left(\frac{S_o}{N_o}\right)_{\min} \tag{3.4.7}$$

式中，$M = \left(\frac{S_o}{N_o}\right)_{\min}$ 称为**识别系数**。

为了提高接收机的灵敏度，即减少最小可检测信号功率，应做到如下几点。

（1）尽量降低接收机的总噪声系数 F_o，所以通常采用高增益、低噪声高放。

（2）接收机中频放大器采用匹配滤波器，以便得到白噪声背景下的输出最大信噪比。

（3）式中的识别系数 M 与所要求的检测质量、天线波瓣宽度、扫描速度、雷达脉冲重复频率及检测方法等因素均有关系。在保证整机性能的前提下，尽量减小 M 的值。

雷达接收机的灵敏度以额定功率表示，并常以相对于 1mW 的分贝数计值，即

$$S_{\text{imin}}(\text{dBmW}) = 10\lg \frac{S_{\text{imin}}(\text{W})}{10^{-3}}(\text{dBmW}) \tag{3.4.8}$$

一般超外差接收机的灵敏度为-90~-110dBmW。

3.5　滤波和带宽

3.5.1　匹配滤波

滤波器是接收机鉴别有用回波和多种干扰的主要手段。理想滤波器是匹配滤波器，它是一种无源网络，其频率响应与发射频谱复数共轭。

匹配滤波（Matched Filtering）是一种最佳滤波。当输入信号具有某一特殊波形时，其输出达到最大。形式上，一个匹配滤波器由以按时间反序排列的输入信号构成，且滤波器的振幅特性与信号的振幅谱一致。因此，对信号的匹配滤波相当于对信号进行互相关运算。

不能将匹配滤波器视为带通滤波器，二者是完全不同的两个概念。匹配滤波器可以实现白噪声背景下任意信号的最佳线性滤波，得到最大输出信噪比。带通滤波器只能实现频域滤波，理想的带通滤波器的幅频特性是一个矩形；而匹配滤波器的幅频特性与输入信号的幅频特性相同。带通滤波器不能调整输入信号的各频率成分的相位，实现输入信号能量的相参叠加；匹配滤波器的相频特性与输入信号的相频特性相反（仅差一个线性相位项），能实现信号不同频率成分幅度的相参叠加。

匹配滤波器可以处理来自所有距离的回波。为了简化设备，或者为了获得对其他形式干扰的更有效的滤波能力，往往采用近似的匹配滤波器，即准匹配滤波器。

准匹配滤波器是实际上容易实现的几种典型频率特性，通常用矩形、高斯型等其它频率特性作近似。准匹配滤波器输出的最大信噪比$\left(\frac{S}{N}\right)_{\approx\max}$与理想匹配滤波器输出的最大信噪比$\left(\frac{S}{N}\right)_{\max}$的比值定义为失配损失$\rho$，即

$$\rho = \frac{\left(\frac{S}{N}\right)_{\approx\max}}{\left(\frac{S}{N}\right)_{\max}} \tag{3.5.1}$$

3.5.2　带宽的选择

适当选择准匹配滤波器的通频带，可以获得准匹配条件下的"最大信噪比"。选择最佳通频带（即使得检波器输入端的信噪比最大时，接收机线性部分的总通频带），接收机的灵敏度也最高。

接收机的灵敏度主要取决于总噪声系数F_0。但是，接收机通频带的宽窄也会影响接收机的输出信噪比，即对灵敏度也有很大影响。

通过数学分析，最佳通频带 B_{opt} 与信号脉冲宽度 τ 的相互关系为

$$B_{opt} = \frac{1.37}{\tau} \qquad (3.5.2)$$

式（3.5.2）表明，最佳通频带与信号脉冲宽度 τ 成反比，脉冲宽度越窄，最佳通频带越宽，但这时的信号波形失真度小。雷达根据不同的用途选择接收机的通频带宽度。

警戒雷达和引导雷达的主要要求是雷达的作用距离远，对波形失真的要求不严格。因此，接收机的线性部分要求输出信噪比大，即高频和中频部分应取最佳通频带。考虑到发射信号频率和本振信号频率存在漂移，实际高频和中频部分的通频带要比最佳通频带宽，即

$$B_{RI} = B_{opt} + \Delta f_x \qquad (3.5.3)$$

式中，Δf_x 为发射信号频率的漂移量。

在有自动频率控制的接收机中，Δf_x 取剩余失谐量的两倍，一般为 0.1～0.5MHz。

视频部分必须保证视频脉冲的主要频谱分量能顺利通过，一般取

$$B_V = \frac{1}{\tau} \qquad (3.5.4)$$

跟踪雷达（含精确测距雷达）的主要任务是精确测距，要求波形失真小，其次才是信噪比高。这类雷达要求总带宽（含视频部分的带宽）大于最佳带宽，一般取

$$B_0 = \frac{2 \sim 5}{\tau} \qquad (3.5.5)$$

小结

在复杂电磁环境下，雷达为了发现远距离的目标，从噪声、杂波和各种干扰背景下接收到的微弱回波中提取有效目标信息是接收机的核心任务。为此，要求接收机能够选出需要的目标回波频率、抑制不需要的干扰信号；能够选出小目标或远距离目标的微弱回波；能够将射频回波信号降低到便于数字处理的中频。这也是接收机需要解决的核心问题。

因此，本章主要介绍了雷达接收机从回波中提取目标信号的主要步骤，分析了衡量信号接收性能对应的主要质量指标，说明了接收机的组成及功能电路。雷达接收机包括高频、中频、视频三部分。高频部分是本章的重点内容。接收机的高频部分主要包括天线开关、接收机保护器、高频放大器、混频器、本机振荡器等高频模块，以及功能电路——自动频率控制、自动增益控制。中频部分电路包括线性中放和对数中放，多级中放的调谐有单调谐、参差调谐和双调谐等类型。视频部分包括检波器和视频放大器。中频部分和视频部分在电子信息类的基础课程中已经讲述，在本章中没有深入讨论。

接收机前端的特性在三个方面影响脉冲雷达的性能：前端引入的噪声会限制最大作用

距离；强信号下前端饱和可能限制系统的最小作用距离或处理强干扰的能力；寄生特性影响对带外干扰的敏感性。相参雷达的性能主要受混频器寄生特性的影响，在脉冲多普勒雷达中会降低距离和速度精度，在 MTI 雷达中会影响对固定目标的对消能力，而对高分辨力脉冲压缩系统则会使距离副瓣升高。

　　雷达接收机的主要质量指标包括灵敏度、接收机的工作频带宽度、动态范围、中频的选择和滤波特性、工作稳定性和频率稳定度、抗干扰能力、微电子化和模块化结构。接收机主要的噪声源是输入级的电子热运动。噪声能量常用噪声系数 F 表示，将 F 与接在接收机输入端的电阻热运动产生的外部噪声相乘就得到噪声能量。对低噪声接收机，外部噪声比较重要，噪声用等效"系统"的噪声温度来表示。在指标方面，本章重点介绍了接收机的噪声系数、灵敏度以及滤波和带宽，这些参数都将影响雷达最终"能看多远"的关键问题。

思考题

1. 描述复杂电磁环境下接收目标回波信号可能面临的挑战。
2. 阐述超外差式雷达接收机的回波接收流程，描述其接收性能的指标。
3. 接收机前端为什么要采用低噪声高频放大器？
4. 描述提高接收机灵敏度的方法。为增大雷达作用距离，接收机可以采取哪些方法？
5. 工作于 9.5GHz 的某雷达的第一中频为 2.5GHz，第一个本振的频率是多少？镜像频率是多少？

第4章 雷达显示终端

导读问题

1. 实战中需要雷达显示哪些目标信息？
2. 目标信息有哪些显示方法？雷达终端显示的信息如何运用？

本章要点

1. A 型显示器、P 型显示器、B 型显示器、E/RHI 型显示器的特征与作用。
2. 不同类型显示器的典型应用。

雷达显示终端用来显示雷达所获得的目标信息和情报，包括目标的位置及运动情况、目标的各种特征参数等。实际上，雷达所获取的目标信息最后均集中到终端上进行显示，而操作人员对雷达的控制也是通过显示终端进行的。可见，雷达显示终端是雷达信息的输出设备，是人机互相联系、互相作用的环节。现代雷达的终端都配以计算机进行信息处理和控制，从而使雷达的功能更加完善。

4.1 概述

警戒雷达和引导雷达的终端显示器的基本任务是，发现目标和测定目标的坐标参数，以及根据回波特点判别目标性质，供指挥员全面掌握情况。雷达显示器的作用就是总结雷达站各部分的工作，并用信号幅度或亮度形式表示和确定被测目标是否存在，以及测定目标在空间中的位置。另外，有经验的操纵员还可根据雷达显示器显示的目标回波的形状、大小及变化规律来判别目标的性质，如飞机的类型和架数等。

在现代预警雷达中，通常采用数字录取设备，雷达显示器的任务是在搜索状态下截获目标，在跟踪状态下监视目标运动的规律和雷达系统的工作状态。图 4.1.1 给出了脉冲雷达工作流程图，雷达发射机首先通过波形产生器产生所需的波形，然后通过功率放大器将能量放大，再通过 T/R 组件和天线将信号发射出去，当信号遇到目标后就会产生反射，部分信号经过天线和收发开关后进入接收机，通过匹配滤波、杂波抑制、检测、门限设置、参数估计和跟踪等流程，最终呈现在显示器上。从图中可以看出雷达显示器是连接用户和雷达的桥梁，在整机雷达系统中起着举足轻重的作用。

早期的雷达终端系统是以显示器为主体的。例如，对于英国著名的本土链（Chain Home）雷达，图 4.1.2 给出了检测操作员工作图，从图中可以看出主要采用人工的方式进行目标的发现和坐标的录取，从而形成战场的态势图。

现代雷达显示终端的功能日趋完善。一方面，要求显示目标的位置及运动信息，如目标距离、方位、仰角、高度和位置等，这些信息也被称为**一次信息**；另一方面，要求显示目标的各种特征参数，如速度、航向、航迹、架次、机型、批次、敌我属性、空情态势、综合信息和人机交互信息等，这些信息也被称为**二次信息**。除此之外，也可以按照点迹录取、数据处理和状态显示对雷达显示器的基本内容进行区分，点迹录取主要是指仰角、方位角、距离和速度，数据处理主要是指关联、航迹处理和数据滤波，状态显示主要是指目标的位置、运动状态、特征参数和空情态势。

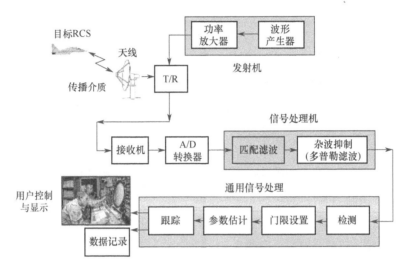

图 4.1.1 脉冲雷达工作流程图

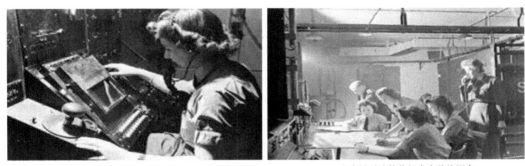

(a) 检测操作员工作图   (b) 本土链雷达接收机房内的绘图室

图 4.1.2 本土链雷达的检测操作员工作图

从前面的分析可以看出，雷达显示器的功能是显示雷达所获得的目标信息和情报，显示目标的位置及运动情况、目标的各种特征参数等。它的要求主要包括：①检测目标的回波，判定目标的存在；②录取目标的坐标；③录取目标的其他参数，如机型、架数、国籍、发现时间，并对目标编批；建立目标的航迹，实施航迹管理；对雷达的工作状态进行控制；执行上级的命令；输出雷达数据，报送上级或友邻。

随着飞机速度的增大、洲际导弹的出现以及科学技术的发展，一方面，对雷达提出了远距离、高数据率、高精度以及能对付多个目标等的高要求；另一方面，也使雷达技术随着新技术的采用而得到了很大的发展，如各种新体制雷达的研制，特别是数字技术在雷达中的应用，以及雷达和数字计算机的结合，可以从雷达信号中获取更多的情报，更好地发挥雷达的功能。为此，在雷达中除了使用常规的图像显示器，还有一些受计算机控制的情况显示器和表格显示器，以及使雷达和计算机联系起来的录取显示器等新显示设备，当然，这些显示器的任务就不仅仅是显示目标的坐标位置。

现代雷达除了显示原始图像，还要显示经过计算机处理的雷达数据，如目标的高度、航速、航向、数量、批次及敌我属性等，还可显示雷达的工作状态和控制标志，进行人机对话。因此，雷达终端系统的基本任务如下。

（1）检测目标的回波，判定目标的存在。

（2）录取目标的坐标。

（3）录取目标的其他参数，如机型、架数、国籍、发现时间，并对目标编批。

（4）建立目标的航迹，实施航迹管理。

（5）对雷达的工作状态进行控制。

（6）执行上级的命令。

（7）输出雷达数据，报送上级或友邻。

4.2　显示器的分类及性能参数

4.2.1　按显示画面分类

按画面显示信息的维度分，实际雷达使用的主要有一维空间显示器和二维空间显示器。

1. 一维空间显示器

距离显示器是一维显示器，也就是最基本的显示器，它主要采用一维显示的方式，用屏幕上回波脉冲光点距发射脉冲参考点的间隔表示回波的斜距，目标回波时延与雷达信号发射、接收过程的对应关系如图 4.2.1 所示。

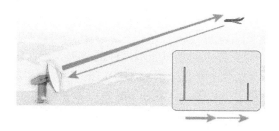

图 4.2.1　目标回波时延与雷达信号发射、接收过程的对应关系

实际运用中有三种典型的距离显示器，分别为 A 型显示器（简称 **A 显**）、J 型显示器（简称 **J 显**）和 A/R 型显示器（简称 **A/R 显**），如图 4.2.2 所示，其中 A 型显示器为常见的距离显示器，从图中可以看出 A 型显示器主要采用直线刻度表示距离，可以读出主波和回波的位置并通过直线刻度直接读出目标所在的位置信息。与 A 型显示器不同，J 型显示器将直线刻度改为表盘式结构，从表盘上可以读出主波和回波，也可通过表盘上的弧度刻度读出目标的距离。最后一种显示器是 A/R 型显示器，A/R 型显示器是在 A 型显示器的基础上发展起来的，主要对 A 型显示器的局部区域进行开窗式体现，可以更精细地展示局部细节。

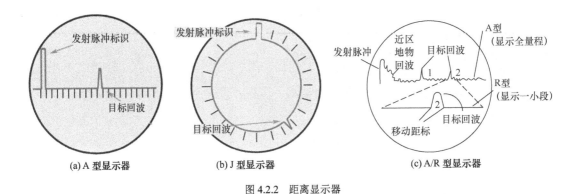

(a) A 型显示器   (b) J 型显示器   (c) A/R 型显示器

图 4.2.2   距离显示器

A 型显示器为直线扫描，扫描线起点与发射脉冲同步，扫描线的长度与雷达距离量程相对应，主波与回波之间的扫描线长度代表目标的斜距。

J 型显示器为圆周扫描，它与 A 型显示器相似，不同的是为了提高测距精度，把直线扫描改为圆周扫描，以增大距离扫描线的长度。在主波与回波之间，顺时针方向扫描线的弧长为目标的斜距。

A/R 型显示器本质上仍然是 A 型显示器，不同的是它有两条扫描线，上面一条扫描线与 A 型显示器的相同，下面一条扫描线是上面扫描线的一小段的扩展，称为 **R 型显示器**（简称 **R 显**），利用它来扩展其中有回波的一小段。距离的粗测数据从 A 扫描线上读出，精测数据从 R 扫描线上读出，粗读数（如整千米数）与精读数（不足 1 千米的数）之和为目标的距离。这样就提高了测距精度和距离分辨力。

2. 二维空间显示器

二维空间显示器主要有平面位置显示器和高度显示器，它不光可以显示距离信息，也可以显示角度信息，其中荧光屏上的光点表示目标的坐标。平面位置显示器按扫描线的形状分类，可以分为极坐标显示的 PPI 显示器（简称 **P 显**）和直角坐标显示的 B 型显示器（简称 **B 显**）。如图 4.2.2(a) 和图 4.2.2(c) 所示，其中 PPI 显示器是使用最广泛的一种雷达显示器，它能同时显示目标的斜距和方位两个坐标数据，区别于一维显示器，该显示器可以显示 360° 范围内的全部平面信息，其中心位置为雷达所在位置，外围的圆圈被称为**距离扫描线**，不同的扫描线表示不同的距离，最大扫描线代表的距离被称为**量程**，扫描线与天线同步作圆周旋转，方位角以正北为基准，顺时针方向计量，因此可以根据扫描线的位置来测读方位。除此之外，还有一种显示器被称为**偏心 PPI 显示器**，该显示器只显示某个方向的信息，近似于一种对平面显示器局部区域的放大，如图 4.2.3(b)所示。高度显示器称为 **E 型显示器**（简称 **E 显**），在测高雷达和地形跟随雷达中显示目标的距离和仰角或高度。

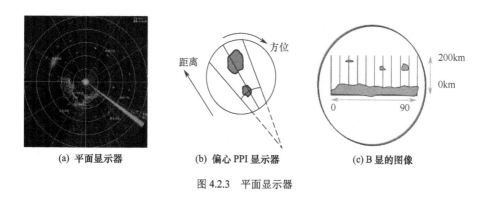

(a) 平面显示器　　　　　(b) 偏心 PPI 显示器　　　　(c) B 显的图像

图 4.2.3　平面显示器

在测高雷达和一些引导雷达中，常用到高度显示器。这种显示器显示水平距离和高度两个坐标，是直角坐标式的二维空间亮度调制显示器。扫描线的水平分量代表水平距离，垂直分量代表高度，目标显示成垂直的亮弧。这种显示器又称 **RHI 显示器**（简称 **RHI 显**），其中 R 表示距离，H 表示高度，I 表示显示器，如图 4.2.4 所示。

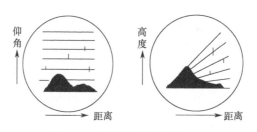

图 4.2.4　高度显示器的两种形式

3. 综合显示器

综合显示器既可显示雷达原始信息（一次信息），如雷达回波图像信息，又可显示经过计算机处理的雷达数据信息（二次信息，包括目标距离、方位、仰角、高度、速度、航向、航迹、机型、批次、敌我识别、空情态势、标记、AIS、电子海图等），如图 4.2.5 所示。

随着防空系统和航管系统要求的提高及数字技术在雷达系统中日益广泛的应用，出现了许多由计算机和微处理器控制的新型显示器，其中常用的有两种：一种是情况显示器，另一种是表格显示器，如图 4.2.6 所示。

情况显示器的画面除显示目标的原始信息外，通常还要显示经过计算机处理的地图背景和某些重点目标的航迹，以及其他必要的标志。图 4.2.6(a)是情况显示器示意图，图中小圆点表示目标的类型，旁边的数据表示目标的批次、斜距和高度，背景是雷达威力范围内的地图。从这一简单的画面可以看出，这种显示器能够提供雷达威力范围内比较全面的动态情况，便于指挥员掌握全局，实施指挥。

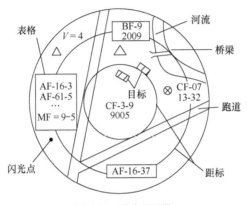

图 4.2.5 综合显示器

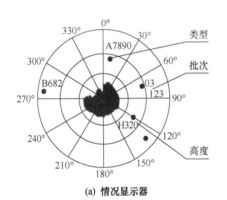

(a) 情况显示器

批次	属性	斜距	方位	仰角	航速
01	A	112	120	82	182
02	B	160	255	69	269
03	C	266	132	78	378
10	D	326	326	89	289
21	E	526	223	55	155

(b) 表格显示器

图 4.2.6 情况显示器和表格显示器

表格显示器的画面如图 4.2.6(b)所示，它能将计算机处理后的数据以表格形式显示出来。表格显示器经常与情况显示器配合使用，便于指挥员查看与核对。在图中只列出 5 批目标的数据，实际使用的表格显示器画面比该画面要复杂得多。

4．其他

雷达显示器的类型很多，除了按显示信息的维度分类，还有多种其他分类的方法，如表 4.2.1 所示。当然，这种分类更多的是学术层面上，如在直线扫描显示器中，除 A、A/R、B、微 B、E 类型外，其他类型的显示器已经很少在装备上应用。

显示器的类型不同，其画面也各不相同，因此依据显示器的画面便可识别不同类型的显示器。简单说明如下所示。

（1）A 型显示器为直线扫描，扫描线的起点与发射脉冲同步，扫描线长度与雷达距离量程对应，主波与回波之间的扫描线长度代表目标的斜距。

表 4.2.1　显示器分类

扫描方式	按显示坐标数目分		
	一维空间显示器	二维空间显示器	三维空间显示器
	按调制方式分		
	偏转调制	亮度调制	
直线扫描	A、A/R、K、L、M、N	B、微 B、E、C、F、G	H、D
圆周扫描	J		
径向扫描		PPI（P）	I

（2）A/R 型显示器是 A 型显示器的扩展，有两条扫描线，上面的扫描线与 A 型显示器的相同，下面的扫描线是上面扫描线中波门的放大，借以提高测距精度。

（3）B 型显示器是以直角坐标显示的平面显示器，如图 4.2.7 所示，它以横坐标表示目标方位，以纵坐标表示目标距离，目标显示为亮点。通常只取距离和方位的一小段，称为**微 B 显示器**（简称**微 B 显**），用以配合 P 型显示器观察波门范围内的情况。B 型显示器在机载火控雷达中很常见，它们以机械或电子方式左右扫描，有时也上下扫描。方位中心在屏幕中间，通常定义为天线的主要接收方向。

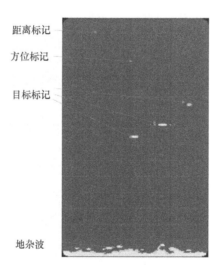

图 4.2.7　B 显上的标志和标记

（4）D 型显示器（简称 **D 显**）由信号在方位角轨迹上的宽度粗略地表示距离信息。

（5）F 型显示器（简称 **F 显**）只能指示单个目标信号。无信号时，光点可扩展成一个圆。

（6）G 型显示器（简称 **G 显**）只能指示单个目标信号。信号以翼形光点出现，它的位置给出方位角误差和仰角误差。它的翼长反比于距离。

（7）H 型显示器（简称 **H 显**）的信号显现为两个点。左边的点给出目标的距离与方位角。右边的点相对左边的点的高低位置给出仰角的粗略指示。

（8）I 型显示器（简称 **I 显**）天线做锥形扫描。信号呈现为圆，它的半径与距离成比例。圆的明亮部分指示着从锥轴到目标的方向。

（9）J 型显示器（简称 **J 显**）除时基为圆、信号显现为径向偏转外，与 A 型显示器相同。

（10）K 型显示器（简称 **K 显**）是带有天线开关的 A 型显示器。展开电压使来自两副天线的信号错开。天线装置正对目标时，脉冲的大小相等。

（11）L 型显示器（简称 **L 显**）与 K 型显示器相同。但来自两副天线的信号是背靠背地放置的。

（12）M 型显示器（简称 **M 显**）是带有距离梯级或距离缺口的 A 型显示器。当脉冲用梯级或缺口对准时，距离可从度盘或计数器上读出。

（13）P 型显示器（简称 **P 显**）中的距离可从圆心径向测出。

4.2.2　显示器的性能参数

雷达显示器性能的优劣直接影响雷达的性能。因此，雷达装备对雷达显示器性能的要求是由雷达的战术和技术参数决定的，即任务和显示内容，主要有以下几方面。

（1）显示器的类型选择，显示的格式取决于显示的内容。当显示距离和方位角时，采用 P 显（PPI）；只需要显示距离数据时，采用 A 显；显示高度数据时，有特殊的高度显示器。这些显示器都显示原始的雷达图像，即显示雷达接收机的视频信号。有的显示器除了显示原始的雷达图像，还要显示其他标志、符号、文字和数据，也有采用彩色显示的。有的雷达显示器以表格形式只显示有关目标航迹的数据，这些数据则是计算机根据雷达信息计算出来的。

（2）在显示器上测读目标的坐标数量、种类及量程，坐标数量、种类主要是指显示目标的斜距、方位角、仰角（高度）中的一个、二个或三个。量程主要是指显示器能显示多大的距离及方位范围。

（3）对目标坐标的分辨力，即分辨显示器画面上两个相邻目标的能力。

（4）显示器的对比度，即图像亮度和背景亮度的比值。

（5）图像重显频率，为了使图像画面不致闪烁，要求图像刷新的频率必须达到一定的数值，如 20～30 次/秒。

（6）显示图像的失真和误差，导致显示的时候目标位置的变形，需要进行校正。

（7）其他因素，包括体积、重量、环境条件、电源电压及功耗等，这些都是在实际工作中必须考虑的。例如，对飞机来说，平台受重有限，对平台的体积和重量都有很高的要求。

4.3　距离显示器

不管雷达设备是对空间、地面上的目标进行测定，还是对海上的目标进行测定，测定目标的距离是必不可少的主要任务之一。由此可见，在各种类型的雷达中，几乎都要配有距离显示器。常用的有 A 型、A/R 型和 J 型。

4.3.1　A 型显示器画面

图 4.3.1 给出了雷达测距的原理图，根据雷达的测距原理可知，要测定目标的距离，首先要测定发射信号 t_1 与目标回波 t_2 之间的延迟时间 t_R。距离显示器之所以能够显示目标距离，就是因为它能够显示出回波脉冲和发射脉冲之间的时间间隔。根据主波和回波在时间基线上的位置，可以测量出它们之间的时间间隔 t_R。再利用测距公式 $R = 0.15 t_R$，便可换算出目标的距离，其中 R 的单位是千米，t_R 的单位是微秒。

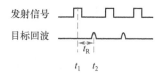

图 4.3.1　雷达测距的原理图

实际上，距离显示器的时间基线所代表的距离事先已用距离刻度标出，只要目标回波一出现，就能直接读出目标的距离。A 型显示器显示画面如图 4.3.2 所示，目标回波沿着距离维幅度起伏变化，横坐标为机械距离刻度，图中分别标出了发射脉冲、近区地物杂波、目标回波。从图 4.3.2 可以读出第一个目标回波的距离为 42km，第二个目标回波的距离为 79km。这里需要强调的是，此时目标的距离是一个估算值，是根据操作员的判断进行的，误差较大，主要是因为图 4.3.1 和图 4.3.2 中的目标回波与发射脉冲不同，图 4.3.1 中的发射脉冲和目标回波是规则的矩形，很容易找到矩形的中心位置，而图 4.3.2 中的发射脉冲和目标回波均不是规则图形，主要有两方面的原因：一是实际回波会受到噪声的影响，二是不同的目标回波之间会产生"挤压"现象，这种不规则现象会给确定图形的中心位置带来困难，从而产生误差。此外，近区地物回波相比于远处的回波更强，主要是因为擦地角的不同和雷达传播能量变化产生的影响。

图 4.3.2 给出的是目标回波的信噪比较高的情况，在实际雷达工作环境中，特别是操作的工作环境中，并不都是上述情况。图 4.3.3 给出了高海况条件下的雷达显示画面，从图 4.3.3(a) 可以看出该天气情况下海况较强，海面出现大量的白色浪花。图 4.3.3(b) 给出了某一距离向雷达仿真图像，其中横坐标表示样本值，该样本值可以转化为距离，纵坐标为幅度值，图中标注了浮漂的位置，可以非常清晰地发现浮漂相比于周围的海浪的幅度并没有明显的优势，也不会出现类似于图 4.3.2 中非常明显的回波轮廓信息，此时想通过距离刻度读出目标所在的位置几乎是不可能的，必须通过一定的方法将周围的杂波去掉才能够读

出目标所在的位置。此外，与前面一致，海杂波呈现出一种从前至后能量逐步降低，再后达到平稳的现象，近程杂波非常强。

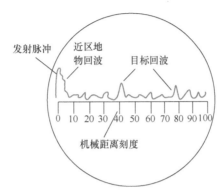

图 4.3.2   A 型显示器显示画面

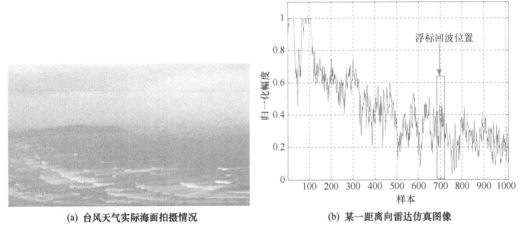

(a) 台风天气实际海面拍摄情况   (b) 某一距离向雷达仿真图像

图 4.3.3   高海况条件下的雷达显示画面

4.3.2   A/R 型显示器画面

在 A 型显示器上，我们可以控制移动距标以对准目标回波，然后根据控制元件的参量（电压或轴角）算出目标的距离数据。由于人的固有惯性，在测量中不可能做到使移动距标完全和目标重合，它们之间总有一定的误差。在实际工作中常常既要能观察全程信息，又要能对所选择的目标进行较精确的测距。为了提高测距精度和距离分辨力，可以展开 A 型显示器扫描线上的任意一段，将整个量程中的任意一小段显示在整个荧光屏上，如图 4.3.4 所示。因此，这种显示器必须同时采用电子放大镜和可移刻度。A 型显示器显示全量程，而 R 型显示器（电子放大镜）显示 A 型显示器中的一小段。由于 R 型显示器扫描比例尺的扩大，回波信号和可移刻度信号不再是一条细线，而是将它同时展开成有一个清晰前沿的脉冲波，这样测距精度显然就被提高了很多。

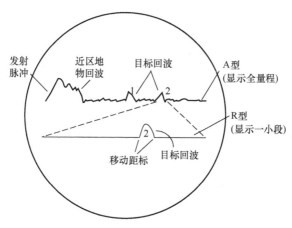

图 4.3.4　A/R 型显示器画面

在 A/R 型显示器中，A 型显示器作为粗测显示（粗读数），用来掌握全面情况，如在同一方向上有几个目标，在该方向上选择所要测量的目标后，可调节控制元件去选择这一目标，使 R 型显示器所显示的那段距离内包含所选的目标。固定目标的回波一般不起伏，而活动目标回波信号则因反射面积的变化是起伏的。R 型显示器作为精测显示，在其上面可以得到精读数。粗读数和精读数之和就是目标距离。R 型显示器通常与 A 型显示器配合使用，因此得名 A/R 型显示器。

4.4　平面位置显示器

4.4.1　平面位置显示器的基本特征

在一些警戒、搜索和指挥雷达中，常常需要能同时观察一定空域中的所有目标，即观察和掌握全面情况。这时就需要采用既能观测目标的距离又能观测目标的方位（或仰角）的二维空间显示器。按坐标系分，二维空间显示器有极坐标和直角坐标两种系统。平面位置显示器，也称 P 型显示器，属于极坐标系统；距离-方位显示器（B 型）属于直角坐标系统，距离-仰角（E 型）显示器也属于直角坐标系统。

二维空间显示器中以平面位置显示器应用最广，本节主要讨论这一类型的显示器。这种显示器的扫描方式属于径向扫描。显示斜距时以圆心为雷达所在位置，以目标所在方位辐射线距离圆心的长度为斜距坐标。显示方位时以正北方向为基准，目标所在方位辐射线的角度为方位角坐标。

平面位置显示器以极坐标的方式表示目标的斜距和方位，其原点表示雷达所在地，目标在荧光屏上以一亮点或亮弧出现，典型的 P 型显示器画面如图 4.4.1 所示。光点由中心沿半径向外扫描为距离扫描，目标的斜距是根据目标回波出现在时间基线上的位置来测定的，即目标回波与极坐标原点之间的径向长度代表目标至雷达站的距离。扫描线在显示屏上的旋转速度与雷达天线扫描同步。

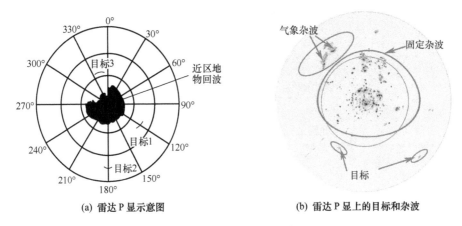

(a) 雷达 P 显示意图　　　　　　　　　　(b) 雷达 P 显上的目标和杂波

图 4.4.1　P 型显示器画面

P 显的径向距离扫描线与天线同步旋转，因而目标回波的方位可根据距离扫描线在显示屏上的方位来确定。为了便于观测目标，显示器画面一般有距离和方位的刻度，当距离扫描线与天线同步旋转时，距离刻度是一簇等间距的同心圆，而方位刻度是一簇等角度的辐射状直线。图 4.4.2 给出了舰载雷达应用中的 P 显画面，可以清晰看出不同目标的距离方位信息与雷达周边环境的对应关系。

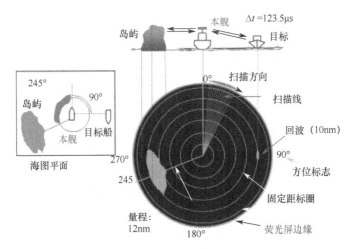

图 4.4.2　舰载雷达应用中的 P 显画面

常规 P 型显示器上靠近圆心处的目标角度不易分辨，而且测量其角坐标的精度也较低，因此 P 型显示器还有偏心式、空心式、延迟式几种画面，以此来改进对某些目标的观测，偏心式 P 型显示器如图 4.2.3(b)所示。

常规 P 型显示器可以观察整个空间的全面情况。偏心式 P 型显示器将扫描线中心移到荧光屏的一边或荧光屏的外面，使空间中的一个扇形空域扩大后展示在荧光屏上，这对所要观察的区域来说，相当于加大了荧光屏的尺寸，提高了距离和方位的分辨力，但不能对空域进行全面观察。在这种显示画面上的目标间相对位置不发生畸变。

空心式 P 型显示器的扫描起点不是从荧光屏中心开始的，而是从离中心等半径的一个小圆周上开始的，即把雷达站所对应的点（零距离点）扩展为一个圆，所以这种显示器对观测近距离目标有较高的分辨力。但是画面上的目标位置有较大的畸变，如常规画面上的正方格反映在空心式 P 型显示器画面上则呈菱形状。

延迟式 P 型显示器画面的扫描起点较发射机的触发脉冲延迟了一定的时间，即扫描起始点（荧光屏中心）代表了离雷达站一定距离的某一环形地带，这样便于观测远距离目标。缺点是扫描线起点不是雷达本身的位置，不能进行全距离观测。此外，画面上目标的相对位置也有畸变。

P 显也是迄今为止最常用的雷达显示器。对于典型的 P 型显示器，大多数都具备产生上述几种变形画面的能力，使用人员可以根据具体情况灵活应用。

4.4.2　P 显画面信息判读

雷达操作员常说雷达显示器上呈现的是一幅波澜壮阔的图像，如图 4.4.3 所示，图中 6 号区域为雷达中心所在位置，横坐标和纵坐标分别表示距离雷达中心的位置；9 号区域为一个亮度图，表示的是回波的强度变化，其中蓝色表示回波强度较弱，红色表示回波幅度较强，从图中整体可以看出画面主要为深红色和淡黄色，其中淡黄色为海洋，深红色为陆地，可以明显地发现陆地杂波比海洋杂波的回波强很多；8 号区域存在一个倒立的三角，这不是陆地，而是因为雷达正前方一栋高楼出现的遮挡；1 号区域、2 号区域、4 号区域和 5 号区域表示的是四批目标，3 号区域为一个浮漂，对比 3 号区域和 4 号区域可以发现浮漂比小船要大，这主要是因为船是木质结构，浮漂是铁质结构，不同材料的反射性能不同；靠近 2 号区域有一条竖直的粗红线，那是防波堤。

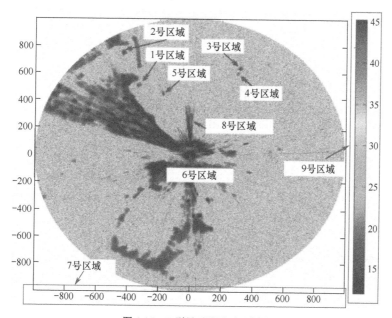

图 4.4.3　P 型显示器画面示意图

　　P显是典型的径向扫描极坐标显示器，雷达站在圆心（零距离基准），正北是方位角参考基准；光点距圆心的距离为目标斜距；光点大小为目标尺寸；亮度为目标强度；中心大片亮斑为近区固定杂波；较远的小亮弧是目标。

　　由于海平面较为平稳，从显示画面中感受不到海杂波的存在；而对于海况较高时画面的显示特点，图4.4.4给出了三种海况条件下某雷达实测数据回放的P显画面，其中图4.4.4(a)的数据采集于晴朗天气，图4.4.4(b)的数据采集于阴雨天气，图4.4.4(c)的数据采集于台风天气，量程均为5nmi。从图4.4.4可以看出该数据包含浮漂、港内渔船等多批目标，目标所处环境并不完全相同，有单一目标、近岸目标和多批临近目标等情况；另外，随着海情的变化，海杂波的对目标检测的影响逐步增大。从图4.4.4(a)可以看出晴朗天气下目标还是比较清晰的，画面中的小船依稀可见，1.3nmi处有一处浮漂，远处的陆地轮廓较为分明。由图4.4.4(c)可知，该数据包含大量海尖峰，由于台风天气海浪较大，海杂波明显增多，1.3nmi处的浮漂已消失不见，完全被海杂波淹没，画面中的8艘大船也很难发现。

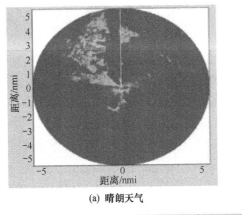
(a) 晴朗天气

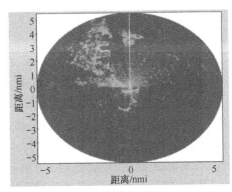
(b) 阴雨天气

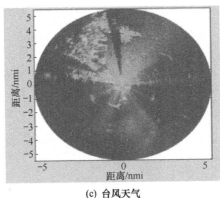
(c) 台风天气

图4.4.4　同一雷达在不同天气情况下的P显画面

　　从前面的分析可以发现，海况对于雷达的探测非常重要。从图4.4.4(a)和图4.4.4(b)可以看出，陆地回波远强于海杂波，同样的地面呈现的颜色也不同，这就说明地面回波强度很强且随机起伏；另外，考虑地面平台是近似不动的，所以在地面雷达观测时，地杂波在零多普勒附近。

图 4.4.5 给出了两组气象杂波的显示，图 4.4.5(a)给出了某型雷达 P 显画面，图的上方是陆地杂波，呈黄色片状，下方也有成片的黄色区域，与上方区域不同的是，下方的黄色区域有蓝色的尾巴，表示该部分存在运动，因为陆地杂波是静止的，所以这块区域表示气象杂波，从图中可以看出气象杂波呈现疏松棉絮状的亮斑区域或连片强干扰，且具有一定的多普勒速度，另外回波的强度和雨雪云的降水量成正比；图 4.4.5(b)给出了同片区域的对比，从图中可以看出陆地杂波还是较强，体现为深红色，而气象杂波明显较弱，为淡蓝色，但也有区别于海杂波的深蓝色。

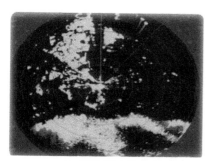

(a) 实际雷达 P 显画面

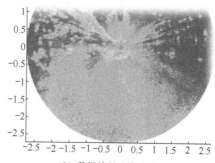

(b) 数据处理后的画面

图 4.4.5　有气象杂波时的 P 显画面

因为常规 P 型显示器上靠近圆心处的目标角度不易分辨，而且其角坐标的测量精度也较低，所以 P 型显示器还有偏心式画面，以此来改进对某些目标的观测。偏心式 P 型显示器如图 4.4.6 所示。

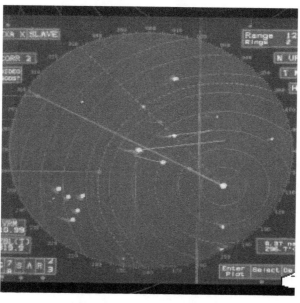

图 4.4.6　偏心式 P 型显示器

图 4.4.7(a)给出了实际场景下的光学图像，从图中可以清晰地看出存在两批目标，在图中由圆圈标出，另外存在一处浮桥，虚线位置为防鲨网。从雷达显示画面可以看出当天海况较低，为晴朗天气。图 4.4.7(b)和图 4.4.7(c)给出了不同杂波抑制下的雷达显示画面，左侧为门限较高的情况，右侧为门限较低的情况，门限为一幅度值，这里指比门限高的值可以得到保留，比门限值低的值置 0。从图 4.4.7(b)可以清晰地看到 1 和 2 号目标都被发现，目标呈条状，近处浮桥出现，但远处浮桥消失，防鲨网难以发现，屏幕相对干净，杂波较少；图 4.4.7(c)相比于图 4.4.7(b)，门限更低，目标呈现更大的形态，远处的浮桥也得以呈现，部分防鲨网也被发现，但远距离的杂波增多。由此可见，门限的高低对雷达的显示尤为重要，因此在实际判读时需要选择合理的门限值。

(a) 实际雷达显示画面

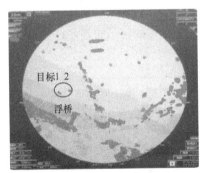

(b) 雷达显示画面（处理方式一）

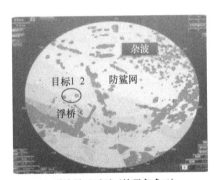

(c) 雷达显示画面（处理方式二）

图 4.4.7　偏心式 P 型显示器

前面给出了门限的改变对雷达显示画面的影响，表 4.4.1 给出了某型雷达操作按键，这里只粗略地列出了 12 个按键，不同雷达的按键并不完全相同，这与雷达的功能本身有关。下面简单介绍几个操作按键。

表 4.4.1　某型雷达操作按键

1 工作模式	2 量程	3 发射控制	4 STC
5 固定频点	6 扫描方式	7 固定角度	8 转速
9 干扰抑制	10 积累	11 海杂波模式	12 雨杂波模式

量程：量程是雷达最外圈包含的最远范围，可以根据探测区域的不同自由选择，比如要看较远的区域可以设置较大的量程，要看较近的区域可以设置较小的量程；

发射控制：一般雷达通电后会进入待机状态，在操作下达发射指令就可以进行雷达信号的发射。

STC，也称**近程增益控制**，在实际雷达的工作中尤为重要，因为由前面的分析可以发现，近距离杂波较强，近程增益控制电路能够防止近程杂波干扰引起的中频放大器过载。

固定频点：固定频点主要是指雷达工作的频点。

扫描方式：根据雷达执行的任务不同，需要进行相应的选择，比如在不确定目标位置时，需要进行 360°的扫描，这种扫描也被称为**扫描模式**，当发现目标可能出现在某个区域时，需要进行某一方向的驻留探测，这也被称为**驻留模式**。

转速：转速是指雷达天线旋转的速度，主要是针对不同的目标进行选择。

积累：由于目标在一定时间范围内具有相关性，而杂波的相关性较弱，利用该性质可以进行积累，从而提升信杂比。

海杂波模式：主要是针对海杂波进行的抑制方法，可根据不同海况进行相应的选择。

雨杂波模式：主要是针对雨杂波进行的抑制方法。

图 4.4.8 给出了渤海轮渡上古野雷达的显示画面，图 4.4.8(a)为渤海轮渡，它是亚洲最大的客滚船，总吨位为 3.5 万吨。图 4.4.8(b)为日本古野雷达。轮渡配备了两部雷达，分别为 S 波段和 X 波段雷达，主要是为了适应不同的探测需求。图 4.4.8(c)为轮渡停留时的显示画面，量程为 0.5nmi，黄色区域为陆地，黑色区域为海洋，图中标注了轮渡。从图中可以看出，轮渡的吨位较大，因此在雷达显示器中显示的区域较大。还可以看出，轮渡在停泊期间，周围出现了一片蓝色区域，这是它的尾迹，主要由轮渡在港口停泊期间产生了摇晃。需要强调的是，当没有尾迹和电子海图时，近岸的不动目标是很难被发现的，会被误认为是陆地。图 4.4.8(d)给出了渤海轮渡出海的画面，从图中的蓝色区域可以看出它运行的轨迹。图 4.4.8(d)还给出了浮漂，相比于渤海轮渡，浮漂较小。对比图 4.4.8(c)和图 4.4.8(d)可以看出，不同大小的目标的尾迹是不相同的，大目标的尾迹更大。

图 4.4.9 给出了某实验的场景图。图 4.4.9(a)给出了实验渔船，从图中可以看出该船为一木质小船；图 4.4.9(b)为实验时的海况；图 4.4.9(c)为浮漂，从图中可以看出浮漂为一铁质物体；图 4.4.9(d)表明实验船只与浮漂有一定的距离。

图4.4.10给出了该实验在三个不同时刻的MATLAB仿真处理图,分别为渔船靠近浮漂、渔船与浮漂重合和渔船返航。图 4.4.10(a)给出了渔船靠近浮漂的仿真图，可以看出渔船相比于浮漂的回波更小，这主要是因为不同物体的反射性能不同，铁质材料的反射性能更强；图 4.4.10(b)给出了渔船与浮漂重合的画面，此时需要注意的是渔船和雷达在显示画面上无

　　法分清，但在实际情况下两者存在一段距离；图4.4.10(c)给出了渔船返航时的显示画面，可以看出渔船淹没于近距离回波之中，如果不事先告知渔船的位置，是非常难发现的。

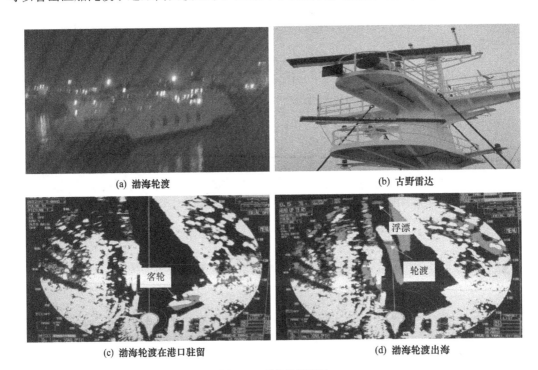

(a) 渤海轮渡

(b) 古野雷达

(c) 渤海轮渡在港口驻留

(d) 渤海轮渡出海

图 4.4.8　雷达显示画面

(a) 实验渔船

(b) 实验海况

(c) 浮漂

(d) 实验船只与浮漂有一定的距离

图 4.4.9　某实验场景图

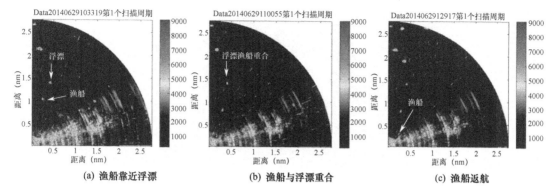

图 4.4.10　实验不同时刻的 MATLAB 仿真图

4.5　各种显示器的典型应用

显示器的类型有很多，陆基、海上、机载等不同平台、不同场合的实际应用分别应该选用什么显示器？在工程应用中，雷达显示器的选用是根据雷达的战术和技术参数决定的，通常有下面几点。

（1）显示的格式。显示的格式取决于显示的内容。当显示距离和方位角时，采用 P 式显示器（PPI）；当只需要显示距离数据时，采用 A 式显示器；当显示高度数据时，采用 E 型或 RHI 型高度显示器。这些显示器都显示原始雷达图像，即显示雷达接收机的视频信号。有的显示器除了显示原始雷达图像，要显示其他标志、符号、文字和数据。有的雷达显示器以表格形式只显示有关目标航迹的数据，这些数据则是计算机根据雷达信息计算出来的。

（2）需要在显示器上测读目标坐标的数量及种类，即显示目标的斜距、方位角、仰角（高度）中的一个、两个或三个。

（3）待测目标的量程，即要求显示器能显示多大的距离及方位范围。

（4）测定目标坐标的准确度，即显示器的读数与真实坐标的误差。

（5）对目标坐标的分辨力，即分辨显示器画面上两个相邻目标的能力。

（6）测定目标所需的时间（测量速度）、方便程度，以及与其他系统配合使用的关系。

（7）运用参数方面的要求，如体积、重量、工作温度、电源电压、频率和功率消耗、耐振程度等。

4.5.1　距离显示器的应用

不管是对空间、地面还是对海上的目标进行测量，测量目标的距离都是必不可少的主要任务之一。因此，在各类雷达中，几乎都要配备距离显示器，在距离显示器中可以直接看到信号和噪声的形状，如图 4.5.1 所示，从而具有较小的识别系数 M（识别系数 M 是指能在显示器上将目标信号从噪声中辨别出来时，显示器输入端的最小信号噪声比），可根据噪声基底的起伏变化直观地判断是否受到压制性干扰。

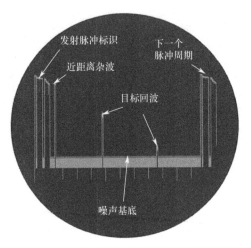

图 4.5.1   在距离显示器上直接看到的信号和噪声形状

此外，这类显示器直接在荧光屏上显示回波信号的波形，如图 4.5.2 所示，因此易于从目标变化的强弱及振幅跳动的情况来判断目标的性质，有经验的操作员可根据这些变化判断目标的属性。

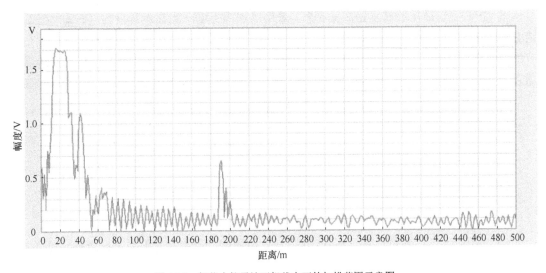

图 4.5.2   机载火控雷达开机状态下的扫描范围示意图

4.5.2   P 显和 B 显对比

本节解释典型机载雷达天线扫描范围与雷达显示器显示信息的关联关系。如图 4.5.3 所示，假设机载雷达在开机状态下的扫描范围为方位 120°、俯仰 10°的四棱锥空间，扇区内 120°表示机载火控雷达的最大方位扫描范围，左右各 60°，10°代表纵向扫描范围，其中上下各 5°，俯仰方向上的扫描区域可以进行手动上调或下调，根据战术需要还可将方位维的扫描范围减小为 60°，即左右各 30°。方位维扫描范围减小后扫描区域可以左右转动。

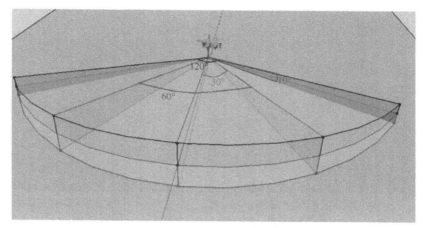

图 4.5.3　机载雷达在开机状态下的扫描范围示意图

如果进行俯视观察，雷达的扫描范围是一个 120°的扇形区域，可以得到与图 4.5.4(a)对应的俯视雷达图，即 P 显，但是机载雷达上的显示一般不是扇形，而是将图 4.5.4(a)所示的扇形两边和弧形边拉伸，然后将扇形原点拉伸为一条线，即雷达显示屏底部的直线，最终成为一个接近正方形的雷达俯视图，即 B 显，如图 4.5.4(b)所示。

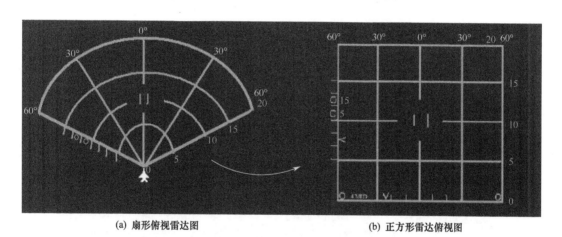

(a) 扇形俯视雷达图　　　　　　　　　　　　(b) 正方形雷达俯视图

图 4.5.4　P 显和 B 显信息的对应关系图

将 P 显信息转换为 B 显信息的目的是为了对雷达显示屏上的近距离目标进行更精确的位置判断，图 4.5.4 中雷达 B 显上的显示距离为 20km，扫描宽度为 120°。对应标出了雷达显示屏上每条线所代表的含义。水平线为距离标线，当显示距离为 20km 时，从上到下依次为 20km、15km、10km、5km、0km，用于判断目标的距离；垂直线为方位标线，从左到右依次为左 60°、左 30°、正向 0°、右 30°、右 60°，用于判断目标方位。因此，假设有两架飞机从我们正前方飞来，那么我们在雷达 P 显上看到的目标轨迹就如图 4.5.5(a)所示。可以发现，在图 4.5.5(b)中，距离越近，就越能精确地判断出两架飞机靠近时的方位。当真正看懂了这种雷达显示方式的时候，就会明白 B 显的人性化设计。

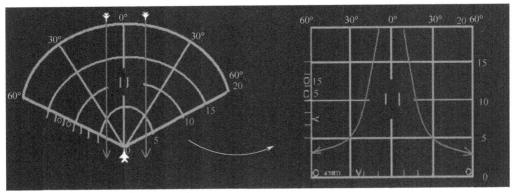

(a) 两架飞机靠近雷达时的 P 显   (b) 两架飞机靠近雷达时的 B 显

图 4.5.5   两架飞机靠近雷达过程中的 P 显和 B 显

如图 4.5.6 所示，雷达扫描的上限是用 B 显左侧上面的圆圈和右侧的一个数字表示的，表示在以目标锁定框（TDC）所在的距离为参考点下雷达的扫描上限，图中 TDC 在中间的水平线处，即 10km 远，因此表示在距离本机 10km 远的地方雷达扫描上限为 15000m。如果此时将 TDC 移至 15km 远处，那么扫描上限相应增加。雷达扫描下限与雷达扫描上限的说明基本相同，表示雷达在 TDC 所在距离处的扫描下限，图中的 5 表示 5000m。

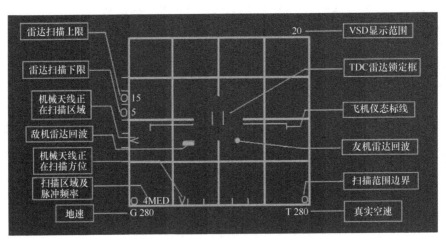

图 4.5.6   机载火控雷达在 RWS 扫描模式下的显示信息

扫描范围边界左右两侧各有一个圆圈，已知左右两侧的竖线表示左右 60°的范围，这两个圆圈所在的位置即表明当前雷达横向扫描范围为左侧 60°加右侧 60°共 120°的扇形区域，此时完成一次扫描用的时间较长约为 4s。可以减小扫描范围到左 30°加右 30°，即前方 60°的扇形区域，这样完成一次扫描周期的时间就减少了一半，可以获得更高的数据率。

一般情况下，在超视距对抗中，数据更新缓慢所带来的劣势并不明显，因此会选择 120°的扫描范围。注意，在调整俯仰扫描区域后，左侧的上下限高度仅表示 TDC 所在距离下的扫描上限和下限，此时有可能位于不同 TDC 所在距离且不在 B 显高度界限内的目标将会被扫描到。如图 4.5.7 所示，飞机高度为 2200m，B 显范围为 80km，向上调整扫描区域后，TDC 在 60km 远的位置，因此扫描上下限显示为 60km 远的 3400～6100m 之间，之后一架飞机位于前方 30km 远的位置，其高度为 2800m（不在显示的 3400～6100m 之间），此时仍然能够扫描到这架飞机，并且在 B 显上显示出来。

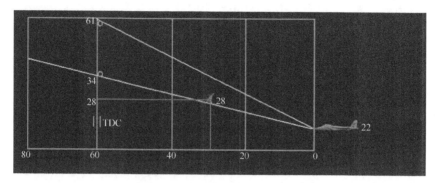

图 4.5.7　不同距离下的扫描上限和下限

4.5.3　B 显的运用

现代机载火控雷达均具有边跟踪边搜索（Track While Search，TWS）的模式，这种模式使得战斗机可以同时锁定多个目标并且同时进行攻击。空战中除了使用 TWS 模式同时攻击多个空中目标的功能，还会使用 TWS 模式的另一个常用功能，即在没有预警机情报支援的情况下向友机提供战场形势支援。这得益于 TWS 模式下能够显示所有扫描到的目标的大致航向及所在的高度。

首先分析 TWS 模式下同时进攻多个目标的操作。在边搜索边测距（Rang While Scan，RWS）模式下，即空战主模式下开启雷达后的默认雷达模式，切换雷达模式到 TWS 模式，切换后的显示如图 4.5.8 所示。

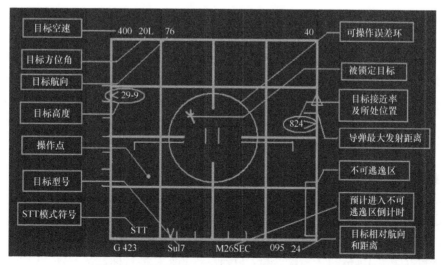

图 4.5.8　空战主模式下开启雷达后的默认雷达模式 RWS

　　B 显的基本显示内容和 RWS 模式下的雷达显示相同，TWS 模式下雷达回波上多了两个数据：一是目标高度，二是目标机头指向指示线。目标高度用其回波旁边的数字表示，机头指向即回波上的短线所指向的位置，因此可以向前方的友机提供战场情报。例如，告知高度为 1000m 的友机在其 12 点钟方向、距离 17km、高度 1600m 的位置有一架敌机；以及 10 点钟方向、距离 20km、高度 2100m 的位置有两架敌机。尤其是进入交战后，在友机进行导弹规避时无法自己获得战场情报，此时利用 TWS 模式扫描到的信息便可通过无线电告诉友机。之后移动目标锁定框 TDC 锁定想要锁定的目标，继续移动 TDC 套住另外一个敌机回波目标，以此方式可以同时锁定多个目标，锁定后 VSD 上的显示如图 4.5.9 所示。

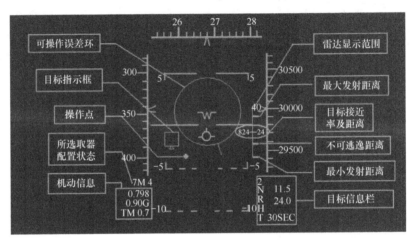

图 4.5.9　空战主模式下开启雷达后的默认雷达模式

　　在 RWS 模式下，雷达锁定一个目标后，B 显上将不再显示其他目标，但 TWS 模式下仍然显示未被锁定的目标及其高度与航向信息。

　　主要目标是首要攻击的目标，是第一个被锁定的目标，显示方式和 RWS 相同。第一次要目标是第二个锁定的目标，矩形回波变为正方形小方框，仍然显示高度和机头指向，旁边多了一个数字 1，表明是第一次要目标，也就是第二个锁定的目标；第二次要目标是第三个锁定的目标，矩形回波变为小方框，仍然显示高度和机头指向，旁边多了一个数字 2，表明是第二次要目标，也就是第三个锁定的目标。主要目标高度与 RWS 相同，主要目标标记上不会再显示数字以指明其高度，而是在 B 显左侧显示，而且此时 B 显上方和下方显示的机型、接近率、距离等信息都是主要目标的。

　　对主要目标发射导弹后，第一次要目标将上升为主要目标，第二次要目标将上升为第一次要目标，而已经对其发射完导弹的主要目标将变为最次要目标，但是雷达仍保持对其的锁定状态。对每个目标发射导弹后，将依次循环各目标为主要目标。当对以上三个目标各发射一枚空空弹后，雷达仍然保持对三个目标的锁定并且引导导弹飞向目标，直到导弹进入离目标距离 10km 以内自动开机，以自主探测头拦截目标。以 TWS 模式发射的空空弹攻击多目标时，因为雷达同时引导导弹飞向多个目标，雷达波能量较分散，因此没有 RWS 模式下发射的导弹稳定性强。但也正是因为雷达没有集中照射目标，所以在 TWS 模式下，导弹没有开机前不会引起目标机的雷达预警导弹威胁警告。在 TWS 模式下对已锁定的目标再次按下锁定键，会自动转换成单目标（Single Target Tracking，STT）追踪模式，并且保持对该目标的锁定，同时丢失其他已锁定的目标。在 TWS 模式下也无法使用半主动雷达制导导弹，如果选择了该导弹，那么 B 显上将不会出现可操作误差环及操作点。

4.6　雷达数据的录取

雷达系统对雷达信息处理的过程主要有以下三点。

（1）从雷达接收机的输出中检测目标回波，判定目标的存在。

（2）测量并录取目标的坐标。

（3）录取目标的其他参数，如批次、数量、国籍、发现时间等，并对目标编批。

上述的第（1）项任务通常称为**信号检测**。本节主要讨论目标坐标的录取方法和录取时使用的输入设备。

早期的雷达终端设备以 P 型显示器为主，全部录取工作由人工完成。操纵员通过观察显示器的画面来发现目标，并利用显示器上的距离和方位刻度测读目标的坐标，估算目标的速度和航向，熟练的操纵员还可从画面上判别出目标的类型和数目。

4.6.1　录取方式

在现代战争中，雷达的目标经常是多方向、多批次和高速度的。指挥机关希望对所有目标坐标实现实时录取，并要求录取的数据数字化，以适用于数据处理系统。因此，在人工录取的基础上，录取方法不断改进。目前，录取方法主要分为两类，即半自动录取和全自动录取。

1. 半自动录取

在半自动录取系统中，仍然由人工通过显示器来发现目标，然后由人工操纵一套录取设备，利用编码器将目标的坐标记录下来。半自动录取系统方框图如图 4.6.1 所示，图中的录取显示器是以 P 型显示器为基础加以适当改造的。它可以显示某种录取标志，例如一个光点，操纵员通过外部录取设备来控制这个光点，使它对准待录取的目标。通过录取标志从显示器上录取下来的坐标是对应于目标位置的扫掠电压，录取显示器输出后，应加一个编码器，将电压变换成二进制数码。在编码器中还可以加上一些其他特征的数据，这就完成了录取任务。半自动录取设备目前使用较多，其录取精度在方位上可达 1°，在距离上可达 1km 左右。在天线环扫一周的时间（如 6～10s）内，可录取五六批目标。录取设备的延迟时间为 3～5s。

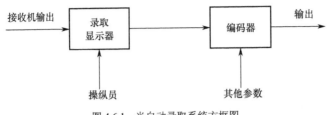

图 4.6.1 半自动录取系统方框图

2. 全自动录取

全自动录取与半自动录取的不同之处是，在整个录取过程中，从发现目标到读出各个坐标，完全由录取设备自动完成，只是某些辅助参数需要人工录取。全自动录取系统方框图如图 4.6.2 所示，图中信号检测设备能在全程对信号积累，根据检测准则，从积累的数据中判断是否存在目标。判断存在目标时，检测器自动送出发现目标的信号，利用这一信号，用计数编码部件来录取目标的坐标数据。因为录取设备是在多目标条件下工作的，所以距离和方位编码设备能够提供雷达整个工作范围内的距离和方位数据，而由检测器来控制不同目标的坐标录取时刻。图中排队控制部件的作用是使录取的坐标能够有序地送往计算机的缓冲存储器中，并在这里加入其他参数。

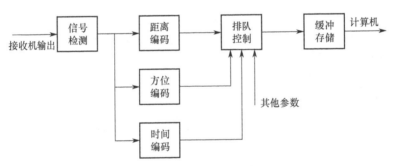

图 4.6.2 全自动录取系统方框图

自动录取设备的优点是录取容量大、速度快，精度也较高，因此适合于自动化防空系统和航空管制系统的要求。在一般的两坐标雷达上，配上自动录取设备，可以在天线扫描一周时录取 30 批左右的目标，录取的精度和分辨力能做到不低于雷达本身的技术指标，例如距离精度可以达到 100m 左右，方位精度可以达到 0.1°或更高。对于现代化的航空管制雷达中的自动录取设备，天线环扫一周内可录取高达 400 批目标的坐标数据。

在目前的雷达中，往往同时存在半自动录取设备和自动录取设备。在人工能够正常工作的情况下，一般先由人工录取目标前两个点的坐标，当计算机对这个目标实现跟踪后，给录取显示器画面一个跟踪标志，以便了解设备工作是否正常，给予必要的干预，而其主要注意力可以转向显示器画面的其他部分，以发现新的目标，录取新目标前两个点的坐标。这样既发挥了人工的作用，又利用机器弥补了人工录取的某些不足。如果许多目标同时出现，人工来不及录取，设备可转入全自动工作状态，操纵员这时的主要任务是监视显示器的画面，了解计算机的自动跟踪情况，并在必要时实施人工干预。这样的录取设备一般还可以用人工辅助，对少批数的目标实施引导。

4.6.2　目标距离数据的录取

录取目标的距离数据是录取设备的主要任务之一。录取设备应读出距离数据（对应为目标迟延时间），并把所测量目标的时延变换成对应的数码，这就是距离编码器的任务。本节要讨论的是单目标距离编码器、多目标距离编码器及影响距离录取精度的因素。

1．单目标距离编码器

将时间的长短转换成二进制数码的基本方法是使用计数器，由目标滞后于发射脉冲的迟延时间 t_R 来决定计数时间的长短，使计数器中所计的数码正比于 t_R，读出计数器中的数，就可得到目标的距离数据。图 4.6.3 就是根据这一方法形成的单目标距离编码器。

当雷达发射信号时，启动脉冲使触发器置"1"，来自计数脉冲产生器的计数脉冲经"与"门进入距离计数器，计数开始。经过时延 t_R，目标回波脉冲到达时，触发器置"0"，"与"门封闭，计数器停止计数并保留所计数码。当需要读取目标距离数码时，将读数控制信号加到控制门，读出距离数据。

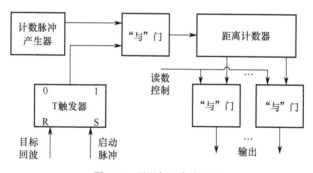

图 4.6.3　单目标距离编码器

2．多目标距离编码器

当同一方向有多个不同距离的目标时，就需要在一次距离扫描的时间内读出多个目标的距离数据。多目标距离编码器如图 4.6.4 所示。

多目标距离编码器的原理如下：当雷达发射信号时，启动脉冲使触发器置"1"，计数脉冲经"与"门使距离计数器不断计数，直到距离计数器产生溢出脉冲使触发器置"0"，封闭"与"门。在计数过程中，当目标回波到来时，通过读数脉冲产生器读出当时计数器的数码；读数是通过输出端的控制门进行的，不影响计数器的工作。因此，使用一个计数器便可得到不同距离的多个目标的数据。图中将计数脉冲经过一段延迟线后加到读数脉冲产生器的目的是，保证读数在计数器稳定后进行，以避免输出的距离数据发生错乱。

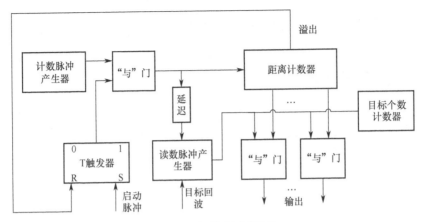

图 4.6.4 多目标距离编码器

3. 影响距离录取精度的因素

影响距离录取精度的因素有如下三项。

（1）编码器启动脉冲与计数脉冲不重合的误差 Δt_1。将计数脉冲用同步分频的方法形成发射机触发脉冲和编码器启动脉冲，可以消除误差 Δt_1。

（2）计数脉冲频率不稳定。晶体振荡器的频率稳定度高，采用它可以有效地减小计数脉冲不稳定误差。

（3）距离量化误差。提高计数器时钟频率 f 可以减小距离量化误差 Δt_2。

在实际应用中，通常取距离量化单元 τ_R 等于或略小于雷达的脉冲宽度 τ。此外，还可以采用电子游标法和内插法来提高距离测量与距离录取的精度。

4.6.3 目标角坐标数据录取

角坐标数据的录取是录取设备的另一个重要任务。对两坐标雷达，角坐标数据只考虑方位角的数据。对三坐标雷达，角坐标数据包括方位角和仰角的数据。目标角坐标数据录取方法有两种：方位中心的估计方法和直接录取法。

1. 方位中心的估计方法

准确地测定目标的方位中心是提高方位测量精度的关键。目前主要有两种方位中心估计方法：等信号法和加权法。

1）等信号法

图 4.6.5 是等信号法方位中心估计示意图。在某些自动检测器中，检测器在检测过程中一般要发出三个信号，即回波串的"起始"、回波串的"终止"和"发现目标"三个判决信号。前两个信号反映目标方位的边际，可用来估计目标方位。设目标"起始"时的方位为 θ_1，目标"终止"时读出的方位为 θ_2，则目标的方位中心估计值 θ_0 为

$$\theta_0 = \frac{1}{2}(\theta_1 + \theta_2) \qquad (4.6.1)$$

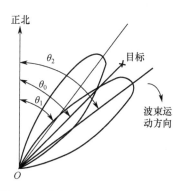

图 4.6.5　等信号法方位中心估计示意图

在实际应用中，阶梯检测器、程序检测器都可采用这种方法来估计方位中心。

2）加权法

加权法估计方位中心的原理如图 4.6.6 所示。量化信息经过距离选通后进入移位寄存器。移位寄存器的移位时钟周期等于雷达的重复周期。雷达发射一个脉冲，移位寄存器就移位一次。这样，移位寄存器中寄存的就是同一距离量化间隔中不同重复周期的信息。对移位寄存器的输出进行加权求和，对左半部加权和加"正"号，对右半部加权和加"负"号，然后由相加检零电路检测。当相加结果为零时，便输出一个方位读数脉冲送到录取设备，读出所录取的方位信息。

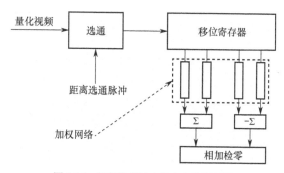

图 4.6.6　加权法估计方位中心的原理图

合理地选择加权网络是这种方法的核心，通常在波束中心权值为"0"，而两侧权值逐渐增大，达到最大值后再逐渐下降为"0"。因为在波束中心，目标稍微偏移天线电轴不会影响信号的平均强度，即信号幅度不会因为目标方位的微小偏移而发生明显变化，这就难以根据信号幅度的变化判明方位中心，所以在波束中心点赋予零权值。但是在波束两侧，天线方向图具有较大的斜率，目标的微小偏移将影响信号的幅度和出现的概率，所以应赋予较大的权值。当目标再远离中心时，因为天线增益下降，过门限的信号概率已接近过门限的噪声概率，用它估计方位已不可靠，所以应赋以较低的权值，直至零权值。

下面讨论常用的角坐标数据录取方法——直接录取法，这种方法采用角度编码盘将天线的机械转角直接转换成相应的数码。

*2. 角度编码盘

角度编码盘将天线的机械转角直接转换成相应的数码，常用的角度编码盘有增量码盘、二进制码盘和循环码盘。

1）增量码盘

增量码盘是最简单的码盘。它在一个圆盘上开有一系列间隔为 $\Delta\theta$ 的径向缝隙，圆盘的转轴与天线转轴机械交链。圆盘的一侧设有光源，另一侧设有光敏元件，它将径向缝隙透过来的光转换为电脉冲。图 4.6.7 所示为圆盘上开缝的示意图及用增量码盘构成的角度录取设备示意图。

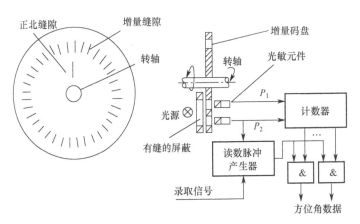

图 4.6.7 圆盘上开缝的示意图及用增量码盘构成的角度录取设备示意图

图 4.6.7 中光源的光经过有缝的屏蔽照向码盘，使得码盘上只有一个增量缝隙受到光照。透过增量缝隙的光由光敏元件接收，形成增量计数脉冲 P_2 送往计数器计数。码盘上还有一个置零缝隙，每当它对着光源时，光敏元件就产生计数器清零脉冲 P_1，作为正北的标志，有时又把置零缝隙称为**正北缝隙**。因为增量缝隙是均匀分布的，所以当天线转轴带动码盘时，将有正比于转角的计数脉冲 P_2 进入计数器，从而使得数码代表了天线角度。

应当指出，简单的增量码盘只适用于天线做单方向转动，不允许天线反转或做扇扫运动。因为反转时产生的计数脉冲与正转时的一样，且计数器只做累计而不能减少，这就限制了这种码盘的适用性。为了克服这一点，可采用图 4.6.8 所示的带转向缝隙的增量码盘。码盘上每两个增量缝隙之间有一转向缝隙。两种缝隙由同一光源照射，分别由各自的光敏元件检出计数信号和转向信号送往转向鉴别器。这里采用可逆计数器，随着码盘转向的不同，转向鉴别器分别送出做加法计数或做减法计数的计数脉冲给可逆计数器。

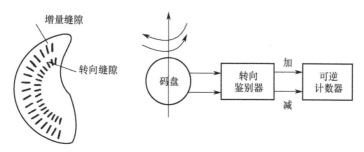

图 4.6.8 带转向缝隙的增量码盘及其录取设备

因为转向缝隙穿插在增量缝隙之间，错开四分之一个间隔，所以随着码盘转向的不同，计数信号相对于转向信号或超前或滞后四分之一周期，以此判断转向。

增量码盘的制作比较容易，附属电路也不复杂，但在工作过程中如果丢失了几个计数脉冲或受到脉冲干扰，计数器就会发生差错，在转至清零脉冲出现的位置之前，这种差错将始终存在，而且多次误差还会积累起来，所以应加装良好的屏蔽，防止脉冲干扰进入。

2）二进制码盘和循环码盘

二进制码盘和循环码盘都可以直接取得与角度位置相应的数码，不必像增量码盘那样经计数积累才能取得各角度位置相应的数码。图 4.6.9 是这两种码盘的示意图，图 4.6.9(a) 是二进制码盘；图 4.6.9(b) 是循环码盘。数码直接在码盘上表示，最外层是最低位，最里层是最高位，图中只画出了 5 位。目前这类码盘最好的可做到 16 位，即最外层可分为 $2^{16}=65536$ 等分，每等分为 0.0055°，可见这时录取角度数据的精度很高。

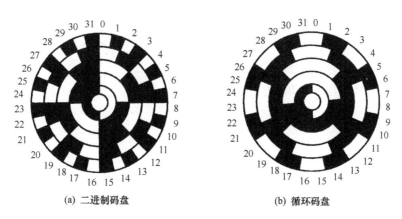

(a) 二进制码盘   (b) 循环码盘

图 4.6.9 5 位码盘

图 4.6.10 所示为一个使用循环码盘的角度录取设备。码盘所用的光源有连续发光和闪光的两种。若为闪光，则发光的时刻受录取控制信号控制，光敏元件的输出电流是微安量级，因此需要加读出放大器。码盘的优点是精度高、体积小、重量轻，因此在雷达角度录取设备中得到广泛应用。

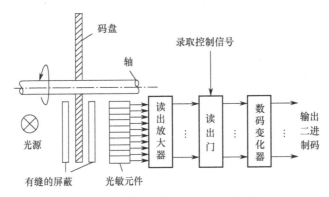

图 4.6.10 用循环码盘构成的角度录取设备

小结

雷达显示终端是雷达信息的输出设备，雷达所获取得的目标信息最后均集中到终端进行处理和显示，因此雷达终端系统也是人机互相联系、互相作用的环节。现代雷达的终端都配以计算机进行信息处理和控制，从而使雷达的功能更加完善。

本章结合雷达能够获取的目标距离、方位、仰角/高度等基本信息，以及信息显示的维度限制，主要介绍了距离显示器、平面位置显示器、B 显、高度显示器等常用显示器的基本特征与典型应用，最后结合距离和角度参数的录取过程介绍了数据人工录取、半自动录取和全自动录取的方法。

思考题

1. 在现代雷达中，自动录取和半自动录取通常是怎样相互配合的？
2. 阐述 A 显、B 显、P 显的画面特点和信息读取方法。
3. B 显与 P 显都显示距离、方位信息，各有什么优势？
4. A 显除了显示距离信息，能否辅助开展目标识别和干扰判断？

第5章 雷达天线和伺服系统

导读问题
1. 天线是如何把电磁波辐射到空间的？如何衡量天线发射、接收电磁波的性能？
2. 反射面天线和阵列天线的波束分别是如何形成的？波束又是如何实现扫描的？

本章要点
1. 天线的功用和对雷达测角的支撑作用。
2. 天线的功率增益、波束宽度特性。
3. 天线波束扫描方式与战术使用之间的关系。
4. 相控阵天线波束形成和波束扫描的机理。

5.1 概述

"天线"一词源于意大利发明家 G. 马可尼的实验。在他的电磁波实验中，使用了一根木质的帐篷杆，上面有一条辐射线。这个帐篷杆在意大利语中的意思是"天线"，后续在描述马可尼的实验时，普遍使用"天线"这一术语。在专业术语上有时，还称其为**孔径**。

通常一部雷达实装给人的第一印象就是其天线。天线也是雷达装备展览、宣传时的第一选择。本章专门讨论雷达中使用的天线。雷达天线是用来定向辐射和定向接收电磁波的装置。它把发射机输出的高频电磁能聚集成波束向空间辐射出去，也把目标反射回来的电磁波接收下来，相当于空域滤波器，是雷达系统中关键的组成部件。从基本雷达方程可以看出，雷达作用距离与天线孔径、平均发射功率的乘积（简称**功率孔径积**）成正比。因此，天线的性能参数将直接影响雷达的战术性能。

5.1.1 雷达天线的功用与分类

1. 天线在雷达系统中的作用

1）测角

天线能够以所需的分布和效率将发射机信号能量辐射到空间中，并确保信号在空间中形成所需的波束。而雷达测角就基于天线波束的方向性。为此，天线需要高定向（窄）波束，这不仅是为了获得精确的角度值，也为了能分辨彼此靠很近的目标，提高雷达的角度分辨力。

通常，测角时除了要保证一定的测角精度和角度分辨力，还需要提供一定的角度位置更新率，即数据率。对于机械扫描雷达，其数据率可以根据天线波束的转速计算得到。

2）波束扫描和目标跟踪

典型的雷达天线具有窄的定向波束，为了覆盖宽的空域，就需要波束做快速扫描，以保证对空域内目标的检测，这是雷达的搜索功能。有些雷达还要具有跟踪已发现目标的功能，这时就需要设计出与搜索天线不同的跟踪天线。还有一些雷达，如机载雷达，其天线两种功能都需要。

3）测高

大多数雷达都是二维的，即仅能测量目标的距离和方位角。因此，如果要测量雷达目标的第三个坐标——高度，过去的方法是再增加一副单独的测高天线，采用扁平的波束俯仰扫描来测量目标的仰角，再换算出高度。现代三坐标雷达用一副天线即可同时测出目标的所有三个坐标。例如，天线在发射时使用一个宽仰角波束，接收时使用堆积波束，依靠垂直堆积的两个重叠相邻波束接收同一目标回波时的幅度差或相位差来确定目标的仰角。这些波束在方位面内都是窄波束。又如，一维相控阵雷达天线在水平面内做机械转动扫描，同时天线波束在俯仰面上按一定的规律做电扫描，即可同时测得目标的三维坐标等。

2．雷达天线的分类

天线的分类方法很多，按工作状态可分为发射天线和接收天线；按波长可分为长波天线、中波天线、短波天线、超短波天线、微波天线等；按天线原理可分为线天线和口径面天线；按天线结构形式可分为平面阵列天线、反射面天线；按波束扫描方式可分为机械扫描天线、电扫描天线（相控阵天线、频率扫描天线等）；按辐射馈源可分为线源（对称振子、微带振子）、喇叭、缝隙天线等。本章从工程实际出发，主要介绍雷达中常用的反射面天线、相控阵（有源、无源）天线。

5.1.2　天线的基本特征参量

对发射天线来说，天线向某一方向辐射电磁波的强度，是由天线上各点电流元产生于该方向的电磁场强度相干合成的结果。天线的基本特性参量有多个，对于雷达天线，必须考虑的三个参量有辐射方向图（包括波束宽度、副瓣电平等）、增益（或有效孔径）、阻抗（电压驻波比）。另外，还需要考虑的因素有极化、带宽、天线扫描方式和扫描周期等。本节重点介绍天线辐射的能量在角度上的分布，并分析辐射方向图的一些典型特征：主瓣波束宽度、增益和副瓣电平。

1．辐射能量分布

如果把天线向各个方向辐射电磁波的强度用从原点出发的矢量长短来表示，则将全部矢量终点连在一起所构成的封闭面称为天线的**立体方向图**，它表示天线向不同方向辐射的电磁波强弱。可能有人认为："天线能把所有发射出去的能量都集中到一个针状窄波束中，而在这个波束中功率是均匀分布的。如果把这个波束像探照灯一样指向空中的一个假想屏，它就会以均匀的强度只照亮一个圆形区域。"然而，天线几乎在每个方向上都要辐射一些能量，如图 5.1.1 中的三维图形显示的那样，大部分能量都集中在围绕天线中心轴的一个锥状区域内，这个区域称为**主瓣**。如果通过主瓣的中心轴线把图形切成两半，就会发现靠近这个主瓣的两边有一系列比较弱的波瓣，如图 5.1.2 所示，这些瓣称为**副瓣**。

图 5.1.1　天线波束的三维图形

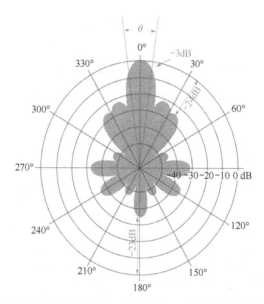

图 5.1.2　天线波束剖面，主瓣两边有一系列比较弱的副瓣

　　类似于图 5.1.2 所示的任何通过原点的平面与立体方向图相截的轮廓线称为天线在该平面内的**平面方向图**。工程上一般采用主平面上的方向图来表示天线的方向性，而主平面一般是指包含最大辐射方向和电场矢量或磁场矢量的平面。

　　不同天线有不同的方向图。有些天线的方向图呈现许多花瓣形状，如图 5.1.3 和图 5.1.4 所示，图 5.1.3 采用极坐标系，图 5.1.4 采用直角坐标系。方向图一般由一个主瓣和若干副瓣组成。用电场或磁场强度来表示辐射强度的方向图称为**场强方向图**，如图 5.1.3 所示。在方向图的主瓣中，功率降到主瓣最大值一半的两点所张成的夹角称为主瓣的**半功率点宽度**，

简称**主瓣宽度**，用它可以表示天线能量集中辐射的程度。主瓣宽度越小，表示天线的辐射
能量越集中在天线的最大辐射方向。

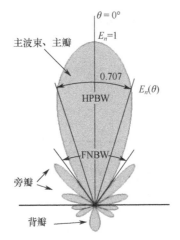

图 5.1.3　主瓣和副瓣极坐标系方向图

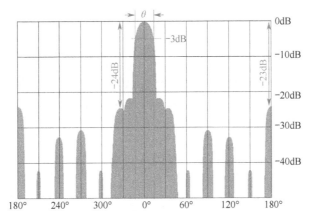

图 5.1.4　主瓣和副瓣直角坐标系方向图

2. 辐射方向图特征

在任意平面内，天线辐射的功率与由天线中心轴算起的角度之间关系的图形称为**辐射
方向图**。在讨论天线的方向性时，通常取主瓣中央的功率作为参考值，其他各个方向上的
辐射功率都取为与参考值的比，这个比值通常用分贝表示，并以直角坐标画出，如图 5.1.5
所示。

由于辐射方向图通常并不是圆对称于主瓣中点的，为了完整地描述天线的方向性，必
须通过许多不同的平面作出"剖面"。另外，辐射方向图通常是用两种极化方式来测量的。
一种是天线所设计的极化，另一种是与之正交的极化，即交叉极化。在雷达应用中主要关
注的是辐射方向图的三个特征：主瓣宽度、主瓣增益和副瓣电平。

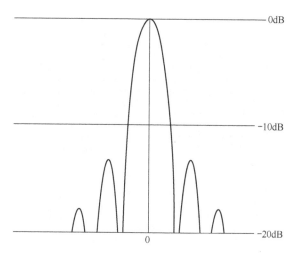

图 5.1.5　以主瓣中央的功率为参考的辐射方向图（直角坐标）

1）波束宽度/主瓣宽度

衡量天线方向图的主要参数是主瓣的波束宽度。工程上常用半功率波瓣宽度（HPBW）$\theta_{0.5}$ 或 $\theta_{-3\text{dB}}$ 表示，它指的是电压方向图中峰值方向两侧幅度为峰值 0.707 倍的两个方向之间的夹角。如图 5.1.3 所示，或者如图 5.1.6 所示，相比最大值增益下降到-3dB。半功率波瓣宽度也常用作天线的分辨力指标。因此，如果等距离处的两个目标能够通过半功率波瓣宽度被分开，就说明这两个目标在角度上是可以分辨的。

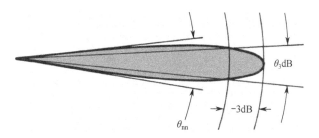

图 5.1.6　3dB 波束宽度是主瓣零点至零点之间波束宽度的一半

天线的波瓣宽度与天线的孔径大小有关，也与孔径上的振幅和相位分布有关。对给定的分布，波瓣宽度（对特定的主平面）与该平面内天线孔径的电尺寸 D/λ 成反比，即

$$\theta_{-3\text{dB}} = \frac{K}{(D/\lambda)} = K\lambda/D \frac{n!}{r!(n-r)!} \tag{5.1.1}$$

式中，D 为孔径的尺寸；λ 为发射信号的波长；K 是比例常数，称为**波瓣宽度因子**，其单位为度或弧度。

波束在水平方向和垂直方向上通常是不对称的，因此通常要区分水平波束宽度和垂直波束宽度。随着偏离波束中心角度的增加，主瓣强度越来越低。不论波束宽度是如何定义的，都由天线口径的尺寸确定。口径的尺寸——宽度、高度或直径，一般用发射信号的波长来度量，如图 5.1.7 所示。

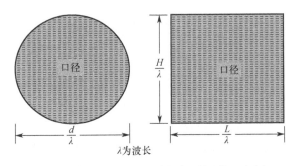

图 5.1.7　波束宽度主要由用波长表示的天线尺寸确定

天线尺寸相对于波长越大，在该尺寸所处的平面内的波束越窄。如图 5.1.6 所示，对于线阵天线和均匀照射的矩形口径天线，以弧度表示的零点至零点的波束宽度等于波长和线阵长度之比的 2 倍，

$$\theta_{\mathrm{nn}} = 2\frac{\lambda}{L}\,\mathrm{rad} \tag{5.1.2}$$

式中，λ 为辐射信号的波长；L 为口径长度；3dB 波束宽度要比零点至零点宽度的一半稍小一点：

$$\theta_{-3\mathrm{dB}} = 0.88\frac{\lambda}{L}\,\mathrm{rad} \tag{5.1.3}$$

直径为 d、均匀照射的圆口径天线的 3dB 波束宽度为

$$\theta_{-3\mathrm{dB}} = 1.02\frac{\lambda}{d}\,\mathrm{rad} \tag{5.1.4}$$

例如，直径为 60cm、发射信号波长为 3cm 的圆口径天线的波束宽度为 $1.02 \times 3/60 = 0.051\,\mathrm{rad}$。如图 5.1.8 所示，$1\mathrm{rad} = 57.3°$（圆的周长等于 $2\pi R$，$2\pi\,\mathrm{rad} = 360°$，$1\mathrm{rad} = 360°/2\pi = 57.3°$），则可得以度表示的波束宽度是 $0.051 \times 57.3 = 2.9°$。

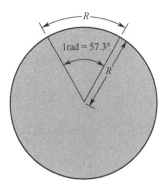

图 5.1.8　1rad 是弧长等于半径 R 的圆弧所张的角

2）方向性系数、增益、有效孔径

天线把辐射出去的能量聚焦在某个需要方向上的能力，称为**方向性**。因此，天线方向性是衡量天线向各个方向辐射或接收电磁波相对强度的指标。这几乎是每部雷达的一个关键指标。方向性除了能决定雷达对目标的测角能力，还对雷达抑制地杂波的能力有十分重大的影响，也是影响作用距离的一项重要因素。

（1）**方向性系数**。方向性系数是表示天线集中辐射程度的一个参量。以向各方向均匀辐射的理想点源（均匀辐射器）作为比较基准，天线方向性系数定义可理解为：在总辐射功率相同时，天线在最大辐射方向的辐射功率密度与均匀辐射在该方向的辐射功率密度的比值，即

$$D = \frac{最大辐射密度}{平均辐射密度} = \frac{最大功率 / 立体角}{总辐射功率 / 4\pi} \tag{5.1.5}$$

D 也能用在 R 距离处相对于平均功率密度的最大辐射功率密度（W/m^2）表示，即

$$D = \frac{最大功率密度}{总辐射功率 / 4\pi R^2} = \frac{P_{max}}{P_t / 4\pi R^2} \tag{5.1.6}$$

方向性系数的定义只说明了空间同一点的最大功率密度比各向同性天线增强了多少倍。但是在这个定义中，不包括天线中的任何损耗，仅表示辐射功率被集中的程度。

天线的方向性系数与波束宽度之间有如下近似但非常实用的关系，即

$$G_D \approx \frac{40000}{B_{Az} B_{El}} \tag{5.1.7}$$

式中，B_{Az} 和 B_{El} 分别是主平面内的方位和俯仰面半功率波瓣宽度（单位为度）。这一关系与方向性系数为 46dB 的 1°×1° 笔形波束等价。由这一基本组合，其他天线的近似方向性系数可以很快求出。

例如，与 1°×2° 波束对应的天线的方向性系数是 43dB，因为波束宽度加倍对应的方向性系数下降 3dB。类似地，2°×2° 波束对应 40dB 的方向性系数，1°×10° 波束对应 36dB 的方向性系数。将每次波束宽度的变化都转换成分贝，方向性系数也要做相应的调整。但是，这种以此类推的关系不适用于赋形（如余割平方）波束。

（2）**增益**。雷达天线增益是衡量天线将输出能量聚焦到定向波束中的能力。天线增益是一个比值，它等于某一特定方向上单位立体角内所辐射的功率和总功率各向均匀辐射（各向同性）时单位立体角内所辐射的功率之比，如图 5.1.9 所示。由此，天线几乎在每个方向上都有增益。然而，在大多数方向上增益小于 1，因为根据能量守恒定律，所有方向上的增益的平均值等于 1。主瓣中央的增益是天线所指方向上辐射能量集中程度的度量。主瓣越窄，增益越高。一定尺寸天线所能达到的最大增益正比于以波长平方表示的天线口径面积乘上一个照射效率因子。如果口径是均匀照射的，这个因子就等于 1。

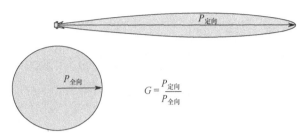

图 5.1.9 天线的方向性增益

因此，增益可定义为总输入功率相同时，天线在最大辐射方向的辐射功率密度［见图 5.1.10(b)］与均匀辐射器在该方向的辐射功率密度［见图 5.1.10(a)］的比值。天线增益的定义中计算平均功率密度时用的是天线输入端口接收的功率，而不是用总辐射功率，即

$$G = \frac{\text{最大功率密度}}{\text{输入到天线的功率}/4\pi R^2} = \frac{P_{\max}}{P_t / 4\pi R^2} \tag{5.1.8}$$

(a) 各向同性辐射器球形辐射示意图   (b) 定向天线相对全向天线的增益示意图

图 5.1.10 天线增益

对于非理想天线，辐射功率 P_t 等于天线输入功率 P_o 乘以天线的辐射效率因子，即

$$P_t = P_o \eta \tag{5.1.9}$$

比较式（5.1.6）和式（5.1.8）得

$$G = \eta D \tag{5.1.10}$$

因此，除理想无耗天线（$\eta = 1.0$，$G = D$）外，天线增益总是小于方向性系数。

（3）**天线孔径**。天线的有效口径是它在与主波束方向垂直的平面上的投影面积。有效孔径的概念在分析天线工作于接收方式时是很有用的。对面积为 A、工作波长为 λ 的理想（无耗）、均匀照射孔径，方向性系数为

$$G_D = 4\pi A/\lambda^2 \tag{5.1.11}$$

它表示孔径 A 可提供的最大方向性系数，意味着天线有理想的等振幅、同相位分布。

为了减小方向图的副瓣，天线通常不是均匀照射的，而是渐变照射（孔径中心照射最强，边缘较弱）的。这时，天线的方向性系数比式（5.1.11）给出的要小，即

$$G_D = 4\pi A_e/\lambda^2 \tag{5.1.12}$$

式中，A_e 是天线的有效孔径或截获面积，如图 5.1.11 所示，它等于几何孔径与一个小于 1 的因子 ρ_a（称为**孔径效率**或**口径面积利用系数**）的乘积，即

$$A_e = \rho_a A \qquad (5.1.13)$$

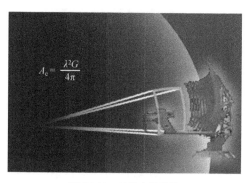

图 5.1.11　天线有效孔径

实际上，对平面阵列天线，ρ_a 的值为 0.6～0.8，对于抛物反射面天线，ρ_a 的值可能低至 0.45。在两种情况下，对于给定的设计方案，效率因子随天线的设计带宽而变。带宽越宽，效率越低。A_e 乘以入射功率 P_i 就得到天线接收到的功率，即

$$P_t = P_i A_e \qquad (5.1.14)$$

由于很难用解析方法确定效率因子，实际上增益是用实验来确定的，并通过有效口径面积来表示：

$$G = 4\pi \frac{A_e}{\lambda^2} \qquad (5.1.15)$$

式中，G 为主瓣中心的天线增益；λ 为辐射信号的波长；A_e 为有效口径面积。

为了便于理解天线增益的解析式，这里给出天线增益的简便计算方法。如图 5.1.12 所示，当全向天线辐射信号时，信号功率是在整个 4π 立体角内辐射的，而定向天线的作用是将功率聚焦到 $\theta_{El}\theta_{Az}$ 立体角内，因此最大辐射方向的增益为

$$G = \frac{4\pi}{\theta_{El}\theta_{Az}} \qquad (5.1.16)$$

而天线水平方向和垂直方向的波束宽度分别与其水平方向和垂直方向的电尺寸成反比，即

$$\theta_{El} = k_{El}\frac{\lambda}{D_{El}}, \quad \theta_{Az} = k_{Az}\frac{\lambda}{D_{Az}} \qquad (5.1.17)$$

因此，

$$G = \frac{4\pi}{\theta_{El}\theta_{Az}} = \frac{4\pi k_{Az}k_{El}D_{El}D_{Az}}{\lambda^2} = \frac{4\pi A_e}{\lambda^2} \qquad (5.1.18)$$

式中，D_{El} 和 D_{Az} 分别为天线在垂直方向和水平方向的几何尺寸。

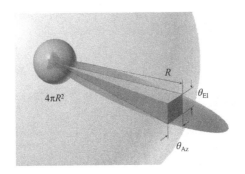

图 5.1.12 天线增益的简便计算

3）副瓣

副瓣是增益的较小波束，通常出现在雷达探测不希望的方向上，但永远无法完全消除。副瓣电平是表征辐射模式的一个重要参数。天线的副瓣并不局限于主瓣两侧的区域，也会出现在主瓣外的其他所有方向上，甚至出现在与主瓣方向相反的天线后部，因为总有一定数量的辐射"漏过"天线的边缘，因此称为**后瓣**或**背瓣**。另外，当天线馈源放在天线罩内时，会增加天线的后向辐射，因为天线罩会反射一部分主瓣的能量。从图 5.1.13 可以看出，副瓣之间并不是界限分明的。

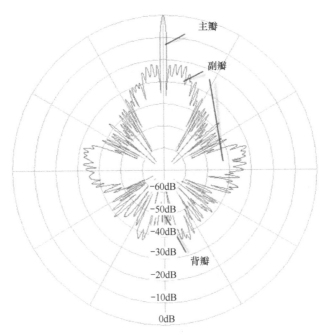

图 5.1.13 天线副瓣出现在除主瓣外的所有方向上，甚至出现在天线辐射方向的背部

通常将与主瓣相邻的瓣称为**第一副瓣**。对雷达系统来说，副瓣往往是可能引起麻烦的原因。发射时，副瓣不能将能量向着所希望的方向辐射，是一种能量浪费。接收时，对于

大多数小目标，即使最强的副瓣也显得太弱，所以通常可以忽略不计。但是对于地面，即使最弱的副瓣也会产生相当大的地杂波回波。此外，建筑物和其他地面上的结构物能形成角反射器。这种角反射器甚至只受到副瓣照射时也能返回极强的回波，从而掩盖从主瓣接收到的低雷达散射截面积（RCS）的微弱回波。

另外，来自外界的无意电磁干扰或敌方的有意干扰也会通过副瓣进入雷达天线影响主瓣对正常目标的检测。因此，通常（但并非绝对）希望天线的副瓣尽可能低，以使上述种种弊端降低到最小的程度。

在军事应用中，副瓣还会增加雷达被敌方探测的灵敏度和对干扰的敏感性。从强噪声干扰机进入的干扰可以比主瓣内的小目标或远目标来的回波更强。因此，通常希望前几个副瓣的增益降低到主瓣的至少 80dB 以下。

天线的副瓣电平可由几种方式来描述。最通用的是相对副瓣电平，它定义为最高副瓣电平峰值相对于主波瓣峰值的电平。副瓣电平也可用相对于各向同性天线的绝对电平（dBi）来表示。例如，−30dB 的副瓣电平，天线增益是 35dB，则副瓣的绝对电平是+5dBi，即该副瓣增益比相同辐射功率的各向同性天线还高 5dB。

对于某些雷达系统，所有副瓣电平的平均值比单个副瓣电平更重要。平均副瓣电平是对除主瓣外的所有副瓣中的功率积分并求平均（有时称为**均方根电平**），以相对于各向同性天线的分贝数（dBi）表示。例如，若 90%的辐射功率在主波束内，10%的辐射功率在所有副瓣内，因为主瓣在空间所占的立体角很小，所以平均副瓣电平是−10dBi。若 99%的辐射功率在主波瓣内，则表示副瓣电平是 0.01 或−20dBi 等。平均副瓣电平低于−40dBi 的称为**超低副瓣电平**。

3. 天线的阻抗

发射天线输入阻抗定义为天线输入端所呈现的阻抗。假设一副天线不受邻近物体和其他天线的影响，那么其输入阻抗由实部和虚部组成，即

$$Z_{in} = R_{in} + jX_{in} \qquad (5.1.19)$$

天线的输入阻抗是一个以功率关系为基础的等效阻抗，其实部称为**输入电阻**，表示功率损耗；虚部称为**输入电抗**，表示天线在近场的存储功率。

功率损耗有两种：天线结构及附件的热损耗、离开天线不再返回的辐射功率损耗。一般天线的热损耗与辐射损耗相比是很小的。

研究发射天线输入阻抗的意义在于，发射时发射天线是发射机的负载，天线的输入阻抗与发射机的内阻共轭匹配时，可得到最大的功率输出。

天线接收时，天线是接收机的信号源，该信号源是有内阻的，根据互易性原理，这一内阻与该天线作发射用时的输入阻抗相等，当内阻与接收机的输入阻抗共轭匹配时，接收机得到最大的输入功率，对雷达来说就是接收到的回波信号幅度最高。

通常情况下天线的输入阻抗在发射时与发射机的内阻不可能完全匹配，在接收时与接收机的内阻也不可能完全匹配，这种不匹配程度用电压驻波比（VSWR）来描述，VSWR越小越好。

4. 极化

天线的极化方向定义为电场矢量的方向，以大地作为参考。电场的振荡方向可以是单一方向，即线极化，也可以随着波的传播而旋转，即圆形或椭圆形极化。图5.1.14所示的偶极子天线就是垂直极化。许多现代雷达都是线极化的（水平极化或垂直极化），地基雷达天线、机载雷达天线或卫星雷达天线都采用线性极化。

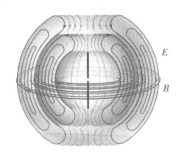

图5.1.14   垂直极化偶极子的电场（南北方向）和磁场（东西方向）

有些雷达为了检测在雨中的飞机之类的目标，要采用圆极化天线。因为雨滴形状具有旋转对称性，其散射波的极化旋向是与入射波极化相反的圆极化波，以至于在天线和反射回波信号之间出现了完全的极化失配。在实际中，这种失配现象可以用来减小雨滴产生的散射干扰。这在雨滴干扰严重的频段中是一种有效的抗干扰措施。

5. 发射和接收的互易性

大多数雷达系统都采用一副天线，既用于发射又用于接收，而且大部分这样的天线都是互易性设备，即它们的性能参量（增益、方向图、阻抗等）在发/收两种工作方式下是一样的。

这也允许在发/收任何一种方式下测试天线。非互易雷达天线的例子是使用了铁氧体移相元件的相控阵天线、收发模块中含有放大器的有源阵列天线和三坐标雷达天线。

5.2   反射面天线

远距离无线电通信和高分辨雷达要求天线具有高增益，而反射面天线是被广泛采用的高增益天线。在微波段反射面天线可达到的增益通常远超30dB，用其他的单副天线均难得到这样高的增益。反射面天线可分为单反射面系统和双反射面系统。本节主要讨论单反射面的前馈抛物面天线和雷达中日益广泛应用的赋形反射面天线。

5.2.1 反射面天线的类型

反射面天线有各种各样的形状，相应地，照射表面的馈源也是各种各样的，每种都用于特定的场合。图 5.2.1 中的抛物面天线将焦点处的馈源的辐射聚焦成笔形波束，从而获得高的增益和窄的波束宽度。

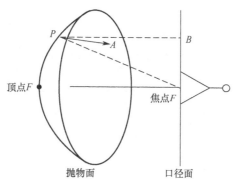

图 5.2.1　抛物面天线

图 5.2.2 中的抛物柱面天线在一个平面内实现平行校正，在另一个平面内允许使用线性阵列，从而使该平面内的波束能够赋形和灵活控制。使波束在一个平面内赋形的另一方法如图 5.2.3 所示，图中的表面不再是抛物面，但是由于孔径上只有波的相位变化，对波束形状的控制不如既可以调整线性阵列的振幅又可调整其相位的抛物柱面灵活。

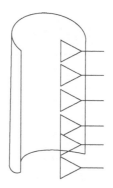

图 5.2.2　抛物柱面天线

雷达常常需要多个波束来实现空域覆盖和角度测量。如图 5.2.4 所示，多馈源多波束天线由多个不同位置馈源产生一组不同角度指向的波束。增加馈源是有限制的，它们离焦点越远，散焦越严重，对孔径的遮挡也越大。更常见的多波束设计是图 5.2.5 所示的单脉冲天线，顾名思义，它是利用单个脉冲来确定目标角度的。在该例中，上下两个波束通常是差波束，它们的零点正好在中间和波束的峰值处。

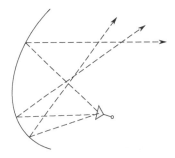

图 5.2.3　仅有相位变化的面天线

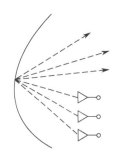

图 5.2.4　多馈源多波束天线

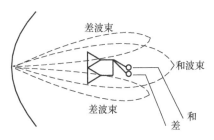

图 5.2.5　单脉冲天线

　　典型的多反射体系统是图 5.2.6 中的卡塞格伦天线，它通过对一次波束的赋形，多提供一个自由度，使波束形状控制更加灵活，并使馈源系统方便地置于主反射体后面。图中的对称配置存在明显的遮挡，工程上一般要求副反射面的直径不大于 5~10 倍的工作波长。不难想象，使用偏置配置可能获得更好的性能。

　　卡塞格伦天线是采用同名镜面望远镜的样式建造的。Sieur Guillaume Cassegrain 是一位法国雕塑家，他发明了一种反射望远镜。卡塞格伦望远镜由主反射镜和次反射镜组成。在传统的反射式望远镜中，光线从主镜反射到目镜并从望远镜机身的侧面反射出去。在卡塞格伦望远镜中，主镜上有一个孔。光通过光圈进入主镜，并被反射到次镜，然后观察者通过主反射镜上的孔窥视图像。图 5.2.7 显示了早期火控雷达上使用的卡塞格伦天线。

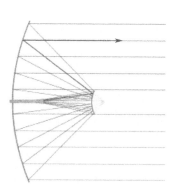

图 5.2.6　卡塞格伦天线的原理

图 5.2.7　早期火控雷达上使用的卡塞格伦天线

　　在雷达应用中，卡塞格伦天线的馈电辐射器位于或靠近凹抛物面主反射器的表面，并指向凸双曲面副反射器。两个反射器有一个共同的焦点。来自馈电的能量照射辅助反射器，将其反射到主反射器，然后形成所需的前向波束。优点是馈电辐射器更容易支撑，天线几何结构紧凑，且接收器可以直接安装在喇叭附近，因此提供了最小的损耗。缺点是卡塞格伦天线的副反射器由杆固定。这些杆和二级反射器会对主反射器的波束形成遮挡。

　　图 5.2.8 所示是透镜天线，它的最大优点是没有馈源的遮挡，但是由于远比其性能好的相控阵天线的出现，现在已经很少有使用这种天线。

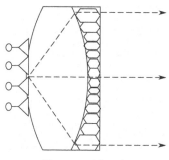

图 5.2.8　透镜天线

在现代天线中，这些基本天线形式的组合和变形被广泛应用，既是为了减小损耗和副瓣电平，又是为了提供特定的波束形状和位置。

5.2.2 前馈抛物面天线

最简单的反射面天线由两部分组成，即一个大的（相对于波长）反射面和一个小得多的馈源，如图 5.2.9 所示。反射面为旋转抛物面，包含反射面对称轴的任意平面与反射面相交形成一条抛物线。

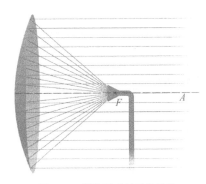

图 5.2.9　抛物面反射天线原理

1．几何性质与工作原理

焦点对抛物面边缘的张角称为**抛物面张角**。抛物面在过焦点垂直轴的平面上的投影称为抛物面天线的**口径面**。

抛物形反射面具有两个重要的几何性质。

（1）如图 5.2.1 所示，从焦点到抛物面上的任意一点 P，再到口径面上的点 B 的所有路径长度均相等。点 B 为过点 P 作垂直于口径面的垂线与口径面的焦点。

（2）抛物面上任意一点 P 的法线，平分焦点到 P 点的边线与过 P 点平行于轴的直线间的夹角，即 $\angle BPA = \angle FPA$。

假设馈源置于焦点，这种形式称为**前馈抛物面天线**。对于大反射面（天线垂直面的宽度远大于 2λ），根据光学原理，任意一条射线到抛物面上，根据反射定律和抛物面的几何性质，反射线必然平行于抛物面的轴线。又根据抛物面的几何性质，所有射线从馈源经反射面到口径面走了相同的实际距离，因而口径激励是等相位的。

2．性能分析

如上所述，口径场的相位分布是相等的。口径场的幅度分布当然取决于馈源的辐射特性。首先，假设馈源是位于焦点的各向同性点源，这样可以单独分析反射面的作用。馈源辐射球面波，功率密度按 $1/\rho^2$ 衰减，经抛物面反射后成为平面波，平面波无扩散衰减，因此在口径面上功率密度随 $1/\rho^2$ 变化,场强随 $1/\rho$ 变化,反射面产生一个固有的幅度衰减,称为**空间衰减**。

整个抛物面天线系统的辐射方向图称为**次级方向图**或**二级方向图**,可以由口径场计算。口径场辐射理论较复杂,此处从略。

3. 增益的计算

由口径场理论,一旦确定了口径效率 ε_{ap},即可由下式得出前馈抛物面天线的增益:

$$G = \frac{4\pi}{\lambda^2} \varepsilon_{ap} A_p = \varepsilon_{ap} \left(\frac{\pi d}{\lambda} \right)^2 \tag{5.2.1}$$

口径效率 ε_{ap} 与诸多因素有关,其中较为重要的有反射面天线的辐射效率、口径渐削效率、口径截获效率、表面随机误差因子、口径阻挡效率、偏斜效率、像散效率等。口径阻挡效率是由馈源放置在反射面的前方造成的;偏斜效率是由于馈源横向偏焦(在口径面内)造成的,即口径场产生线性和立方律相位分布,引起主瓣偏移和方向图不对称畸变,导致增益下降;像散效率表示馈源轴向偏焦。口径场产生偶次相差,引起方向图对称畸变,导致增益下降。还可能存在其他效率因子。若反射面采用网状而非连续金属面,会存在表面漏失效率、去极化引起的去极化效率等。

4. 馈源的阻挡效应和消除办法

馈源位于反射面正前方,阻挡部分反射波的辐射,造成阻挡效应,导致增益下降,副瓣升高,阻挡效应由口径阻挡效率表示。另一方面,这部分被阻挡的反射波能量要进入馈源,成为馈源的反射波,必然会影响馈源的阻抗匹配。当天线尺寸较小(增益较低)时,无论是馈源的阻挡效应,还是反射面,对馈源的影响都较严重。

为了消除这种影响,通常采用以下三种方法。

1)补偿法

如图 5.2.10 所示,在抛物面顶点附近放置一金属圆盘,适当选择圆盘的直径 d 和圆盘与抛物面顶点的距离 t,使抛物面和金属圆盘在馈源处的反射波等幅反相,可以求出

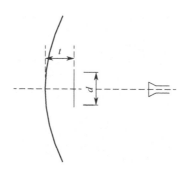

图 5.2.10　金属圆盘补偿法

$$d = \sqrt{4f\lambda/\pi} \qquad\qquad (5.2.2)$$

和

$$t = (2n+1)\frac{\lambda}{4} - \frac{\lambda}{4\pi} \qquad n = 0, 1, 2, \cdots \qquad (5.2.3)$$

2）偏置馈源法

如图 5.2.11 所示，在抛物面轴线的一侧不对称地切割出一口径。馈源相位中心仍置于焦点。为使口径得到合适照射，并考虑到空间衰减的影响，应使馈源口径偏斜一个角度，使初级波瓣的最大值指向切割抛物面中心偏上的地方。此种天线一般用来产生扇形波束。

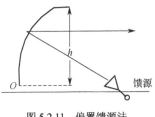

图 5.2.11　偏置馈源法

由于馈源位于抛物面反射波作用区域之外，这种方法既可消除馈源的阻挡效应，又可消除反射面对馈源匹配的影响。

3）极化旋转法

这种方法沿抛物面表面安装一些 $\lambda/4$ 宽的平行金属薄片，如图 5.2.12 所示，其取向与入射电场的极化方向成 45°角，间距为 $\lambda/8 \sim \lambda/10$。入射电场相对于金属薄片可以分解为水平分量 $E_{//}$ 与垂直分量 $E_\perp$。对于 $E_{//}$ 金属薄片形成截止波导。$E_{//}$ 将由金属薄片窄边前缘反射。而 $E_\perp$ 可进入金属薄片间隙达到抛物面，并被抛物面反射。由于 $E_\perp$ 相对于 $E_{//}$ 多走了两倍金属片宽度（$\lambda/4$）的路程，相位滞后 180°。两反射分量叠加的总反射电场相对于入射电场极化方向旋转 90°，从而不会被馈源所接收。

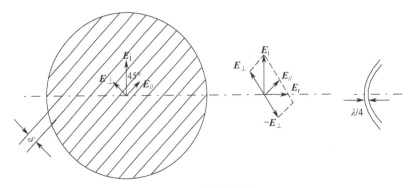

图 5.2.12　极化旋转法

5.2.3　扇形波瓣

旋转对称抛物面天线能够形成接近于圆对称的针形波束。通常，它的波瓣宽度很窄，当用于跟踪目标时，能够比较精确地确定目标的角位置。但是，这种天线的波束只占据很窄的圆锥空间，需要较长的时间才能找到目标。因此，这种天线在航空信标和大地测绘以及雷达搜索目标应用中受到限制。为了缩短搜索目标的时间，要求天线能够产生这样一种方向图，即在一个平面（通常是俯仰平面）内具有很宽的波瓣，而在另一个平面（通常是方位平面）内保持为窄波瓣。产生这种方向图的天线称为**扇形波瓣天线**。

有时还对天线波瓣形状提出一些特殊要求。例如，地对空或空对地搜索雷达天线希望具有如图 5.2.13 所示的俯仰平面方向图。这样，对于等高度而距离不等的目标，雷达接收到的回波信号强度相等。

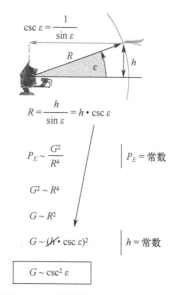

图 5.2.13　搜索雷达的余割平方形波瓣

为了补偿能量随距离平方成反比地减小，天线场强方向图应与 $\csc\varepsilon$ 成正比，功率方向图应与 $\csc\varepsilon^2$ 成正比。具有这种方向图的天线称为**余割平方形波瓣天线**。根据所要求的方向图形状设计出来的天线，称为**赋形波瓣天线**。地面搜索型雷达垂直面内的波束形状通常做成余割平方形，这样功率利用比较合理，使同一高度不同距离目标的回波强度基本相同，如图 5.2.14 所示。

1. 抛物柱面

抛物线沿它所在平面的法线方向平移，其轨迹即形成抛物柱面，抛物线焦点的轨迹为一条直线，称为**交线**，如图 5.2.15 所示。

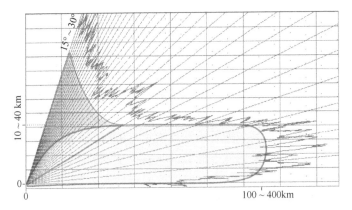

图 5.2.14　具有余割平方特性的天线辐射方向图的垂直投影

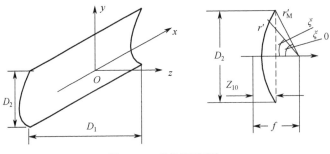

图 5.2.15　抛物柱面天线

在焦线上放置一直线馈源，即构成抛物柱面天线。它的口径为矩形。这种天线的馈源长度可以与焦距相比拟，甚至比焦距还长。在抛物柱面表面的各点上，从馈源发出的电磁波具有柱面波特性，场强随距离的变化而变化。抛物面口径场是从馈源发出的柱面波经抛物柱面反射后形成的平面波场。直线馈源向抛物柱面辐射柱面波的条件是

$$L \gg \lambda, \; r'_{M} < L^2/\lambda \qquad (5.2.4)$$

式中，L 为馈源长度；r'_{M} 为从馈源到抛物柱面的最大距离。

抛物柱面天线在垂直平面内有一个最优化的口径张角，此时增益最大。

抛物柱面天线的主要问题是线源设计。抛物柱面口径场没有交叉极化分量，适用于要求交叉极化分量小的设备。由于反射面与馈源间的耦合很强，常采用偏置馈源的方法减小反射面对馈源匹配的影响。

2．切割抛物面

如果沿两对互相平行且关于抛物面中心对称的平行线将旋转抛物面上下左右四边切去，使其口径呈矩形，这种抛物面就称为**对称切割矩形抛物面**。切割抛物面天线的馈源仍置于抛物面焦点，反射面口径仍为同相场。因为在两个互相垂直的平面内口径尺寸可以不同，所以这两个平面内的方向图波瓣宽度可以不同。天线方向图半功率波瓣宽度一般可写为

$$2\theta_{0.5} = (65 \sim 80)\frac{\lambda}{D_{1,2}} \tag{5.2.5}$$

式中，$D_{1,2}$ 为矩形口径尺寸 D_1 或 D_2。$\lambda/D_{1,2}$ 前的系数随口径场分布状况不同而异。

将切割矩形抛物面的四角再切去，便称为**切割椭圆形抛物面**。切割椭圆形抛物面与切割短形抛物面相比，有如下优点：口径利用效率增大，主平面内副瓣电平降低。因为对称切割，抛物面的馈源对被切去的四角照射很弱，这一部分面积对辐射场贡献很小，所以增益下降不大。因为在两个主平面内靠近反射面边缘区域的辐射更弱，所以两个主平面内副瓣电平降低。切割椭圆形抛物面还能减小风阻，有利于天线转动。

3. 余割平方波瓣的产生方法

为了产生不对称的扇形波瓣，如图 5.2.14 所示的余割平方方向图，可以采用两种方法。一种方法是利用抛物面的聚焦特性和馈源横向偏焦后波瓣相应偏移的特性，在焦点附近放置一列馈源。根据需要将功率按一定比例分配给各馈源，以获得所需的波瓣形状。这种方法称为**分布馈源法**，所形成的天线称为**堆积波束天线**，如图 5.2.16 所示。

 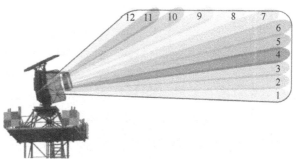

(a) 12 个馈电喇叭的布置　　　　　　(b) 堆积波束余割平方模式

图 5.2.16　ASR-910 雷达天线的堆积波束余割平方模式

另一种方法是用如图 5.2.17 所示的线源照射单弯曲柱形反射面，或用馈源照射双弯曲反射面（如卡塞格伦天线），以获得所需的波瓣形状。单弯曲反射面或双弯曲反射面的形状，依据所要求的次级方向图和所选用的馈源方向图进行设计。前一种方法设计制造简单，但馈源结构庞大，难以保证所需的电性能。后一种方法设计比较复杂，但电性能易于做到接近要求。

各种形状的抛物面天线，除了在电性能方面要满足所提出的要求，在机械结构上，应做到结构强度大、质量小和对风的阻力小。反射面可以制成栅格或网孔状，或在塑料表面敷设金属导线形成反射面。

余割平方图可以通过两个或多个角向抛物面反射器馈电来实现。每个馈电喇叭都已定向发射。如果发射功率在单个辐射单元上分布不均匀，则天线方向图接近余割平方方向图。当使用多个接收通道时，也可进行高度分配。可以将目标指定给具有定义高程的波束。余割平方模式并不局限于抛物面反射器，也可通过其他类型的天线实现。在带有八木天线的天线阵列上，方向图是通过直达波与地面反射波的干扰来实现的。

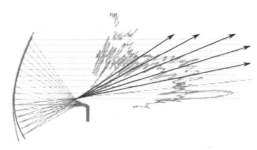

图 5.2.17 将反射器表面从原始抛物线形状移开而实现的余割平方波束

4. 反余割平方波瓣的应用

地面运动雷达和船舶交通系统使用的天线设计为提供反余割平方波瓣，并能量优先指向表面，从而为表面目标提供恒定增益。如图 5.2.18 至图 5.2.19 所示，覆盖范围显示了带有反向天线的船用雷达天线方向图，天线设计为优先辐射至 0°以下（地平线），以便对接近海面的目标进行持续检测。

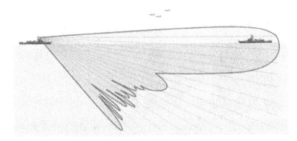

图 5.2.18 反余割平方波束覆盖空域

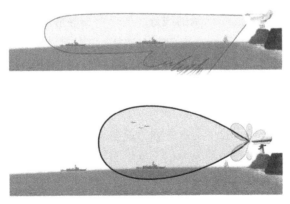

图 5.2.19 反余割平方波束与扇形波束覆盖空域的对比

5.2.4 馈源

因为大多数雷达都工作在微波频段（L 频段以上），反射面天线的馈源常常采用某种形式的张开喇叭。在较低的频率（L 频段以下），有时采用对称振子馈源，特别是采用对称振子线阵，来实现抛物柱形反射面的馈电。某些情形还可使用其他类型的馈源，如波导缝隙、槽线和末端开口波导等，但用得最多的还是波导张开式喇叭。

抛物反射面（接收方式）将入射的平面波转换为中心在焦点的球面波前。因此，如果希望实现有方向性的天线方向图，馈源就必须是点源辐射器，即它们必须辐射球面波前（发射方式）。馈源必须具有的另一特性是对反射面的适当照射，即以规定的振幅分布、最小能量泄漏和具有最小交叉极化的正确计划方式进行照射。馈源还必须能够提供要求的峰值和平均功率电平，以在任何工作环境下不被击穿。这些都是选择和设计反射面天线馈源的基本因素。其他因素还包括频带宽度和天线波束形式（单波束、多波束或单脉冲）。

传播主模 TE_{10} 模的矩形（锥形）波导喇叭被广泛应用，因为它们可满足高功率的要求，在某些情况下也可使用传播 TE_{11} 模的圆波导（锥形张开）馈源。这些单模、简单张开的喇叭只能满足线极化笔形波束天线的需要。

当对天线性能提出更高要求时，如极化分集、多波束、高效波束或超低副瓣等，馈源相应地将更为复杂。对于这些天线，会用到分隔形、鳍形、多模和波纹喇叭。图 5.2.20 示出了反射面天线的各种馈源，关于它们的详细介绍请参见天线方面的有关资料。

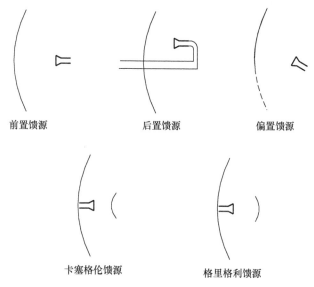

前置馈源　　　　后置馈源　　　　偏置馈源

卡塞格伦馈源　　　　格里格利馈源

图 5.2.20　反射面天线的各种馈源

5.3　天线波束与扫描

5.3.1　波束形状与扫描方式

1．波束形状

天线形成的波束主要有扇形波束（见图5.3.1）和针状波束（见图5.3.2）。扇形波束的水平面和垂直面内的波束宽度有较大差别，针状波束的水平面和垂直面内的波束宽度都很窄。

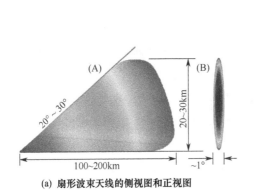

(a) 扇形波束天线的侧视图和正视图　　　　(b) 形成扇形波束的抛物面反射天线

图 5.3.1　扇形波束天线图

图 5.3.2　针状波束天线图

2．扫描方式和扫描周期

雷达的战术要求决定天线的扫描方式。雷达天线常用的扫描方式可分为如下几种。

（1）扇扫。

（2）俯仰扫描。

（3）圆周扫描。

（4）螺旋扫描。

（5）锯齿扫描。

（6）圆锥扫描。

扇形波束的形状和扫描方式如图5.3.3所示，主要扫描方式是圆周扫描和扇扫。

对于圆周扫描时，波束在水平面内做360°圆周运动，如图5.3.4至图5.3.6所示，可观察雷达周围目标并测定其距离和方位角坐标。所用波束通常在水平面内很窄，所以方

位角有较高的测角精度和分辨力；所用波束在垂直面内很宽，以保证同时监视较大的仰
角空域。

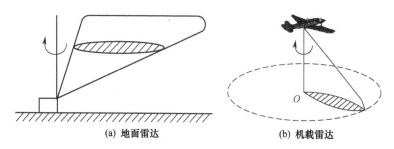

(a) 地面雷达　　　　　　　　　(b) 机载雷达

图 5.3.3　扇形波束的形状和扫描方式

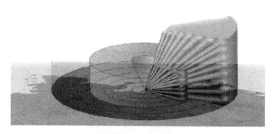

图 5.3.4　圆周扫描

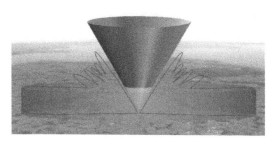

图 5.3.5　单个雷达的雷达覆盖范围，雷达天线上方的中心为无覆盖区

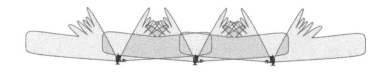

图 5.3.6　雷达的覆盖区域。上图是防空典型案例，下图是空中交通管制典型案例

对应的完成一次探测空间扫描所需的时间称为**扫描周期**。雷达的信号处理能力决定于扫描周期。当需要特别仔细地观察某个区域时，波束可在所需方位角范围内往返运动，即做扇形扫描。

专门用于测高的雷达如图 5.3.7 所示，它采用波束宽度在垂直面内很窄而在水平面内很宽的扇形波束，所以仰角有较高的测角精度和分辨力。当雷达工作时，波束可在水平面内做缓慢圆周运动，同时在一定的仰角范围内做快速扇扫（点头式）。

图 5.3.7　点头式扇形波束的测高雷达

采用针状波束可以同时测量目标的距离、方位和仰角，且方位和仰角二者的分辨力和测角精度都较高。主要缺点是因波束窄，扫完一定空域所需的时间较长，即雷达的搜索能力较差。

根据雷达的不同用途，针状波束的扫描方式很多，如图 5.3.8 所示。图 5.3.8(a)为螺旋扫描，它在方位上圆周快速扫描，同时在仰角上缓慢上升，到顶点后迅速降到起点并重新开始扫描；图 5.3.8(b)为分行扫描，它在方位上快速扫描，在仰角上缓慢扫描；图 5.3.8(c)为锯齿扫描，它在仰角上快速扫描，在方位上缓慢扫描。

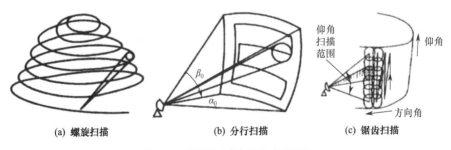

(a) 螺旋扫描　　　　　　(b) 分行扫描　　　　　　(c) 锯齿扫描

图 5.3.8　针状波束的扫描方式示意图

5.3.2　波束扫描方法

天线实现波束扫描的方法主要有机械性扫描和电扫描。机械性扫描利用整个天线系统或其某一部分，通过伺服系统驱动来实现波束扫描；电扫描天线本身不做机械旋转，而通过控制发射信号的相位、频率、延迟时间来实现波束扫描。

1. 机械性扫描

利用整个天线系统或其某一部分的机械运动来实现波束扫描的方法称为**机械扫描**。环视雷达、跟踪雷达等通常采用整个天线系统转动的方法。机械性扫描的优点是简单，主要缺点是机械运动惯性大，扫描速度不高。近年来快速目标、洲际导弹、人造卫星等的出现，要求雷达采用高增益极窄波束，因此天线口径面往往做得非常庞大，再加上要求波束扫描的速度很高，用机械办法实现波束扫描无法满足要求，必须采用电扫描。

2. 电扫描

电扫描时，天线反射体、馈源等不必做机械运动。因为无机械惯性限制，扫描速度可大大提高，波束控制迅速灵便，所以这种方法特别适用于要求波束快速扫描的天线和巨型天线的雷达。电扫描的主要缺点是扫描过程中波束宽度将展宽，因而天线增益减小，所以扫描的角度范围有一定的限制。另外，天线系统一般比较复杂。

根据实现时所用基本技术的差别，电扫描又分为相位扫描法、频率扫描法、时间延迟法等，下面只介绍前两种扫描法。

1）相位扫描法的原理

在阵列天线上采用控制移相器相移量的办法改变各阵元的激励相位，从而实现波束的电扫描，这种方法称为**相位扫描法**，简称**相扫法**。图 5.3.9 所示为由 N 个阵元组成的一维直线移相器天线阵。

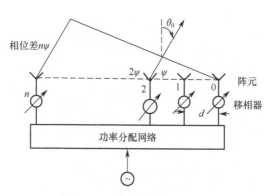

图 5.3.9　一维直线移相器天线阵

如图 5.3.10 所示，天线波束形成的原理基于干涉效应，即两个或几个天线阵元发射信号的矢量叠加，可以观察到同相信号相互放大，反相信号相互抵消。因此，如果两个阵元以相同的相移发射信号，就能实现叠加——信号在主方向上被放大，在其他方向上被衰减。

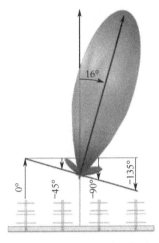

图 5.3.10　相控阵天线方向图

2）频率扫描法的原理

波束指向角还与工作频率有关，改变工作频率亦可实现方向图扫描，这种方式称为**频率扫描**。图 5.3.11 所示为频率扫描直线阵的原理。各阵元串接在馈线上（称为**串馈**），馈线末端接匹配负载。当信号源频率改变时，随之改变的馈线电长度引起天线单元电流的相位变化，从而引起方向图在空间扫描。

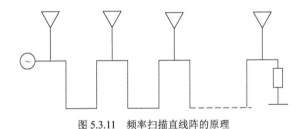

图 5.3.11　频率扫描直线阵的原理

采用相位扫描法实现电扫的阵列天线简称**相控阵天线**。相控阵天线是一种阵列天线，它的每个辐射器都可以馈送不同的相移。因此，可以电子方式控制天线的方向图。与天线的机械扫描相比，电子扫描更灵活，所需维护更少。

5.4　相控阵天线

已知均匀直线阵主瓣最大值的方向为

$$\theta_0 = \arccos\left(-\frac{\alpha}{kd}\right) \tag{5.4.1}$$

可见，当直线阵相邻阵元电流相位差 α 变化时，将引起方向图最大辐射方向的相应变化。如果 α 随时间按一定规律重复变化，天线阵不转动，最大辐射方向连同整个方向图就能在一定空域内往复运动，即实现方向图（天线波束）扫描。这种利用馈电电流相位差变化实现方向图扫描的方式称为**相位扫描方式**。通过改变相邻单元电流相位差实现方向图扫描的天线阵称为**相位扫描天线阵**或**相控阵**。各阵元电流的相位变化，由串接在各自馈线中的电控移相器控制。

一般来说，雷达探测目标角坐标的方法是利用固定波束机械扫描方式进行的，即利用天线的机械转动来测定目标的方位角和仰角。这种机械扫描方式受到天线惯性的影响，波束的扫描速度较慢，因此在探测和跟踪高速目标以及多个目标时受到限制。

相控阵雷达的天线是通过控制天线阵中各辐射单元的馈电相位来实现波束在空间扫描的。它是一种无惯性的电扫描天线，波束扫描速度快，并且控制灵活。相控阵天线是天线领域发展最快的一种天线技术。就雷达天线领域来说，电扫描技术可以说是现代雷达的前提。与其他天线相比，它具有如下优点。

（1）高增益，大功率。

（2）多波束，多功能。

（3）数据率高，测量精度高。

（4）可靠性高。

相控阵天线的缺点是造价高、维护费用高、扫描范围有限。为了能在更大范围内扫描，往往需要多部天线。

在相控阵天线中，各单元上电磁能量的相位受移相器控制。在绝大多数情况下，移相器改变的相位由波束控制装置根据一定的程序来控制。移相器改变相位状态的时间为微秒量级。根据各单元上不同的相位配置，可以使阵列天线的波束在一定范围内指向不同的方向或改变波束的形状。相控阵天线最大的优点是可以在计算机的控制下快速地按需要改变波束的指向和在空间某一位置上的停留时间，而且天线本身不需要做机械运动。这就给雷达的各种功能如边扫描边跟踪等提供了实现的可能性。相控阵天线的缺点是移相器成本高、控制线路较复杂、波束扫描的范围有限（一般小于 120°）、阻抗匹配困难等。在军用雷达中，相控阵天线应用广泛，先进的多功能雷达多数采用相控阵体制。目前的主要问题是改善阵元在频带内和扫描过程中的匹配，以及降低移相器的成本。

由于近年来在技术上取得的实质性进步，相控阵技术的应用已经越来越广泛，从 20 世纪 60 年代仅用于大型空间监视雷达，发展到广泛应用于战术防空雷达、战场火炮侦察定位雷达、靶场精密测量雷达、舰载监视雷达、制导雷达、机载雷达、火控雷达、地面警戒雷达以及空基（卫星和飞船载）雷达等，甚至应用于电子战系统和卫星通信系统。

5.4.1　平面相控阵

平面相控阵如图 5.4.1 所示，图中 n 为天线阵的行数，m 为天线阵的列数，d_x 为行间距，d_y 为列间距，α_x 为相邻两行单元之间的相位差，α_y 为每行中相邻两单元之间的相位差，θ 为偏离阵面法线的俯仰面扫描角，ϕ 为从 x 轴算起的水平面扫描角。

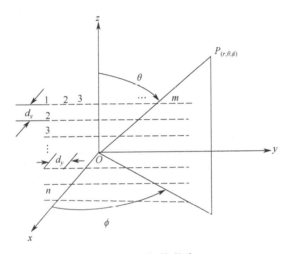

图 5.4.1　平面相控阵

如果分别控制相位差 α_x 和 α_y，天线波束将在空间扫描。通常，单元天线的方向性较差，当 m 和 n 较大时，对阵的总方向图影响不大。波束扫描特性分析如下。

1. 主瓣、增益和副瓣的变化

工程中常用下列关于平面阵特性的计算公式。

按间距 $\lambda/2$ 排列的笔形波束，其辐射单元数与波束宽度的关系为

$$N \approx \frac{10000}{\left(\theta_{\mathrm{B}}\right)^2} \quad 或 \quad \theta_{\mathrm{B}} = \frac{100}{\sqrt{N}} \tag{5.4.2}$$

式中，θ_{B} 是以度为单位的 3dB 波束宽度。当波束指向孔径法线方向时，相应的天线增益为

$$G_0 \approx \pi N \eta \approx \pi N \eta_{\mathrm{L}} \eta_{\mathrm{a}} \tag{5.4.3}$$

式中，η 为考虑了天线损耗 η_{L} 和由单元不等幅加权引起的增益下降 η_{a} 的因子。当扫描到 θ_0 方向时，平面阵增益下降到与投影孔径相应的值。

当波束扫描偏离法线方向 θ 时，天线阵的有效孔径 D 将随扫描角的变化而变为 $D\cos\theta$，主瓣宽度将变宽，即

$$\theta_{-3\mathrm{dB}}(\theta) = k \frac{\lambda}{D\cos\theta} = \frac{\theta_0}{\cos\theta} \tag{5.4.4}$$

式中，θ_0 为天线阵法向的波束宽度。由于波阵面总垂直于波束方向，波阵面倾斜后，天线的

有效面积将减小，其值为天线实际面积在波阵面上的投影，增益随扫描角的余弦变化，即

$$G(\theta) = 4\pi \frac{A_e \cos\theta}{\lambda^2} = G_0 \cos\theta \tag{5.4.5}$$

式中，G_0 为天线阵法向的增益，波束主瓣方向上的增益下降。然而，天线副瓣本身没有增加，但最大方向上的场强降低了，因而相对副瓣电平增大了，如图 5.4.2(b) 所示。在扫描角 $\theta < 45°$ 范围内，主瓣宽度与阵列尺寸成反比。当 θ 趋近 90° 时，主瓣宽度由端射阵列公式计算，在此不予讨论。

 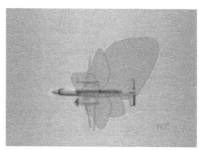

(a) 法线方向的天线波瓣　　　　　　　(b) 偏离法线 60° 方向的天线波瓣

图 5.4.2　波束宽度和增益随扫描角的余弦变化示意图

2．栅瓣的抑制

波束扫描时出现的栅瓣应该加以抑制。所谓栅瓣，是指与主瓣同样大小的波瓣。由阵列天线理论知道，n 元均匀线性天线阵的波瓣是周期性的，除了 $\varphi = 0$ 时是主瓣最大值，在 $\varphi = \pm m\pi$（$m = 1, 2, \cdots$）时也都有最大值，这些重复出现的波瓣通常称为**栅瓣**。栅瓣会影响雷达天线阵对目标回波方向的判定。为了避免出现栅瓣，必须把 φ 限制在 $[-\pi, +\pi]$ 范围内。图 5.4.3 所示为十元均匀直线阵因子曲线。

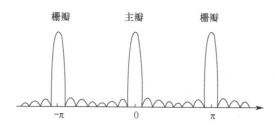

图 5.4.3　十元均匀直线阵因子曲线

在非扫描天线阵中，可以控制单元天线的方向图，使其零点正好与出现栅瓣的位置重合，从而有效地抑制栅瓣。但是在扫描天线阵中，栅瓣将随扫描角 θ 的变化而变化，而单元方向图基本不变，所以只能采用控制间距的方法加以抑制。由分析可知，不出现栅瓣时的最大间距为

$$\begin{cases} d_{x\max} < \dfrac{\lambda}{1 + |\sin \theta_{\max}|} \\ d_{y\max} < \dfrac{\lambda}{1 + |\sin \theta_{\max}|} \end{cases} \tag{5.4.6}$$

3．宽角阻抗匹配

对非扫描阵列来说，阵元数虽然多，考虑到互耦影响后的阻抗计算也很复杂，但这毕竟是固定的影响，可以用一般阻抗匹配的方法加以解决。然而，在扫描天线中，单元电流间的相位差是随扫描角而改变的，所以阵中单元间的感应阻抗也必然随扫描角的变化而变化。扫描角越大，相位差变化越大，失配也越严重。因此，存在一个宽角扫描时的阻抗匹配问题，简称**宽角阻抗匹配**问题。

宽角阻抗匹配的方法可以分为两大类。

一类是传输线区域宽角匹配法。可以在馈线中加入一些电纳器件，这些器件的电纳数值随扫描角的变化而变化；或者在波导内放入介质加载以抵消口径处的反射；还可用消极的方法，即在机械馈电网络中加入环流器或隔离器，使反射波不返回馈电网络或被匹配负载吸收。

另一类是自由空间区域宽角匹配法。可以在振子 H 面内的单元间设置金属隔板以减小相互影响；或在天线阵列平面前平行放置介质板，既有匹配作用，又可起天线罩的作用。

4．盲点效应

当单元数很大的相控阵天线扫描时，在某些特定的扫描角上，方向图的主瓣会变得很小甚至完全消失，而且在阵列单元的馈线中反射系数达到 1。这就表示在这些扫描角上，天线阵既不向外辐射功率，又不接收功率，沿馈线系统传送的全部功率实际上返回到馈源。这些特定的角度称为相控阵天线的**盲点**。盲点往往出现在栅瓣之前，即有时波束扫描刚偏离法线方向不大角度时便出现盲点。这就就大大缩小了扫描区域，影响相控阵天线的性能和正常工作。

盲点产生的主要原因简单说来是互耦影响，从实验中得知，不同形式排列的阵，盲点出现的位置也不同。抑制和消除盲点的主要方法是改变阵列的环境参数，使阵列在所要求的扫描空域内不具备产生盲点的条件。采用下列措施可在一定程度上抑制或消除盲点效应：合理选择单元口径尺寸和阵格尺寸，合理选择天线阵面前的介质层厚度，破坏排列的均匀性和对称性，对单元间距做一定的随机分布。

5.4.2　辐射单元

相控阵天线最常用的辐射器是偶极子、缝隙、开口波导（或小喇叭）和印制电路片（最初以其发明者命名，称为**科林斯辐射器**）。要求单元足够小以适应阵列的几何尺寸，因此，把单元限制在比 $\lambda^2/4$ 略大的面积中。此外，由于单元的需求量很大，所以辐射单元应是廉价的、可靠的，并且所有单元性能是一致的。

因为阵列中辐射器的阻抗和方向图主要由阵列的几何形状决定，所以应当选择辐射单元来满足馈电系统和天线的机械要求。例如，如果辐射器由带状线移相器馈电，那么选择带状偶极子单元是合理的；如果用波导移相器，那么选择开口波导或缝隙则是方便的。接地面通常放在偶极子阵列后面大约$\lambda/4$处，以使天线只在半空间形成波束。

必须选择单元以获得所需的极化，通常是水平极化或垂直极化。

5.4.3　移相器

相控阵的关键器件之一是移相器，通常用它来实现电子波束控制。移相器可以分为两类，即可逆的和不可逆的。可逆移相器对方向不敏感，也就是说，在某一方向上（如发射）的移相量和相反方向（如接收）上的移相量相同。如果使用可逆移相器，则在发射和接收之间不必切换相位状态。若采用不可逆移相器，则在发射和接收之间必须有移相器的切换（即改变相位状态）。通常，切换不可逆铁氧体移相器要花几微秒的时间，在此期间，雷达无法检测目标。对于低脉冲重复频率（PRF）的雷达，如 PRF 为 200～500Hz，这不会有问题。如果 PRF 为 2000Hz，则脉冲重复周期（PRI）为 500μs；如果移相器切换时间是 10μs，那么仅浪费 2%的探测目标时间影响也不大，如果 PRF 为 50kHz，PRI 为 20μs，则移相器有 10μs 的切换时间是绝不允许的。

目前，常用于相控阵的移相器有三类，即二极管移相器、不可逆铁氧体移相器和可逆（双模）铁氧体移相器。二极管移相器都是可逆的。每种移相器都有其长处，可以根据雷达的需要来选用。图 5.4.4 所示为带开关绕行线的移相器接线电路板，图 5.4.5 所示为移相器延迟线的接线。

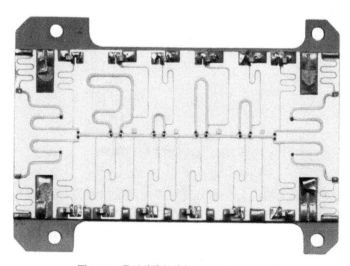

图 5.4.4　带开关绕行线的移相器接线电路板

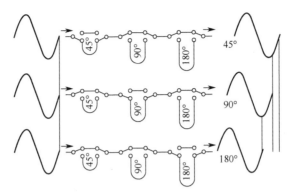

图 5.4.5　移相器延迟线的接线

5.4.4　无源相控阵天线

相控阵天线按是否含有有源放大器可以分为有源和无源两类。本节首先讨论无源相控阵天线。

相控阵雷达天线由许多小天线单元组成。一般情况下，约有 100 个天线单元的线阵天线、数千个天线单元的平面相控阵天线在相控阵雷达中屡见不鲜。无源相控阵的所有天线单元共享一个发射机和一个接收机，如图 5.4.6 所示。

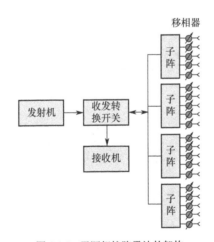

图 5.4.6　无源相控阵雷达的架构

要实现这样的相控阵天线，一个十分重要的问题是如何将发射机输出的雷达信号按照一定的幅度分布和相位梯度馈送给阵面上的每个天线单元。接收时，同样要将各个单元收到的信号按一定的幅度和相位要求进行加权，然后加起来馈送给接收机。相控阵天线的馈电网络就是使阵面上众多的天线单元与雷达发射机和接收机相连的传输线系统。各个天线单元所需的幅度和相位加权也是在馈线系统中实现的。对馈线系统的要求之一是降低系统的复杂性，以降低成本，包括减少移相器的使用数量。

1．平面相控阵天线的馈相方式

馈线系统要保证每个天线单元激励电流的相位符合天线波束扫描指向的要求。通常，将馈电网络向各个阵面单元提供所需的信号相位称为**馈相**，馈相的方式与馈电网络的加权有关。通常是通过将天线阵各单元的相位按其所在的阵元位置分布构成一个阵内"相位矩阵"，然后通过对相位矩阵按行或列分解成若干相同的子阵来实现的。图 5.4.7 是平面相控阵天线的两种馈相方式，图 5.4.7(a)是相位矩阵按列分解的方式，称为**列馈方式**；图 5.4.7(b)是相位矩阵按行分解的方式，称为**行馈方式**。对每行或每列的线阵相位还可进一步分解成若干子阵，图 5.4.8 是常用的一种划分方法。当然，平面相控天线阵也可通过将相位矩阵分解为若干正方形或矩形子阵来馈相。

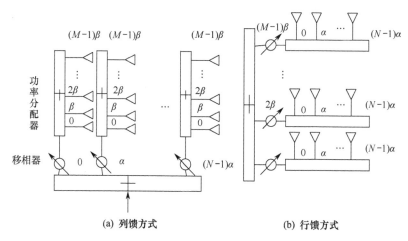

图 5.4.7　平面相控阵天线的馈相方式

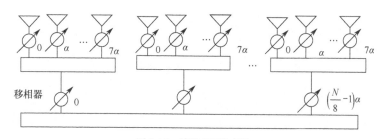

图 5.4.8　线阵的子阵划分

2．相控阵天线的馈电方式

在发射天线阵中，从发射机至各天线单元之间应有一个馈线网络进行功率分配。在接收天线阵中，各天线单元至接收机之间也有一个馈线网络进行功率相加。馈线系统在相控阵中占有特别重要的地位。低副瓣天线对馈线系统幅度和相位的精度要求是很高的。此外，承受高功率的能力、馈线系统的损耗、测试和调整的方便性以及体积、重量等要求，也是选择馈电方式时必须考虑的因素。

平面相控阵天线的馈电方式主要有强制馈电、空间馈电或光学馈电。

1）强制馈电

强制馈电采用波导、同轴线、板线和微带线等进行功率分配。近年来，随着光电子技术及光纤技术的发展，也出现了采用光纤作为相控阵天线的馈线中的传输线，但是只能用在低功率情况下。波导和同轴线用于高功率阵列，低功率部分常用板线、带线和微带线。功率分配器有隔离式与非隔离式、等功率分配器与不等功率分配器等多种形式。

图 5.4.9 所示为包含一分三十二功率分配器的组合馈电的馈线网络示意图。图中中间两层的一分二功率分配器是隔离式的，前后两层则为不隔离的功率分配器。隔离式功率分配器输出支臂之间约有 20dB 的隔离度，可以减少由于各传输元件之间的反射波引起的串扰，有利于整个馈线系统获得低的驻波。当隔离式功率分配器的一个支臂因为开路或短路而出现全反射时，有一半反射功率被隔离臂的吸收负载吸收，所以有利于保证馈电网络的耐功率性能。

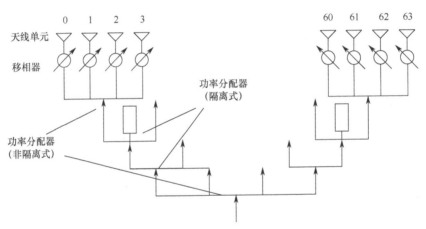

图 5.4.9 包含一分三十二功率分配器的组合馈电的馈线网络示意图

2）空间馈电

在相控阵雷达中，已有许多利用空间馈电的例子，如美国用于要地防御的 HAPDAR 雷达及在"爱国者"地空导弹制导系统中使用的 SAM-D 雷达等，都是成功应用空间馈电方法的典型例子。空间馈电的形式如图 5.4.10 所示。图 5.4.10(a)是透镜式空间馈电示意图，图 5.4.10(b)是反射式空间馈电阵列示意图。

透镜式空间馈电的天线阵包括收集阵面和辐射阵面两部分。收集阵面又称**内天线阵面**，它有许多天线单元，这些天线单元也称**收集单元**。它们既可排列在一个平面上，又可排列在一个曲面上。当天线处于发射状态时，发射机输出信号由照射天线（如波导喇叭天线）照射到内天线阵上的收集天线单元，这些收集单元接收照射信号后经过移相器，再传输到辐射阵面上的天线单元（也称**辐射单元**），然后向空间辐射。对于有源相控阵天线，经过移相器后的信号还要经过功率放大器放大，然后才送给辐射阵面上的天线单元。当天线阵处于接收状态时，辐射阵面接收从空间目标反射回来的回波信号，这些信号送移相器相移后，由收集阵面上的天线单元将其传送至阵内的接收天线。对于有源相控阵天线，每个辐射单元接收到的信号先要经过低噪声放大后再送给移相器，最后才传输给收集单元，经空间辐射到达阵内接收天线。

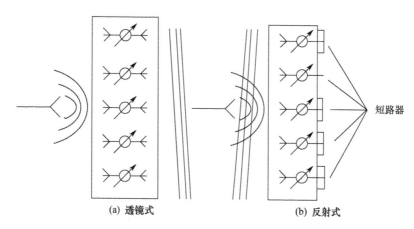

(a) 透镜式　　　　　　(b) 反射式

图 5.4.10　两种空间馈电方式

图 5.4.10(b)所示为反射式空间馈电阵列，反射式空间馈电阵列与图 5.4.10(a)中的透镜式空间馈电阵列不同，收集阵面与辐射阵面是同一阵面。这一阵面上各天线单元收到的信号经过移相器移相后，被短路传输线或开路传输线全反射。对于这种阵列，作为初级源的照射喇叭天线处于阵列平面的外边，即采用前馈方式对天线阵面进行空间馈电，对阵面有一定的遮挡效应，对天线的口径增益和副瓣电平性能有一定的不利影响。

在空间馈电系统中，初级馈源的照射方向图为整个阵面提供幅度加权。

5.4.5　有源相控阵天线

有源相控阵天线的每个单元都有一个 T/R 组件，其架构如图 5.4.11 所示。

1. T/R 组件

由有源组件（又称**收/发组件**或 **T/R 组件**）与天线阵列中的每个辐射单元（或子阵）直接连接而组成的相控阵天线，称为**有源相控阵天线**。这些有源组件与其相对应的辐射单元构成阵列的一个模块，它具有只接收、只发射或收/发功能。有源相控阵天线除了具有无源相控天线的功能，还具有一些其他重要的特点。由于有源组件直接与天线单元相连，收、发位置前置（降低了**系统的损耗**），且阵面有源模块间形成独立的系统，从而提高了有源相控阵雷达的信噪比和辐射功率，也提高了系统的可靠性（或称**冗余度**）。

另外，通过控制每个有源模块的幅度和相位，可以在射频上形成自适应波束，提高有源相控阵雷达系统的抗干扰能力。有源相控阵天线在陆基、海基、空基甚至天基雷达上均已得到应用。随着单片微波集成电路（MMIC）技术的不断发展与成熟，它将逐步取代现有的无源相控阵天线。目前，由于有源组件的制造成本较高，系统较无源相控阵天线复杂，使得有源相控阵天线在实际应用中受到一定的限制。在有源相控阵天线所用的有源组件中，发射组件大多采用固态功率器件，因此也称**固态有源相控阵天线**。

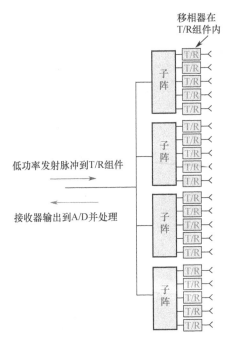

图 5.4.11　有源相控阵天线的架构

　　固态有源相控阵雷达天线的组成原理如图 5.4.12 所示。图 5.4.12(a)为有源相控阵天线的组成框图。发射时，激励源射频（RF）信号经过波束形成网络分配后，分别进入各收/发组件（T/R 模块），经过移相、放大后送到与模块直接相连的天线单元上辐射出去。波束形状和指向，由模块中发射支路放大器的放大倍数和移相器的移相量决定。接收时，天线单元将收到的 RF 回波信号送入 T/R 模块，经模块放大、移相后送入波束形成网络合成接收波束。接收波束的形状和指向，由模块中接收支路放大器的放大倍数和移相器的移相量决定。图 5.4.12(b)所示为 T/R 模块的典型结构，它由发射放大器（链）、接收前置放大器、带激励器的共用移相器以及分隔发射和接收路径的环流器组成。用于单元级发射的功率放大器通常有 30dB 或更高的增益，以补偿在波束形成网络上功率分配的损耗。晶体管放大器能产生高的平均功率，但只能产生相对较低的峰值功率。因此，需要高占空比的波形（10%～20%），以有效地辐射足够的能量。峰值功率较低是相控阵雷达中固态模块的主要缺点，它可以采用脉冲压缩技术来补偿，不过要以增加信号处理量为代价。晶体管的优点在于，它们具有宽频带的潜力。接收机通常需要 10～20dB 的增益以便给出低的噪声系数，以补偿移相和波束形成造成的损耗。因为模块在单元波瓣（不仅是天线波瓣）范围内，也会接收带宽内来自各个方向的干扰信号使接收信号起伏较大，因此，低接收机增益比发射机增益低一些有利于保证动态范围。

　　当相控阵天线工作时，为了实现全频段内的低副瓣性能，模块之间的幅度和相位容差要求很严格。因此，必须对天线阵面进行幅度和相位校准，以保证每次阵面发射/接收时的信号幅度和相位分布的稳定性。可编程增益调整对于校正模块间的变化有帮助，可以放松对模块性能指标的要求。模块移相器在低信号电平上，因为在发射放大之前，如果在接收放大之后，即使插入损耗很高也不要紧。因此，甚至在许多位数字移相器（例如，为了实现低副瓣，采用 5 位、6 位或 7 位）的情况下，也完全允许使用二极管移相器。插入损耗的变化可以用增益调整来动态补偿。高功率一侧的环流器可为功率放大器提供阻抗匹配，并且足以保护接收机。

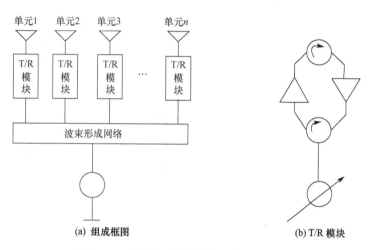

图 5.4.12　固态有源相控阵雷达天线的组成原理

　　应用于大多数有源相控阵的布置如图 5.4.13 所示。所有组件都组装在 T/R 模块中，该模块集成了移相器、数控衰减器、固态功率放大器、低噪声放大器（LNA）、两个环行器和一个双工器。模块通常还具有自检功能，以便可以评估系统的整体性能。有时会在 LNA 和天线之间添加限制器，这会减少来自干扰器或靠近雷达的大型目标（具有非常大的雷达横截面积）的非常强的信号。限幅器还保护接收机免受双工器故障的影响。一个简单的限幅器实现由两个并联但极性相反的 PIN 二极管组成。

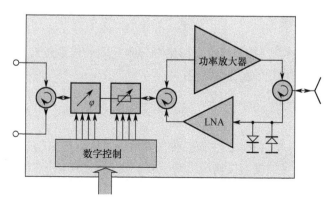

图 5.4.13　应用于大多数有源相控阵的布置

2. 全向相控阵天线——鸦巢天线

Crow's-Nest 天线（CAN，鸦巢天线）是一种全向相控阵系统，如图 5.4.14 所示，由分布在球体中的元件组成。它是一种专利天线，由德国弗劳恩霍夫高频物理和雷达技术研究所 FHR 开发。单个辐射单元随机排列，避免栅瓣上升。辐射元件在想象球体中的旋转不变密度分布允许实现均匀的笔形波束，以实现全方位角和仰角覆盖。定向辐射的必要相移由波束控制计算机计算。使用数字波束形成用这种天线几乎可以同时在所有方向上组织一个清晰聚焦的笔形波束。馈线固定在接地板上，并用相对介电常数为 $\varepsilon_r \approx 1$ 的电介质进行稳定，以避免天线内的电磁波传播速度降低。这种 X 波段天线的直径为 6 英尺，包含约 2000 个辐射元件。天线的名称源于"鸦巢"，用于船舶主桅上部专门设计的平台，该平台也用作观察所有方向的瞭望点。

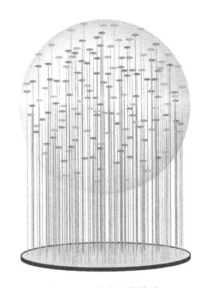

图 5.4.14 鸦巢天线模型

5.5 频率扫描天线

在图 5.5.1 所示的频率扫描天线中，如果相邻阵元间的传输线长度为 l，传输线内的波长为 λ_g，则相邻阵元间存在一激励相位差，

$$\varphi = \frac{2\pi l}{\lambda_g} \tag{5.5.1}$$

改变输入信号频率 f，则 λ_g 改变，φ 也随之改变，所以可实现波束扫描。这种方法称为**频率扫描法**。这里用具有一定长度的传输线代替了相扫法串联馈电中插入主馈线内的移相器，因此插入损耗小，传输功率大，同时只要改变输入信号的频率就可实现波束扫描，方法比较简便。

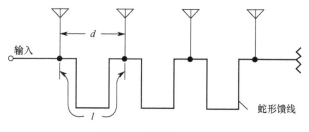

图 5.5.1　频率扫描天线

频率扫描天线的几点要求如下。

（1）脉冲宽度不能太窄，否则会引起波形失真。

（2）雷达信号源的频率应具有很高的稳定度和准确度，以满足测角精度。

（3）消除温度误差，防止热胀冷缩引起传输线长度等参数发生变化。

频率扫描天线的形式有串联频扫阵列和并联频扫阵列，如图 5.5.2 所示。串联频扫阵列是一种行波天线阵，即由相等延迟线段和松耦合的辐射元组成重复式装置。在这种装置中，延迟即相移是累加的，结构紧凑。并联频扫阵列由公共发射机经功率分配器将功率分别同时输入各个分支传输线，而每个分支传输线依次相差一个长度 l，末端接辐射源，这种结构比较复杂。

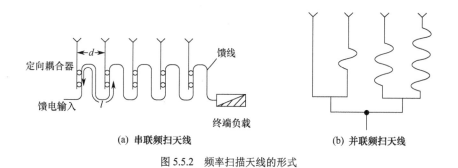

(a) 串联频扫天线　　　　　　　　(b) 并联频扫天线

图 5.5.2　频率扫描天线的形式

5.6　雷达天线的发展方向

现代雷达天线正在朝宽频带、有源相控天线阵、超低副瓣电平的方向发展。

1. 宽频带

在不增加复杂性和成本的基础上，雷达天线宽频带工作总是设计师们的努力方向。频带宽可以提高雷达的抗干扰性能。

2. 有源相控天线阵

正如前面所提到的那样，有源相控阵天线的波束扫描速度不受机械扫描速度的限制，可以快速提供目标信息更新，实现同时多目标搜索、跟踪，并为多目标攻击提供作战参数。

有源相控阵天线利用功率管理技术和波束控制技术，同时完成雷达的多种功能；可以实现天线波束赋形和自适应零点控制，可以抗反辐射导弹和有源干扰。比如，可以控制一部分天线阵元完成搜索功能，同时用另一部分阵元完成跟踪功能，也可以用时间分割的办法交替用同一个阵面完成多种功能等。

有源相控阵雷达天线还具有可靠性高的特点。实验表明，即使有 10%的收/发单元失效，对系统的性能也无明显影响，不用立即进行修理。若有 30%的收/发单元失效，系统的增益仅降低 3dB，系统仍可以维持工作。

3. 超低副瓣电平

为了在电子对抗环境下降低被敌方侦察和干扰甚至被反辐射武器攻击的概率，雷达天线对副瓣电平的要求越来越高。新型雷达天线的平均副瓣电平通常都在-40dB 以下。机载预警雷达为了抑制副瓣杂波，平均副瓣电平则至少应该在-70dB 以下。

此外，天线形状与载体共形、变极化也都在雷达天线的发展方向之列。

*5.7   雷达天线伺服系统

雷达天线伺服系统用来控制雷达天线的转动，以实现雷达全方位探测，是雷达搜索和跟踪目标所必需的部分。一般雷达转动控制系统是一个速度可调的闭环控制稳速系统，能使天线的转速在一定范围内连续可调，在一定的风速环境中仍能稳定工作，速度波动小。同时，伺服系统还产生方位扫描正北基准脉冲、方位扫描步进脉冲送给雷达信号处理、终端和监控分系统。

雷达天线伺服系统的种类很多，有机电式、液压式、电液式等。一般天线直径较大的雷达多用液压驱动系统，天线直径较小的雷达常用电机驱动系统。

5.7.1   雷达伺服元件

雷达天线伺服系统一般由电磁元件、电子元件和液压元件组成，根据元件在伺服系统中的作用可分为敏感和控制元件、变换元件、放大元件、功率放大器件、执行元件和校正元件等，其组成原理方框图如图 5.7.1 所示。

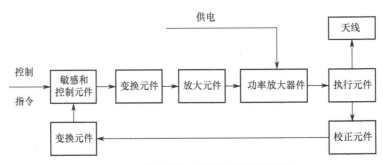

图 5.7.1   雷达天线伺服系统组成原理方框图

1. 敏感和控制元件

凡用来产生有用的输入信号，使被调整量和这个输入信号保持所需函数关系的元件，均称为**控制元件**；用来测量被调整量，使它产生的信号和被调整量之间具有一定的函数关系，并回馈到系统的输入端的元件，称为**反馈元件**，也称**敏感元件**。

在雷达伺服系统中，这两种元件常常组成一体，称为**误差敏感元件**，它把对天线的转动输入控制信号和转速反馈信号进行比较，得到被调整量与给定值的偏差，并把此偏差变成控制信号作用于调整系统。这类元件包括同步机、旋转变压器、轴角编码器等。

2. 变换元件

变换元件是指将直流信号变换为交流信号或做相反变换的元件。例如，调制解调器就是既可将电压信号变换为频率信号又能将频率信号反变换为电压信号的元件，又如 F-V 变换器、V-F 变换器、变频调速器等。

3. 放大元件

放大元件是将误差敏感元件所产生的信号加以放大的元件，包括各种电子管放大器、晶体管放大器等。

4. 功率放大器件

功率放大器件将放大元件输出的微小功率的信号放大成强功率信号，以满足执行机构的需要，包括液压伺服泵、电液伺服泵、可控硅整流器、电机放大器等。

5. 执行元件

执行元件用来调整被调整对象（天线）的元件，如液压伺服马达、直流电动机、交流电动机等。

6. 校正元件

校正元件为改善系统的动力学特性所加入的元件。

下面简要介绍两例雷达天线伺服系统，旨在说明伺服系统的功用和一般工作要求，具体电路的原理可参考电机类文献资料。

5.7.2　可控硅-直流电动机构成的天线伺服系统

直流电动机驱动的天线转动控制系统主要由给定电源、直流放大器、同步脉冲发生器、可控硅整流器、转向控制器、直流电动机、减速器、测速发电机、速度反馈电路和延时控制器、转向速度控制器等部分组成，其组成原理方框图如图 5.7.2 所示。

这种天线伺服系统的工作过程如下：给定电源输出正电压，速度反馈电路输出负电压，两者相加后，送直流放大器进行放大，放大后的电压控制同步脉冲发生器，产生正向触发脉冲，加到可控硅的控制极，控制可控硅的导通，将交流电整流为直流电，经转向控制器加到直流电动机，直流电动机快速转动，经减速器带动天线慢慢转动。

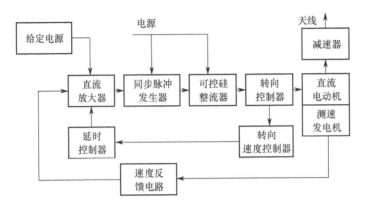

图 5.7.2　可控硅-直流电动机构成的天线伺服系统原理方框图

改变给定电源输出电压的大小，直流放大器输出的电压大小将同步地按比例改变，同步脉冲发生器产生的触发脉冲到来的时间也同步改变，可控硅整流器输出的直流电压大小也改变，从而直流电动机转速也改变，天线转速也改变。在一定范围内连续改变给定电源电压的大小，则天线转速可在一定范围内连续变化。这样，便实现了对天线转动的无级变速控制。

有时要求天线能够做方位扇形扫描，旋转方向必须能够改变。天线转动方向的控制由转向控制器完成。转向控制器可以将可控硅整流器输出的直流电压以相反的两种极性加至直流电动机，使直流电动机、天线的转动方向得以改变，从而实现天线转动方向的控制。

雷达的数据率会受到风速的影响，因此，天线的转速应当稳定在要求的速度上。测速发电机和速度反馈电路用来克服风力的影响，以稳定天线转速。测速发电机与直流电动机同轴交连，电动机转动时，一方面经减速器带动天线转动，另一方面带动测速发电机旋转，测速发电机产生的电压送到速度反馈电路，由速度反馈电路转换成（与给定电源电压极性相反）负电压加到直流放大器输入端，实现负反馈，从而稳定天线转速。稳速过程如下：顺风时，天线转速加快，测速发电机的转速随之加快，测速发电机的输出电压随之升高，此电压经速度反馈电路变成负电压与给定电压相加，使送给直流放大器的电压下降，最终导致可控硅整流器输出电压下降，直流电动机转速降低，使天线的转速回到原来的状态；逆风时，天线转速变慢，测速发电机的转速也变慢，测速电压下降，负反馈电压降低，直流放大器的输出电压升高，最终导致可控硅整流器的输出电压升高，直流电动机转速升高，使天线的转速回到原来的状态。

延时控制器用来控制天线平稳地启动，转向控制器用来加快天线换向速度。

5.7.3　变频调速器-交流异步电动机构成的天线伺服系统

变频调速器-交流异步电动机构成的天线伺服系统的原理方框图如图 5.7.3 所示。按功能可以分为两部分，即升降部分和转速控制部分，主要包括自动空气开关、滤波器、变频器、三相异步电动机、减速器、速度采样、伺服控制器、升降控制、升降减速器等。

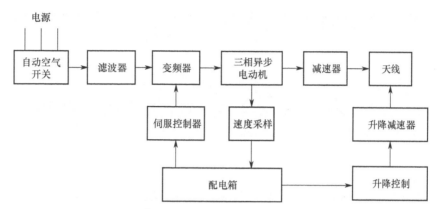

图 5.7.3　变频调速器-交流异步电动机构成的天线伺服系统的原理方框图

1．转速控制部分的结构与配置

这种天线伺服系统的转速控制部分由伺服控制器、变频器、三相异步电动机、减速器和转盘构成。伺服控制器和变频调速器在工作车内，驱动电机安装在天线座中。

同步机转数通过同步轮系的转换和大盘机构进行 1:1 的速比转动。同步轮系各级齿轮均采用双片齿轮及圆锥齿轮相啮合，同步机与轴采用无间隙传动联轴器，保证整个同步轮系传动回差减小到接近零。同步轮系传动系统图如图 5.7.4 所示。

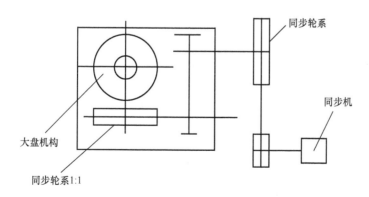

图 5.7.4　同步轮系传动系统图

2．变频调速原理

天线伺服系统是通过控制异步电动机的转速来控制天线转速的，而电动机的转速通过变频调速原理来控制。变频调速器的功能是输出频率可变的交流电给异步电动机，从而实现异步电动机的变频调速。由于采用电压频率协调控制方案，该装置具有结构简单，坚固耐用，转动惯量小，造价低，适用于较恶劣环境等优点。

1）变频调速的基本概念

异步电动机主要由两部分组成，即定子和转子。当定子与三相交流电连接时，将在定子和转子之间的气隙内产生旋转磁场。旋转磁场的速度由定子电压供电频率决定：

$$n_0 = \frac{f \times 60}{p} \tag{5.7.1}$$

式中，n_0 为旋转磁场的速度，f 为定子电压供电频率，p 为电极对数。

通常情况下，转子旋转的速度略低于旋转磁场速度，否则将没有相对运动，转子中就不会产生电流和力矩。两个速度之差常用百分比表示（即转差率），即

$$s = \frac{n_0 - n}{n_0} \% \tag{5.7.2}$$

式中，n 为转子旋转速度，s 为转差率。于是有

$$n = \frac{60f \times (1-s)}{p} \tag{5.7.3}$$

可见，当电极对数 p 不变时，转子转速 n 与定子电压供电频率 f 成正比，因此改变定子电压供电频率，就可以调节电动机的转速，这种调速方法称为**变频调速**。由于该方法具有较好的调速性能，目前已成为异步电动机最主要的调速方法。

2）电压频率比恒定控制

所谓电压频率比恒定控制，是指在改变电动机定子电压供电频率的同时改变电动机定子电压，使两者之比保持恒定的控制方式。它是异步电动机变频调速的最基本控制方式。

因为改变电动机定子电压供电频率将会引起电动机参数的变化，参数的变化反过来又会影响电动机的运行性能，所以仅仅改变频率难以获得最佳的调速特性。在调速时，通常还要考虑的一个重要因素，就是希望保持电动机中每极磁通量为额定值不变。如果磁通太弱，就不能充分利用电动机的铁芯，是一种浪费；如果过分增大磁通，又会使铁芯饱和，导致过大的励磁电流，严重时会使绕组因过热而损坏电动机。

在交流异步电动机中，磁通是定子和转子磁动势合成产生的，如何才能保持磁通恒定呢？

电动机定子每相中感应电动势的有效值为

$$E_1 = 4.44 f n_1 K_{n_1} \Phi_m \tag{5.7.4}$$

式中，E_1 为感应电动势，n_1 为定子绕组匝数，K_{n_1} 为定子绕组的绕组系数，Φ 为气隙磁通。于是有

$$\Phi_{\mathrm{m}} = \frac{E_1}{4.44 f n_1 K_{n_1}} = C' \frac{E_1}{f} \tag{5.7.5}$$

显然，在电动机变频控制时能够保持感应电动势-频率比恒定，就可保持磁通恒定。

然而，绕组中的感应电动势是难以直接控制的，考虑到在电动机额定运行情况下，电动机定子电阻和漏电阻的压降较小，电动机定子的电压 V 和感应电动势近似相等，常通过控制电压-频率比恒定来保持磁通恒定。

3）正弦脉宽调制控制技术

实现电压-频率比恒定控制的方式很多，其中正弦脉宽调制（SPWM）控制技术是一种应用十分广泛的电压-频率控制方法，它利用半导体开关器件的导通和关断，把直流电压变为电压脉冲序列，并通过控制电压脉冲宽度和脉冲序列的周期实现变压变频的目的。该方法可以有效地抑制谐波，而且动态响应较好。

4）半导体开关器件

半导体开关器件是构成变频调速的关键器件之一。由于晶体管可以快速地导通和关断，目前在开关功率变换场合使用的主流元件是绝缘栅双极晶体管。

3. 变频器的基本工作原理

1）基本组成

作为实现异步电动机变频调速的装置，变频器分为四个主要部分：一是整流器，与三相交流电相连，产生脉动直流电压；二是中间电路；三是逆变器，和电动机相连，调节电动机电压的频率（如果中间电路只提供幅值恒定电压，则还要调节电动机的电压）；四是控制电路，逆变器中的半导体开关器件就是由控制电路产生的信号使其导通和关断的。控制电路可以使用不同的调制技术，使半导体开关器件导通或断开，最常用的技术是正弦脉宽调制技术。变频器原理框图如图 5.7.5 所示，其工作过程如下。

三相交流电压经全波整流后输出直流电压，经过三相桥式半导体开关管逆变为三相交流电压给三相异步电机供电。通过调整三角波发生器输出信号的频率和幅度，改变半导体开关管 $T_1 \sim T_6$ 触发脉冲的频率，进而改变变频器的输出频率，达到调速的目的。

变频调速器输入控制信号为模拟量，改变模拟量的大小可使输出交流电压的频率变化，频率变化范围可以通过键盘设定。

变频器提供电动机加速、减速时间的灵活选择，可通过键盘设定或改变，使天线在启动、制动时冲击减小、驱动平稳。

2）速度闭环控制部分的概略工作过程

变频调速器在输入模拟控制量后，就能输出频率可变的三相交流电压，由此来改变天线的转速，这是一个开环系统。为了提高负载能力，在负载变化的情况下使转速依然平稳，在转速控制部分采用以霍耳传感器为反馈元件的速度闭环控制系统，如图 5.7.6 所示。

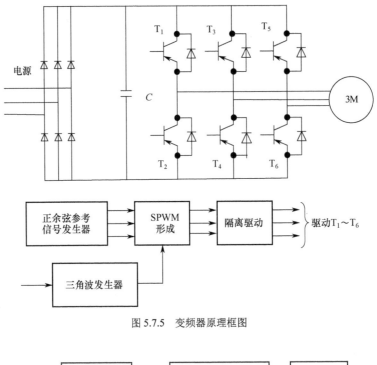

图 5.7.5　变频器原理框图

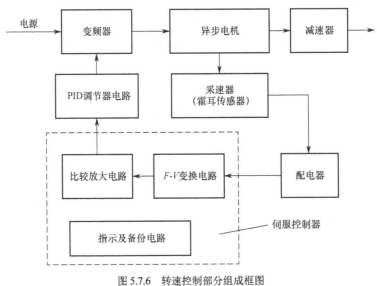

图 5.7.6　转速控制部分组成框图

（1）**速度采样工作过程**。速度采样由采样板上的速度采样电路实现，其原理图如图 5.7.7 所示，它主要由霍耳集成电路和驱动器组成。

速度采样电路的工作过程如下：永磁元件安装在连轴节上，霍耳集成电路固定在永磁元件附近，当三相电动机带动天线旋转时，永磁元件产生的磁场对霍耳集成电路产生作用，霍耳器件输出低电平，当永磁元件随连轴节的转动远离霍耳器件时，磁场消失，输出为高电平，随着电动机转速的变化，霍耳器件输出端的脉冲间隔也不相同，这个随转速而改变的脉冲信号经驱动器送到 $F\text{-}V$ 变换器的输入端。

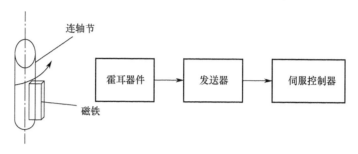

图 5.7.7　速度采样电路原理图

（2）**伺服控制器工作过程**。从配电箱出来的速度采样信号，经伺服控制器实现速度闭环控制。伺服控制器包括 $F\text{-}V$ 变换电路、比较放大电路和 PID 调节器电路。

$F\text{-}V$ 变换电路的工作过程如下：从采样电路送回来的频率信号，经 $F\text{-}V$ 变换集成电路处理，从输出端得到一个正比于输入频率的电压信号。

比较放大电路的工作过程如下：由于 $F\text{-}V$ 变换器输出直流电压幅度较低，在电路中采用了运算放大器，通过调整放大系数来满足变频器对输入电压的要求。

PID 调节器电路的工作过程如下：由于天线较大，惯性较大，转速稳定度要求小于 5%，这就要求控制电路具有良好的控制特性，比例-积分-微分调节器（PID 调节器）对改善电路特性有一定的作用，是控制系统中广泛应用的一种调节器。

经 PID 调节器输出的反馈信号给变频器，控制变频器的输出频率，使天线转速稳定在 5% 以下。

4．天线升降控制电路工作过程

升降控制电路由交流接触器、升降控制盒、自动空气开关组成，控制电路控制升降电动机按需要的方向旋转，通过减速机构与丝杠配合，将天线阵拉起或放下来，完成天线阵的升与降。

5.7.4　方位变换电路

方位变换电路把雷达天线的转动方位转换成数字量，供雷达信号处理、数据处理和监控分统使用。下面介绍几种常用的方位变换电路。

1．轴角编码器

轴角编码器是雷达伺服系统中必不可少的一种数字式角位置测量元件。在雷达中使用得最多的有按光电原理工作的光电编码器和按电磁感应原理工作的感应式编码器两大类。

光电编码器具有很高的精度，分辨力达到0.5″（相当于 21 位），但是它对环境要求比较高，不适合海上和野外工作，因此受到限制。感应式编码器可靠性极好，能够适应比较恶劣的环境，装机后可以数十年不用维修，因此在雷达中得到了广泛应用。这类轴角编码器包括正、余弦变压器的轴角编码器，用同步机构成的编码器和感应同步器几种。前两者结构简单，成本低廉，但是精度较差，角分辨力一般为5′左右（相当于 12～14 位）；后者精度很高，分辨力达到1″～1.5″（相当于 20 位），但结构较复杂，成本也较高。

1）用正、余弦变压器构成的轴角编码器

正、余弦变压器的定子和转子都有两个空间成 90° 的绕组，如图 5.7.8 所示。

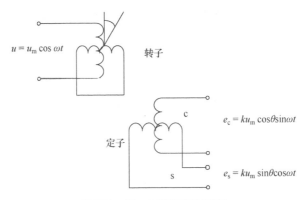

图 5.7.8　正、余弦变压器示意图

若从转子绕组施加一个交流励磁电压

$$u = u_m \cos \omega t \tag{5.7.6}$$

式中，ω 为励磁电压的角频率。若励磁电压的频率为 f，则 $\omega = 2\pi f$，u_m 为励磁电压的幅值。

当转子从平衡位置相对于定子旋转一个角度 θ 时，就会在定子的两个绕组 c 和 s 上分别感应一个电压：

$$e_c = k u_m \cos \theta \sin \omega t \tag{5.7.7}$$

$$e_s = k u_m \sin \theta \sin \omega t \tag{5.7.8}$$

该电压的频率和励磁电压的频率相同，幅度是转子与定子之间角度的余弦（或正弦）函数。而且正弦绕组 s 和余弦绕组 c 之间的相位差为 90°。反之，若从定子励磁，在 s 和 c 绕组上分别施加励磁电压

$$u_s = u_m \sin \omega t \tag{5.7.9}$$

$$u_c = u_m \cos \omega t \tag{5.7.10}$$

则会带动转子转动，并在转子绕组上将感应电势

$$e = e_s + e_c = k u_m \sin(\omega t + \theta_m) \tag{5.7.11}$$

该电势的相位就是转子和定子之间的相对角位移。

如果检测到感应电势的幅度和相位，便可得到所要测量的角位移。

2）用同步机构成的轴角编码器

用同步机和一个斯科特（Scott）变压器（一种特种变压器，可将三相供电电源变换为两相并保持三相电源的平衡），同样可以构成一个轴角编码器，类似于正、余弦变压器构成的轴角编码器。同步机定子上的单项绕组接励磁电源，转子上的三相副绕组与斯科特变压器的原边相连。这种变压器是一种特殊的变压器，其原边的匝数比是一个给定的值。若转子绕组上施加励磁电压

$$u_s = u_m \sin \omega t \tag{5.7.12}$$

则同步机的定子和转子之间就会从平衡位置产生一个角位移 θ，这时在斯科特变压器的副边将分别输出电压

$$e_c = k u_m \cos \theta \sin \omega t \tag{5.7.13}$$
$$e_s = k u_m \sin \theta \sin \omega t \tag{5.7.14}$$

这样，就同前面所说的正、余弦变压器构成的编码器在原理上完全一样了。

2．感应同步器

感应同步器由定子和转子以及信号处理装置组成。这种信号处理装置称为**竖线标**。定子和转子的本体为一圆盘形绝缘体（如玻璃等），在该圆盘上粘贴着铜箔，就像印制电路板一样，腐蚀成曲折形状的平面形绕组。装配时，定子上的平面形绕组面对转子上的平面形绕组，两者之间相隔一定的气隙，且能同轴自由地相对转动。如果在定子（或转子）绕组上通交流励磁电压，则由于电磁耦合作用，将在转子（或定子）绕组上产生感应电势。该电势与前面所述的正、余弦变压器和同步机一样，随转子相对于定子的角位移而呈正弦或余弦函数变化。通过对此信号的检测和处理，便可精确地测出转子与定子之间的角位移。因此，从原理上讲，感应同步器与正、余弦变压器及同步机所组成的编码器并没有什么区别，只是感应同步器因平面绕组的极对数较多，周期比较短罢了。

为了从感应同步器的感应电势中检测出角位移的大小，有两种基本的处理方式：一种是根据感应电势的幅值与角位移的函数关系来检测被测角位移，称为**鉴幅型处理方式**；另一种是根据感应电势的相位与角位移的函数关系来检测被测角位移，称为**鉴相型处理方式**。除了这两种基本处理方式，还有一种称为**脉冲调宽型方式**，它与鉴幅型相似，也是利用幅值同角位移的函数关系来进行检测的。从检测方法上说，一般采用零值法。所谓零值法，就是利用一个已知的标准电压去抵消这个交变感应电势的幅值或相位。

5.7.5　数字式测速元件

测速元件是速度环路中的关键性元件。为了扩大系统的调速范围，改善系统的低速性能，要求测速元件低速输出稳定，纹波小，线性度好。常用的数字式测速元件有由脉冲发生器及检测装置组成的测速元件、由数字化霍耳器件组成的测速元件等。

　　脉冲发生器连接在被测轴上，随着被测轴的转动产生一系列的脉冲，然后通过检测装置对脉冲计数，从而获得被测轴的速度。常用的脉冲发生器有电磁式和光电式两种。

　　图 5.7.9 示出了电磁式脉冲发生器的原理图。它由齿轮和永磁铁组成。齿轮是由导磁材料制成的，和被测轴连接。永磁铁上绕有线圈，当导磁齿轮的凸齿对准磁极时，磁阻最小；当凹齿对准磁极时，磁阻最大。那么，齿轮随被测轴旋转时，线圈上便产生一个与磁阻变化频率相同的脉冲信号，经整形后，得到与转速成比例的输出脉冲。

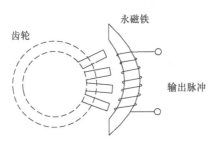

图 5.7.9　电磁式脉冲发生器的原理图

　　图 5.7.10 示出了光电式脉冲发生器原理图。它的作用原理类似于光电式编码盘。转盘与被测轴连接，光源通过转盘的透光孔射到光敏元件上，转盘旋转时，光电管便发出与转速成正比的电脉冲信号。

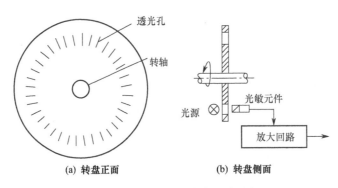

(a) 转盘正面　　　　　(b) 转盘侧面

图 5.7.10　光电式脉冲发生器原理图

　　霍耳器件测速元件由永磁元件和霍耳器件构成，其工作原理在前面已经介绍过，这里不再重复。

小结

　　天线是定向辐射和定向接收电磁波的装置，它能把发射机输出的高频电磁能聚集成束向空间辐射出去，也能接收被目标反射回来的电磁波，是连接"可观测电信号"与"不可感知的电磁波"的桥梁，其技术指标将影响目标探测的性能。

本章从工程实际出发，主要介绍了雷达中常用的反射面天线、相控阵（有源、无源）等天线的功能、组成、原理。对于雷达天线，必须考虑的三个技术参数是辐射方向图（包括波束宽度、副瓣电平等）、增益、阻抗（电压驻波比）。

雷达伺服系统用来控制雷达天线的转动，以实现雷达全方位探测，是雷达搜索和跟踪目标所必需的部分。一般雷达转动控制系统是一个速度可调的闭环控制稳速系统，能使天线的转速在一定范围内连续可调，在一定的风速环境中仍能稳定工作，速度波动小。同时，伺服系统还产生方位扫描正北基准脉冲、方位扫描步进脉冲，并送给雷达信号处理、终端和监控分系统。

思考题

1. 描述雷达天线的功用。
2. 天线是如何辐射电磁波的？
3. 衡量天线的主要技术指标有哪些？其对雷达探测性能有何影响？
4. 相控阵天线的好处是什么？解释无源和有源相控阵的主要区别。

第6章 雷达作用距离与目标检测

导读问题

1. 雷达能探测到多远的目标?
2. 检测到目标的可能性有多大?
3. 雷达多久会出现一次虚警?
4. 如何定性分析目标的起伏特性?

本章要点

1. 结合雷达探测目标发射、接收的基本过程推导雷达方程。
2. 评估目标探测性能的指标:检测概率、虚警概率。
3. 提高雷达探测性能的有效手段——脉冲积累。
4. 斯威林目标起伏模型。
5. 雷达直视距离。

雷达设计师和操纵员最关心的问题是雷达能够看多远,即雷达探测目标的最大距离是多少。最大距离决定了雷达能在多远的距离上发现目标,而这取决于雷达本身的性能,如发射机、接收机、天线等分机的参数,同时又与目标的性质及环境因素有关。通常,噪声是检测并发现目标信号的一个基本限制因素。噪声的随机特性使得作用距离的计算只能是一个统计平均意义上的量,加上无法精确知道目标特性及工作时的环境因素,使得作用距离的计算只能是一种估算和预测。然而,对雷达作用距离的研究工作仍是很有价值的,它能表示出当雷达参数或环境特性变化时相对距离变化的规律。

本章讨论雷达最大探测距离由哪些因素决定,分析影响回波强度的各种因素,研究目标检测处理过程,最后研究雷达如何积累大量发射脉冲的回波,从而将远距离的目标微弱回波从噪声中提取出来。

6.1 雷达基本方程

本节以雷达发射信号、目标散射信号和接收目标回波的基本工作过程来推导自由空间的雷达基本方程,它将反映与雷达探测距离有关的因素以及它们之间的相互关系。基于雷达基本方程可以估算出雷达的作用距离,同时可以深入理解雷达工作时各分机参数的影响,对在雷达系统设计中正确地选择分机参数具有重要的指导作用。

设雷达发射功率为 P_t,天线各向同性辐射,如图 6.1.1 所示,则距雷达天线 R 远处目标的功率密度 P_D 为

$$P_\text{D} = \frac{雷达发射功率}{球表面积} = \frac{P_\text{t}}{4\pi R^2} \qquad (6.1.1)$$

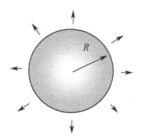

图 6.1.1　各向同性辐射

如图 6.1.2 所示，假设雷达天线的定向增益为 G_t，则在自由空间中工作时，距雷达天线 R 远的目标处的功率密度 S_1 为

$$S_1 = \frac{P_\text{t} G_\text{t}}{4\pi R^2} \qquad (6.1.2)$$

图 6.1.2　定向辐射

目标受到电磁波照射后，因其散射特性而产生散射回波。散射功率的大小显然和目标所在点的功率密度 S_1 及目标的特性有关。用目标的散射截面积（Radar Cross Section, RCS）σ 来表征其散射特性。假定目标可以无损耗地反向接收到的功率，如图 6.1.3 所示，则可得到目标散射的功率 P_2（二次辐射功率）为

$$P_2 = \sigma S_1 = \frac{P_\text{t} G_\text{t} \sigma}{4\pi R^2} \qquad (6.1.3)$$

图 6.1.3　发射信号入射、目标反射过程

再假设 P_2 均匀地辐射，如图 6.1.4 所示，则在雷达天线接收处的回波功率密度 S_2 为

$$S_2 = \frac{P_2}{4\pi R^2} = \frac{P_t G_t \sigma}{(4\pi R^2)^2} \tag{6.1.4}$$

图 6.1.4 目标回波反射过程

如果雷达接收天线的有效接收面积为 A_r，则在雷达接收处的接收回波功率 P_r 为

$$P_r = A_r S_2 = \frac{P_t G_t \sigma A_r}{(4\pi R^2)^2} \tag{6.1.5}$$

由第 5 章的天线理论可知，天线增益和有效面积有以下关系：

$$G = \frac{4\pi A_e}{\lambda^2} \tag{6.1.6}$$

式中，λ 为发射信号的波长。对接收天线，有

$$G_r = \frac{4\pi A_r}{\lambda^2} \tag{6.1.7}$$

则接收回波功率可写成

$$P_r = \frac{P_t G_t G_r \lambda^2 \sigma}{(4\pi)^3 R^4} \tag{6.1.8}$$

$$P_r = \frac{P_t A_t A_r \sigma}{4\pi \lambda^2 R^4} \tag{6.1.9}$$

单基地脉冲雷达收发通常共用天线，于是有 $G_t = G_r = G$，$A_t = A_r = A_e$。由式（6.1.8）或式（6.1.9）可看出，接收的回波功率 P_r 反比于目标斜距 R 的 4 次方，这是因为在一次雷达中，反射功率经过往返双倍的距离路程，能量衰减很大。

只有当接收到的功率 P_r 超过最小可检测信号功率 S_{imin} 时，雷达才能可靠地发现目标，而当 P_r 正好等于 S_{imin} 时，就可得到雷达检测该目标的最大作用距离 $R_{\max}$。因为超过这个距离，接收的信号功率 P_r 进一步减小，就不能可靠地检测到该目标。因此，它们的关系式可以表示为

$$P_r = S_{\mathrm{imin}} = \frac{P_t \sigma A_r^2}{4\pi \lambda^2 R_{\max}^4} = \frac{P_t G^2 \lambda^2 \sigma}{(4\pi)^3 R_{\max}^4} \tag{6.1.10}$$

$$R_{\max} = \left[\frac{P_t \sigma A_r^2}{4\pi \lambda^2 S_{\mathrm{imin}}} \right]^{1/4} \tag{6.1.11}$$

$$R_{\max} = \left[\frac{P_t G^2 \lambda^2 \sigma}{(4\pi)^3 S_{\mathrm{imin}}} \right]^{1/4} \tag{6.1.12}$$

式（6.1.11）和式（6.1.12）表明了作用距离 R_{max} 和雷达参数以及目标特性间的基本关系。

在式（6.1.11）中 R_{max} 与 $\lambda^{1/2}$ 成反比，而在式（6.1.12）中 R_{max} 却和 $\lambda^{1/2}$ 成正比，这是由于当天线面积不变、波长增加时，天线增益下降，导致作用距离减小；而当天线增益不变、波长增大时，要求的天线面积亦相应加大，有效面积增加，导致作用距离加大。

雷达的工作波长是整机的主要参数，它的选择将影响到诸如发射功率、接收灵敏度、天线尺寸、测量精度等众多因素。

雷达方程虽然给出了作用距离和各参数间的定量关系，但因未考虑设备的实际损耗和环境因素，而且方程中还有两个不可能准确预定的量——目标有效反射面积和最小可检测信号 S_{imin}，所以常被用来作为一个估算雷达作用距离的公式，以考察雷达各参数对作用距离影响的程度。

雷达总在噪声和其他干扰背景下检测目标，加上复杂目标的回波信号本身也是起伏的，所以接收机输出的是随机量，雷达作用距离也不是一个确定值，而是一个统计值。

6.2　雷达基本方程解析

本节介绍最大探测距离的一般方程，并对方程进行解析，以分析各种因素对探测距离的影响。

6.2.1　一般距离方程

如图 6.2.1 所示，当雷达天线波束照射到目标上时，任意积累时间内收到的目标能量 E 为

$$E \approx \frac{P_{avg} G \sigma A_e t_{int}}{(4\pi)^2 R^4} \qquad (6.2.1)$$

式中，P_{avg} 为平均发射功率；G 为天线增益；σ 为目标的雷达截面积；A_e 为天线有效面积；t_{int} 为积累时间；R 为距离。

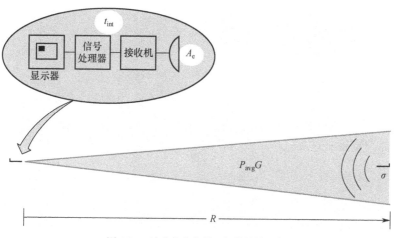

图 6.2.1　决定接收信号目标能量的因素

　　检测时，目标信号能量加上伴随的噪声能量应当超过确定的门限值。门限要比平均噪声电平高，从而将噪声过门限（虚警）的概率降到可以接受的水平。对于理想脉冲积累，探测到某一目标的最大距离就是接收的信号功率等于 $S_{\min}$ 时的距离。因此，令接收信号能量为 $S_{\min}$，求解其距离便可得到简单的最大探测距离方程为

$$R_{\max} \approx \left(\frac{P_{\mathrm{avg}} G \sigma A_{\mathrm{e}} t_{\mathrm{int}}}{(4\pi)^2 S_{\min}} \right)^{1/4} \tag{6.2.2}$$

　　该方程仅适用于天线连续地指向目标，而且目标位于天线主瓣中心的情形。尽管天线可以连续地指向目标，但 t_{int} 的大小取决于目标回波信号相位保持相参的时间。各个积累时间 t_{int} 结束时积累的噪声能量如图 6.2.2 所示。

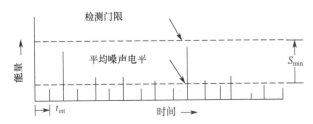

图 6.2.2　各个积累时间 t_{int} 结束时积累的噪声能量

　　雷达搜索目标时，最大积累时间受天线扫过目标的时间即目标驻留时间 t_{ot} 的限制，如图 6.2.3 所示，实际上天线完全对准目标仅仅是一刹那，此时 $t_{\mathrm{ot}} = t_{\mathrm{int}}$，于是单次搜索扫描对应的最大探测距离为

$$R_{\max} \approx \left(\frac{P_{\mathrm{avg}} G \sigma A_{\mathrm{e}} t_{\mathrm{ot}}}{(4\pi)^2 S_{\min}} \right)^{\frac{1}{4}} \tag{6.2.3}$$

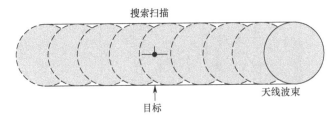

图 6.2.3　假设发射能量在天线波束横截面内均匀分布，且目标处于波束中心线上

　　如果用脉冲宽度 τ 替换 t_{ot}，用峰值功率 P 替换 P_{avg}，便得到利用单个脉冲得到的探测距离为

$$R_{\max} \approx \left(\frac{P G \sigma A_{\mathrm{e}} \tau}{(4\pi)^2 S_{\min}} \right)^{1/4} \tag{6.2.4}$$

1．未考虑的因素

不论使用上述哪种形式的雷达方程，表达式都是不完备的，其未考虑的因素主要包括如下几种。

（1）大气吸收和散射，如图 6.2.4 所示。

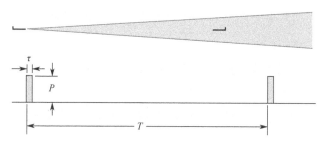

图 6.2.4　简单距离方程没有考虑的许多重要损耗之一是大气衰减

（2）扫描的天线波束未对准目标所造成的信号能量下降（仰角波束形状损失）。

（3）天线扫描过目标时，在偏离波束中心的角度上，天线增益变化将引起信号能量的进一步下降，这称为**方位波束形状损失**，如图 6.2.5 所示。

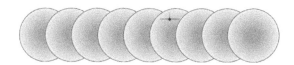

图 6.2.5　目标不在波束中心位置上，以及在偏离波束中心处天线双程增益的降低

（4）因中频滤波器匹配不理想，导致某些无用的噪声通过和/或某些信号被抑制所造成的损失，如图 6.2.6 所示。

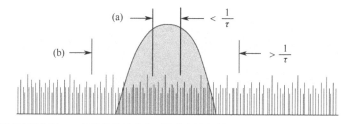

图 6.2.6　中频滤波器失配：(a)部分比伴随噪声强的信号被抑制；(b)部分比伴随信号强的噪声通过滤波器

（5）因目标没有对准多普勒滤波器引起的损失。

（6）由于目标回波积累不好引起的信噪比下降。

（7）外场系统退化的影响。

2．雷达方程的其他形式

略微改变一下雷达方程，用某些项来代替雷达方程中的几个因素，能很容易地看到这几个因素所起的作用。首先，因为 $S_{\min}$ 与平均噪声能量 kT_s 之间的关系十分复杂，如果不求解最大探测距离，而只求积累后的信噪比为 1 的距离，就可以用 kT_s 代替 $S_{\min}$，如图 6.2.7 所示；其次，因为天线增益与有效天线面积除以波长平方成正比（$G \propto A_\mathrm{e}/\lambda^2$），所以可以用 A_e/λ^2 代替 G，从而将与天线有关的各项归纳在一起，使得单次搜索扫描的距离方程就变为

$$R_0 \propto \left(\frac{P_\mathrm{avg} A_\mathrm{e}^2 \sigma t_\mathrm{ot}}{kT_2 \lambda^2}\right)^{1/4} \qquad (6.2.5)$$

式中，R_0 是积累后信噪比为 1 的距离；其他项的定义与前面相同。

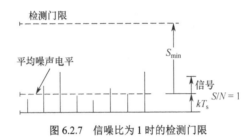

图 6.2.7　信噪比为 1 时的检测门限

6.2.2　雷达基本方程的运用

虽然雷达基本方程不够完备，但它还是揭示了雷达分系统与目标间的大量信息。它不仅说明了各种参数变化的影响，而且说明了雷达设计时必须采取的某些折中考虑。

1．平均功率

由雷达方程可知，发射功率增加若干倍，探测距离只能增加其 4 次方根倍。例如，如图 6.2.8 所示，发射功率增加 3 倍，探测距离只增加 32%，即 $R_2 = \sqrt[4]{3}R_1 \approx 1.32 R_1$。

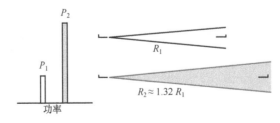

图 6.2.8　发射功率增加 3 倍，探测距离只增加 32%

2．噪声电平

降低背景噪声平均电平 kT_s 和增加平均功率的效果是相同的。例如，如果能够将噪声

降低 50%，所增加的探测距离与发射功率翻一番是相同的，即 20%左右，$R_2 = \sqrt[4]{2}R_1 \approx 1.19R_1$，如图 6.2.9 所示。

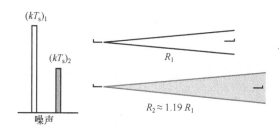

图 6.2.9　降低背景噪声对探测距离的影响与增加平均功率相同

3. 目标驻留时间

用雷达方程还可量化分析目标驻留时间或积累时间变化的影响。假定将天线扫描速度放慢，使目标驻留时间加倍。如果目标回波仍然可以积累，那么其作用与功率加倍是相同的，如图 6.2.10 所示。

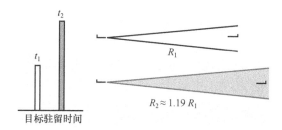

图 6.2.10　目标驻留时间加倍的作用与发射功率加倍相同

4. 雷达截面积

雷达方程还可进一步量化分析不同大小目标的探测距离之间的差异。例如，如果一部给定的雷达能探测 40km 处的一个目标，若目标姿态和反射率保持不变，那么它也能探测距离为 66km 处 RCS 大 4 倍的目标，$R_2 = \sqrt[4]{4}R_1 \approx 40 \times 1.41 \approx 66$，如图 6.2.11 所示。

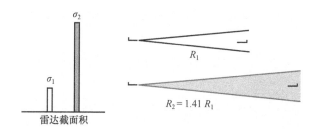

图 6.2.11　增加雷达截面积与按同一比例增加目标驻留时间的作用相同

5. 天线尺寸

同样，利用雷达方程也可以分析天线尺寸变化的影响。假定天线是圆形的，并且直径加大 1 倍，如果孔径效率不变，A 就增加到 2^2 倍（$A \propto d^2 \eta$）。此时，如果天线对准给定的目标，探测距离就可以增加 1 倍，$R_2 = ((2^2)^2 R_1)^{1/4} = 2R_1$，如图 6.2.12 所示。然而，由第 5 章的天线理论可知，天线直径加倍势必导致波束变窄到原来的一半。这样，就必须放慢天线扫描速度，以保证目标驻留时间不变，否则 t_{ot} 减少一半，探测距离就只能增加到 1.68 倍，$R_2 = \sqrt[4]{16 \times 0.5} R_1 \approx 1.68 R_1$。

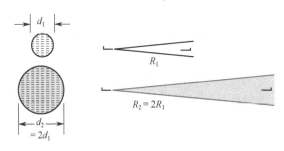

图 6.2.12　天线直径加大 1 倍使探测距离增加 1 倍

6. 波长

基于基本雷达方程可知，波长变化也会导致作用距离的变化，但是减小波长带来的收益很大程度上会被大气吸收的增加所抵消。这是雷达基本方程中未考虑的因素。例如，将波长从 3cm 降为 1cm 会增加 70% 的作用距离，即 $R_2 = \sqrt[4]{1/(1/3)^2} R_1 \approx 1.73 R_1$。然而，综合考虑大气衰减与波长的关系曲线，如图 6.2.13 所示，就会发现事实并非如此。因此，基于雷达基本方程开展波长变化对作用距离影响的量化分析时，存在较大的局限性。

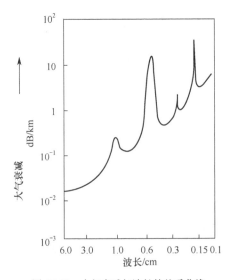

图 6.2.13　大气衰减与波长的关系曲线

与天线尺寸变化的情况相同，减小波长也会使波束变窄，$\theta_{3dB} \propto \lambda/d$。因此，在搜索目标时，如图 6.2.14 所示，为了使距离的增加不因 t_{ot} 的减小而抵消，必须放慢天线扫描的速度。

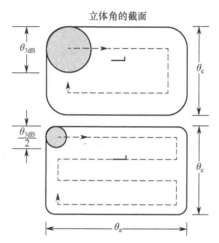

图 6.2.14　如果波束变窄，要保持目标驻留时间 t_{ot} 变小，就必须放慢天线扫描速度

6.2.3　空域搜索雷达方程

因为雷达基本方程的各种形式都没有考虑波长和天线尺寸变化对目标在波束内的驻留时间 t_{ot} 的影响，所以还不能阐述在给定时间内搜索指定空域的情况。对于空间搜索情况，常使用一种形式略为不同的方程。

为了使雷达基本方程适用于空域搜索情况，目标驻留时间 t_{ot} 必须用天线完成一帧搜索扫描的时间和该帧对应的立体角的大小来表示。扫描帧时间用 t_f 表示，立体角用覆盖这一帧的方位角 θ_A 和仰角 θ_E 的乘积表示。经过简单的推导，可得到雷达开展空域搜索时的各种基本关系。

假设在任一帧时间 t_f 内辐射的总能量等于 $P_{avg}t_f$。假定能量在整个立体角内是均匀分布的，那么被目标截获并向后散射到雷达的能量正比于如下两个因素：①目标的雷达截面积；②目标所在距离上要搜索的立体角对应的截面积 $R^2\theta_A\theta_E$，如图 6.2.15 所示。雷达天线截获的后向散射能量与 A_e 成比例，如图 6.2.16 所示。

因此，空域搜索时的简化距离方程可以写成

$$R_0 \propto \left(P_{avg}t_f \cdot \frac{\sigma}{\theta_A\theta_E} \cdot A_e \right)^{1/4} \tag{6.2.6}$$

式中，t_f 为帧时间；θ_A 为方位角扫描的范围；θ_E 为仰角扫描的范围；其余各项定义同前。

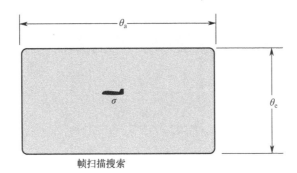

帧扫描搜索

图 6.2.15 帧扫描时间内，总后向散射能量与比值 $\sigma/(R^2\theta_A\theta_E)$ 成正比

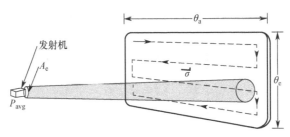

图 6.2.16 雷达天线截获的后向散射能量正比于天线有效面积与距离的平方之比

由于目标的雷达截面积无法控制，不考虑目标的雷达截面积起伏时，整理后可得

$$R_0 \propto \left(P_{\text{avg}} A_{\text{e}} \cdot \frac{t_{\text{f}}}{\theta_A \theta_E} \right)^{1/4} \tag{6.2.7}$$

由式（6.2.7）可以得到有关空域搜索探测距离的三个重要结论。

（1）波长对探测距离的影响，只能通过它对大气吸收、有用平均功率、孔径效率、环境噪声、目标方向性等因素的影响间接地体现出来。

（2）对于帧时间与搜索立体角的任何一种组合，给定目标的探测距离主要取决于功率孔径积 $P_{\text{avg}} A_{\text{e}}$，如图 6.2.17 所示。

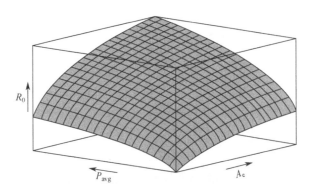

图 6.2.17 平均功率 P_{avg} 和有效孔径 A_{e} 与探测距离的关系

（3）帧时间与搜索立体角之比越大，探测距离越远。

实际中，帧时间可能受所要求的系统反应时间的限制——后者本身就是探测距离的函数。而且，空间角的大小又取决于目标可能的分布情况。因此，为了使空域搜索的探测距离最大，必须采用尽可能高的平均功率和尽可能大的天线。

然而，因为不仅背景噪声是不断起伏变化的，而且雷达截面积也是不断起伏变化的，因此即使雷达方程中包含了所有有关因素，也不能精确给出目标的距离。

6.3　最小可检测信号

雷达作用距离 R_{max} 是最小可检测信号 S_{imin} 的函数。在雷达接收机的输出端，微弱的回波信号总和噪声及其他干扰混杂在一起。由如图 6.3.1 所示的最小可检测信号与噪声间的关系可知，在一般情况下，噪声是限制微弱信号检测的基本因素。假如只有信号而没有噪声，任何微弱的信号理论上都是可以经过任意放大后被检测到的，因此雷达检测能力实质上取决于信号噪声比。为了计算最小检测信号 S_{imin}，首先必须确定雷达可靠检测时所必需的信号噪声比值。

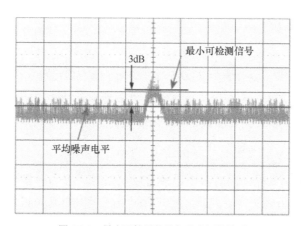

图 6.3.1　最小可检测信号与噪声间的关系

1. 最小可检测信噪比

根据雷达检测目标质量的要求，可确定所需要的最小输出信噪比，这时就得到最小可检测信号，即接收机灵敏度为

$$S_{imin} = kT_0 B_n F_n \left(\frac{S}{N}\right)_{omin} \qquad (6.3.1)$$

式中，k 为玻尔兹曼常数，$k = 1.38 \times 10^{-23} \text{J/K}$；$T_0$ 为热力学室温，$T_0 = 290\text{K}$；B_n 为中放带宽；F_n 为接收机噪声系数。对于简单的矩形脉冲波形，若其宽度为 τ，信号功率为 S，则接收信号能量 $E_r = S\tau$；噪声功率 N 和噪声功率谱密度 N_0 之间的关系为 $N = N_0 B_n$。一般情况下可认为 $B_n \approx 1/\tau$，可得到信号噪声功率比的表达式为

$$\frac{S}{N} = \frac{S}{N_0 B_n} = \frac{S\tau}{N_0} = \frac{E_r}{N_0} \tag{6.3.2}$$

因此，检测信号所需要的最小输出信噪比为

$$\left(\frac{S}{N}\right)_{\text{omin}} = \left(\frac{E_r}{N_0}\right)_{\text{omin}}$$

在早期的雷达中，常用各类显示器来观察和检测目标信号，所以称所需的最小输出信噪比 $(S/N)_{\text{omin}}$ 为**识别系数**或**可见度因子** M。多数现代雷达则采用建立在统计检测理论基础上的统计判决方法来实现信号检测，在这种情况下，检测目标信号所需的最小输出信噪比称为**检测因子** D_0（Detectability Factor）较合适，即

$$D_0 = \left(\frac{S}{N}\right)_{\text{omin}} = \left(\frac{E_r}{N_0}\right)_{\text{omin}} \tag{6.3.3}$$

D_0 是在接收机匹配滤波器输出端（检波器输入端）测量的信号噪声功率比值，即满足所需检测性能（以检测概率和虚警概率表征）时，在检波器输入端单个脉冲所需要达到的最小信号噪声功率比值。

用信号能量代替信号功率 $E_t = P_t \tau$，用检测因子 D_0 代替最小输出信噪比 $(S/N)_{\text{omin}}$，代入式（6.1.11）和式（6.1.12）得到雷达方程为

$$R_{\max} = \left(\frac{E_t G_t A_r \sigma}{(4\pi)^2 k T_0 F_n D_0 C_B L}\right)^{1/4} = \left(\frac{P_t \tau G_t G_r \sigma \lambda^2}{(4\pi)^3 k T_0 F_n D_0 C_B L}\right)^{1/4} \tag{6.3.4}$$

式中，C_B 为带宽校正因子，表示接收机带宽失配所带来的信噪比损失，匹配时 $C_B = 1$。L 表示雷达各部分损耗引入的损失系数。

使用由检测因子 D_0 和能量 E_t 表示的雷达方程时，有以下优点。

（1）当雷达在检测目标之前有多个脉冲可以积累时，因为积累可改善信噪比，所以此时检波器输入端的 D_0 值将下降。因此，可以表明雷达作用距离和脉冲积累数之间的简明关系，可以计算和绘制出标准曲线供查用。

（2）用能量表示的雷达方程适用于雷达使用各种复杂脉压信号的情况。只要知道脉冲功率及发射脉宽，就可以用来估算作用距离而不必考虑具体的波形参数。

2. 门限检测

接收机噪声通常是宽频带的高斯噪声，雷达检测微弱信号的能力受到与信号能量谱占有相同频带的噪声能量所限制。由于噪声的起伏特性，判断信号是否出现也成为一个统计问题，必须按照某种统计检测标准进行判断。

奈曼–皮尔逊准则在雷达信号检测中应用较广，这个准则要求在给定信噪比条件下，满足一定虚警概率 P_{fa} 时的发现概率 P_d 最大。接收检测系统首先在中频部分对单个脉冲信号进行匹配滤波，接着进行检波，通常是在 n 个脉冲积累后再检测，故先对检波后的 n 个脉

冲进行加权积累，然后将积累输出与某一门限电压进行比较，若输出包络超过门限，则认为目标存在，否则认为没有目标，这就是门限检测。

图 6.3.2 显示了信号加噪声的包络特性，它与 A 型显示器上一次扫描的图形相似。由于噪声的随机特性，接收机输出的包络出现起伏。A、B、C 表示信号加噪声的波形，检测时设置一个门限电平，如果包络电压超过门限值，就认为检测到一个目标。在 A 点信号较强，要检测目标是不困难的，但是在 B 点和 C 点，虽然目标回波的幅度是相同的，但在叠加噪声后，B 点的总幅度刚刚达到门限值，也可以检测到目标，而在 C 点时，由于噪声的影响，其合成振幅较小而不能超过门限，这时就会丢失目标。当然也可以用降低门限电平的办法来检测 C 点的信号或其他的弱回波信号，但降低门限后，只有噪声存在时，其尖峰超过门限电平的概率增大。噪声超过门限电平而误认为信号的事件称为**虚警**（虚假的警报）。

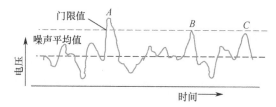

图 6.3.2　信号加噪声的包络特性

例如，如图 6.3.3 所示，当门限电平调整变化时，对应的检测结果也不同：①门限设置得太高，6 个真实的目标中漏检了 2 个，检测概率为 4/6 = 0.667；②门限设置为最佳，6 个真实的目标中检测出了 5 个，检测概率为 5/6 = 0.83，但是出现了 1 个虚警；③门限设置过低，出现了大量虚警；④门限自适应变化，虚警率恒定。

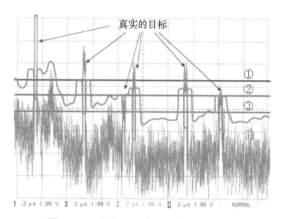

图 6.3.3　不同的门限电平对应的检测结果

因此，检测时门限电压的高低会影响到以下两种错误判断的概率大小：①当门限电压过高时，有信号而误判为没有信号（漏警）；②当门限电压过低时，只有噪声时误判为有信号（虚警）。因此，应根据事先确定的检测概率的大小来选择合适的门限。

门限检测是一种统计检测，因为信号叠加有噪声，所以总输出是一个随机量。在输出端根据输出振幅是否超过门限来判断有无目标存在，可能出现以下四种情况。

（1）存在目标时，判为有目标，这是一种正确判断，称为**发现**，它的概率称为**发现概率** P_d。

（2）存在目标时，判为无目标，这是错误判断，称为**漏报**，它的概率称为**漏报概率** P_{la}。

（3）不存在目标时，判为无目标，称为**正确不发现**，它的概率称为**正确不发现概率** P_{an}。

（4）不存在目标时，判为有目标，称为**虚警**，这也是一种错误判断，它的概率称为**虚警概率** P_{fa}。

显然，四种概率存在以下关系：

$$P_d + P_{la} = 1, \quad P_{an} + P_{fa} = 1 \tag{6.3.5}$$

每对概率只要知道其中之一即可。我们时常关注的是发现概率和虚警概率。

门限检测的过程可以用电子线路自动完成（通过一定的逻辑判断），也可以由操纵员观察显示器来完成（取决于操纵员的检测能力）。当由操纵员观察时，操纵员自觉不自觉地在调整门限，人在雷达检测过程中的作用与操纵员的责任心、熟悉程度以及当时的情况有关。例如，如果害怕漏报目标，就会有意地降低门限，这就意味着虚警概率的提高。在另一种情况下，如果操纵员担心虚报，自然就倾向于提高门限，这样就只能将比噪声大得多的信号指示为目标，从而丢失一些弱信号。操纵员在雷达检测过程中的能力，可以用试验的方法来决定，但这种试验只是概略的。

自适应调整的电子门限则不同，它避免了操纵员的人为影响，可以根据不同类型的噪声和杂波特性自动地调整门限电平，以做到恒虚警。目标是否存在是通过一定的逻辑判断来完成的。

3. 检测性能与信噪比

雷达的检测性能通常由其发现概率 P_d 和虚警概率 P_{fa} 来描述。P_d 越大，说明发现目标的可能性越大，与此同时希望 P_{fa} 的值不能超过允许值。接收机中放输出端的信噪比 $(S/N)_0 = D_0$ 直接与检测性能有关，如果求出了确定 P_d 和 P_{fa} 条件下所需的 $(S/N)_0 = D_0$ 值，就可求得最小可检测信号 S_{imin}，再代入雷达方程就可估算其作用距离。

虚警是指没有信号而仅有噪声时，噪声电平超过门限值被误认为信号的事件。噪声超过门限的概率称为**虚警概率**。显然，它和噪声统计特性、噪声功率及门限电压的大小密切相关。实际雷达所要求的虚警概率应该是很小的，因为虚警概率是噪声脉冲在脉冲宽度间隔时间（约为带宽的倒数）内超过门限的概率。例如，当接收机带宽为 1MHz 时，每秒差不多有 10^6 个噪声脉冲，如果要保证虚警时间大于 1s，则任一脉冲间隔的虚警概率必须低于 10^{-6}。

当虚警概率一定时，信噪比越大，发现概率就越大，也就是说，门限电平一定时，发现概率随信噪比的增大而增大。换句话说，如果信噪比一定，则虚警概率越小（门限电平越高），发现概率越小；虚警概率越大，发现概率越大。

实际工程计算时，检测概率 P_d 是检测到的目标与雷达屏幕上所有可能的光点的数量之比，即在给定方向上的所有可能目标；虚警率是每个脉冲重复周期内检测到的虚假目标数与距离单元数之比。虚警率取决于所有干扰的电平，如噪声、杂波或干扰。在雷达站点附近，固定杂波的影响高于噪声。在远距离处，噪声的影响更大。当通过使用较低的门限电平来提高远距离的检测概率时，近距离虚警率也会上升。

6.4 脉冲积累

6.4.1 脉冲积累对目标检测的影响

为了彻底了解信噪比与最大探测距离间的关系，必须深入了解实际的检测过程。假设有一个小目标从很远的地方向一部多普勒搜索雷达靠近。最初，目标回波极其微弱，以至于完全淹没在背景噪声中。初看起来，可能认为通过提高接收机增益就可将回波从噪声中提取出来。但是，接收机是将噪声和信号一起放大的，所以提高增益无济于事。

如图 6.4.1 所示，每次天线波束扫过目标时，波束都会在目标上驻留一段时间。在目标驻留期间，雷达都会接收到一串脉冲，如图 6.4.2 所示。雷达信号处理机中的多普勒滤波器可将包含在这个脉冲串中的能量累加起来。因此，滤波器输出的目标信号非常接近于天线波束照射目标期间所接收到的总能量。但是，这时在此滤波器中积累得到的噪声能量和信号能量混合在一起，无法区分。随着目标距离的减小，积累得到的信号强度增加，但噪声的平均强度基本保持不变。最后，如图 6.4.3 所示，目标信号会增强到足以超过噪声，从而被检测到。

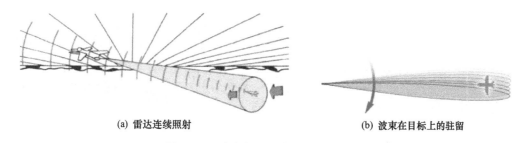

(a) 雷达连续照射　　　　　　　　　　　(b) 波束在目标上的驻留

图 6.4.1 天线波束扫过目标时在目标上驻留

在现代雷达中，信号的检测是自动完成的。每个积累周期的末尾，各个滤波器的输出电压送到各自的检测器。如果积累后的信号加噪声超过某一确定门限，检测器就判定有目标，同时在显示器上出现一个明亮的综合目标标志信号。反之，显示器上仍保持空白，如图 6.4.4 所示。

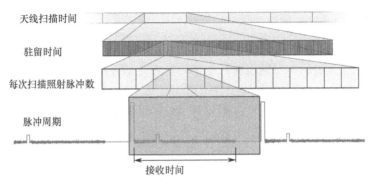

天线扫描时间

驻留时间

每次扫描照射脉冲数

脉冲周期

接收时间

图 6.4.2   天线波束扫过目标时雷达会收到一串脉冲

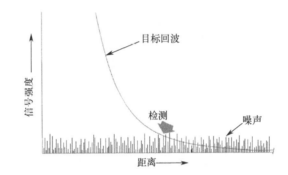

图 6.4.3   目标驻留期间收到的信号能量，距离靠近时信噪比随之增加

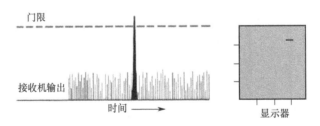

图 6.4.4   接收机输出过检测门限，显示器上就会出现目标标志信号

　　随机噪声偶尔也会超过门限，这时检测器就会错误地给出发现目标的报告，如图 6.4.5 所示，对应的就是虚警。产生虚警的机会就称为**虚警概率**。检测门限越高，虚警概率就越低，反之亦然。因此，门限的设置是至关重要的。如果门限太高，如图 6.4.6 所示，本来可以检测到的目标就可能无法发现。如果门限太低，则虚警太多。最佳设置电平应高于平均噪声电平一定的量，足以使虚警概率不超过允许值。平均噪声电平及系统增益可能在很大的范围内变化，因此需要连续监视雷达多普勒滤波器的输出，以保持最佳的门限设置状态。

　　一般情况下，每个检测器的门限是分别根据下面两项参数设置的：一是滤波器中可能产生的噪声，即"本地"噪声；二是所有滤波器的平均噪声电平，即"共有的"噪声电平。

一般情况下，本地噪声电平由该滤波器任意一侧一组滤波器的平均输出决定。因为这些滤波器的输出绝大部分是由噪声引起的，所以可以认为其平均值近似于夹在中间滤波器对应的噪声电平。

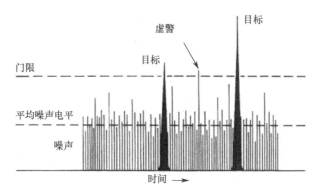

图 6.4.5　门限高出平均噪声电平越多，噪声过门限产生虚警的概率越低

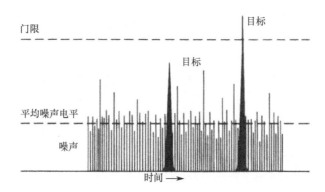

图 6.4.6　门限太高就会出现漏警

对每个滤波器，可以设置两个噪声检测门限来确定共有的噪声电平。该门限设置得远低于目标检测门限，使得噪声峰值超过该门限的数量大大多于目标回波。连续计算超过门限的峰值数并统计调整这两个门限之差，便可以确定整个系统的虚警率。

究竟怎样选取本地滤波器组的门限，怎样将这些门限的平均值与系统虚警率比较来获得门限加权，这随系统或工作模式的不同而不同。但是，需要尽可能地将门限设置得保持每个检测器的虚警率为最佳值。如果虚警率太大，就提高门限；如果虚警率太小，就降低门限。因此，自动检测器也称**恒虚警率**（Constant False Alarm Rate，CFAR）**检测器**。

相对于平均噪声设置的目标检测门限，设定门限值和平均噪声电平的比值，就确定了目标检测所必需的最小积累能量 S_{det}，如图 6.4.7 所示。但由于噪声能量是在其均值附近随机变化的，有时甚至当信号能量小于 S_{det} 时，信号加噪声也会超过门限；而在另一些场合，当信号能量大于 S_{det} 时，信号加噪声也不能达到这一门限。无论如何，可以将某一特定目标提供的积累能量视为 S_{det} 的距离，作为该目标在现有工作条件下的最大检测距离。

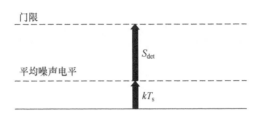

图 6.4.7 设定门限值和平均噪声电平的比值，就确定了目标检测所必需的最小积累能量 S_{det}

6.4.2 脉冲积累对探测距离的影响

尽管在信号能量表达式中已经蕴含了积累的作用，但往往还是会忽视积累对从噪声中提取远距离目标微弱信号的重要作用。为了观察噪声能量和信号能量是如何在窄带多普勒滤波器中积累的，用一部简单的雷达在给定距离和给定角度上观察目标。当天线对准预定的目标方向时，接收机打开一段时间。与此同时，在每个脉冲周期内存在目标的距离上，瞬时接通距离门，就会接收到回波。选通门将宽度等于一个脉冲宽度的接收机中频输出信号送到窄带滤波器，如图 6.4.8 所示，窄带滤波器调谐到目标的多普勒频率。

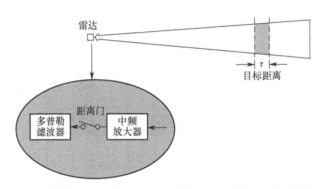

图 6.4.8 雷达在脉冲周期内接收到给定目标距离回波的时刻开关接通

1. 只有噪声时的单个积累周期

当距离门接通时，滤波器收到的只是一个噪声能量脉冲。如同大多数雷达一样，接收机中频放大器的通带宽度恰好使目标回波的大部分能量通过（相参积累）。因此，如图 6.4.9 所示，通过中频放大器并被分割成窄脉冲的噪声很像目标回波。从多普勒滤波器来看，其主要差别是目标回波脉冲的相位在脉间保持不变，而噪声脉冲的相位和幅度在脉间则是随机变化的。如图 6.4.10 所示，如果用许多相位矢量来表示噪声脉冲串，就可以清楚地看出相位变化情况。由于噪声相位的随机变化，积累后的噪声幅度仅为各个噪声脉冲幅度之和的几分之一。

这里滤波器的作用是通过将相继脉冲的能量积累起来以进一步减小接收机的通带。实质上，滤波器的作用是将这些相位矢量相加。当只存在噪声时，由于噪声脉冲相位的随机性，这些脉冲大部分被抵消。

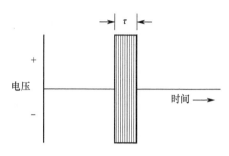

图 6.4.9　噪声脉冲通过中频放大器后变得非常窄，与目标回波很像

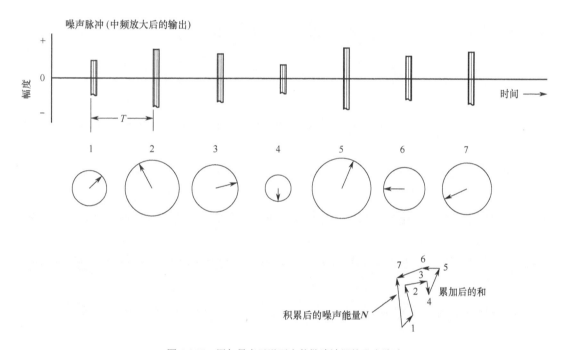

图 6.4.10　用矢量表示送至多普勒滤波器的噪声脉冲

假定积累周期对应于单次目标驻留时间，则在积累周期结束时，积累后的噪声能量 N 的幅度与单个噪声脉冲的幅度相差不是很多，仅为各个脉冲的幅度之和的几分之一。

2．只有噪声时的多个积累周期

多次重复上述试验，每次重复对应于单次目标驻留时间。可以预料，由于噪声的随机性，滤波器中积累的噪声能量 N 的幅度和相位在各次目标驻留时间之间的变化很大。因为积累是在检波前进行的，所以称为**检波前积累**。如图 6.4.11 所示，在每次目标驻留时间结束时，所积累的能量幅度被检波，产生一个与此幅度成正比的电压。

图 6.4.12 所示为连续照射时的视频输出，可以看出，在许许多多的积累周期上，噪声积累的幅度围绕着平均值随机变化，虽然图中没有画出相位变化，但也是随机的。

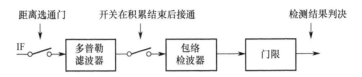

图 6.4.11　每个积累周期结束时，即目标驻留时间结束时，将滤波器积累的能量送到检测器

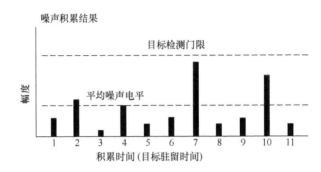

图 6.4.12　目标驻留时间结束时幅度检波器输出的积累信号波形

3. 只有目标信号的情况

现在重复做上述试验，不过这次有目标而没有噪声。每次距离门接通时，滤波器就收到来自目标的一个脉冲能量。这些脉冲与噪声不同，它们具有相同的相位。如图 6.4.13 所示，这些脉冲经滤波器处理后就被有效地加起来了。因为各脉冲的相位相同，所以积累的信号幅度比单个脉冲信号的幅度大许多倍。每个积累周期结束时，和信号即积累后的信号的幅度非常接近于各个脉冲信号幅度的总和。

4. 信号和噪声同时积累

最后在既有目标信号又有噪声的条件下，重复若干上述试验。尽管信号与噪声无法区分地混合在一起，从而是同时积累的，但按以下思路考虑，就会使问题变得清晰明了：信号与噪声先分别积累，然后在波束照射的末尾 S 和 N 再进行矢量相加。当然，矢量和的幅度不仅取决于 S 和 N 的幅度，也取决于两者间的相位关系。如果噪声与信号同相，这两个矢量相加的结果就是同相相加；如果噪声与信号相位相差 180°，结果就是完全相减；还可以是介于这两者之间的任意一种方式，如图 6.4.14 所示。因此，在任意一个目标驻留时间内，滤波器中积累的能量都等于积累后信号 S 的幅度加上或减去积累后噪声 N 的一部分。

5. 信噪比的改善

由此，积累是如何改善信噪比的原理就非常清楚了。虽然滤波器积累的噪声能量在各个积累周期内变化很大，但是噪声能量的平均电平实际上与积累时间无关。另一方面，对于积累的信号能量，目标回波的增加与积累时间成正比。因此，增加积累时间，就能显著提高信噪比。例如，单个目标回波的能量可能只有单个噪声脉冲能量的千分之一，但一万个信号脉冲积累起来，信号就可能比噪声大得多。

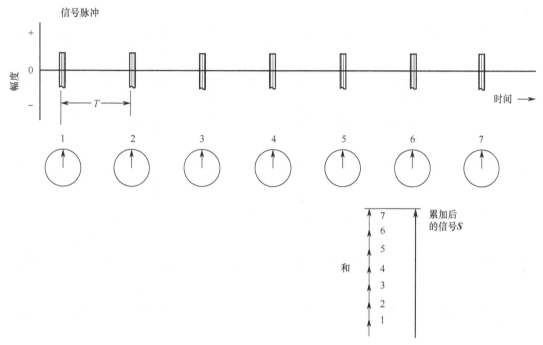

图 6.4.13 加到多普勒滤波器上的信号脉冲矢量

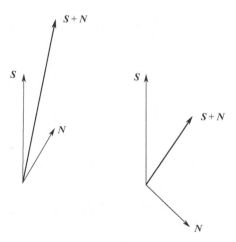

图 6.4.14 信号加噪声在积累后，其幅度因 **S** 和 **N** 的幅度与相位的不同而变化很大

实际上，如图 6.4.15 所示，用检波前积累改善信噪比仅受三个条件的限制：①目标驻留时间 t_{ot} 的长短；②最大实际积累时间 t_{int}，（如果它比 t_{ot} 小的话）；③目标回波的多普勒频率保持相同值的时间，以便滤波器能进行相关处理。当然，信噪比改善越大，就能检测更微弱的目标回波，因而探测距离就越远。

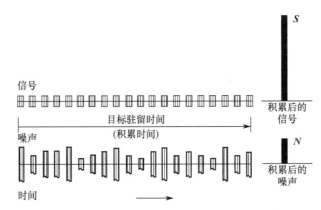

图 6.4.15　如果目标回波保持相关，信噪比的改善最终就只受目标驻留时间限制

6.4.3　检波后积累

有时，实际的最大积累时间比目标驻留时间短得多。例如，所要检测目标多普勒频率可能变化很快。由于滤波器的通带宽度与积累时间成反比，即带宽 $\approx 1/t_{int}$，这时如果使 t_{int} 等于 t_{ot} 就会使通带太窄，以至于远在目标驻留时间结束之前信号就越出该滤波器的通带，如图 6.4.16 所示，如果滤波器积累时间等于 t_{int}，目标就可能在积累结束前越出滤波器通带。

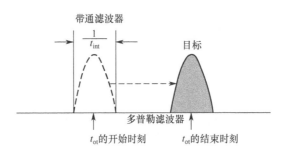

图 6.4.16　目标多普勒频率在 t_{ot} 期间迅速变化的情况

在这种情况下，为了避免丢失信号，可以缩短多普勒滤波器的积累时间，给出足够的带宽，从而在整个目标驻留时间内重复进行积累和视频检波，如图 6.4.17 所示，将相继积累周期的视频输出相加，然后将和信号送到门限检测器。第二种积累过程与非多普勒雷达中所使用的积累基本相同。因为是在视频检波后进行的，所以称为**检波后积累**（Post Detection Integration，PDI）。

一旦多普勒滤波器的输出，或者非多普勒雷达中的中频放大器的输出，被转换为单极性视频信号，噪声就不能在积累时抵消了。与此相反，在整个积累时间内噪声与信号是以完全相同的方式增大的。因此 PDI 不能增加平均信噪比。尽管如此，PDI 还是能使检测灵敏度得到等效改善。为了分析其原因，有必要进一步研究 PDI。

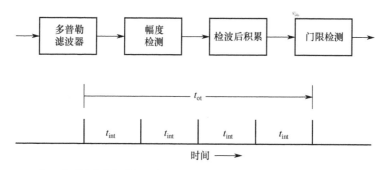

图 6.4.17　将 t_{ot} 分成许多较短的积累段，以便有合适的多普勒带宽，并将各段输出加在一起

事实上，PDI 不过是取平均，其作用恰如视频信号通过一个低通滤波器。将视频信号视为由一个幅度相应于信号平均电平的恒定直流分量加上一个起伏的交流分量组成，PDI 的作用就非常形象化了。

直流分量的幅度不因平均而改变，而交流分量的幅度却降低了。起伏的频率越高，积累的时间越长，也就是被平均的输入样本越多，起伏分量降低得也越多。平均从两个重要方面提高了检测灵敏度。

首先，它降低了积累后的噪声能量的平均偏差，如图 6.4.18 所示，目标检测门限可以在不增加虚警概率的前提下更接近于平均噪声电平。积累后的信号不需要很大也能超过门限。因此，更远距离目标的微弱信号也能检测出来。

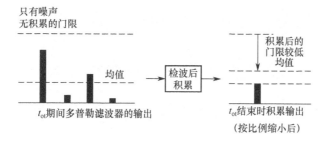

图 6.4.18　对 t_{ot} 期间各多普勒滤波器的输出噪声进行平均的结果

平均获得的第二种改善要微妙得多。在接收目标回波时，积累后的信号和积累后的噪声是矢量相加的。因为噪声的随机性，它与信号的相位经常不一致，所以相加的结果常会减小。但是，如果对积累后的信号加噪声做多个积累周期的平均，由噪声引起的起伏就趋于抵消，这样就只剩下信号。因此，噪声引起的可检测信号的丢失概率也大大降低了。

两者结合起来，PDI 实际上能够降低检测目标所需要的信号噪声比。如图 6.4.19 所示，在极端情况下，噪声和信号加噪声的起伏可以降低到平均信号噪声比小于 1 时也能检测信号。有时用 "n 中取 m" 的检测准则来达到近似检波后积累的等效效果。如果目标驻留时间内分为 n 个检波前积累周期，那么信号处理机就要求在每个目标驻留时间内有 m 次过门限作为检测条件,而不是每个驻留时间内有一次过门限,如图 6.4.20 所示。独立的噪声峰值引起虚警的机会因此降低。于是,在不增加虚警概率的条件下可以降低检测门限,从而能够检测更远距离的目标。

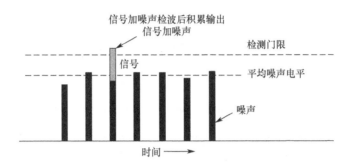

图 6.4.19　PDI 的两种作用使得平均信噪比小于 1 时也能将信号检测出来

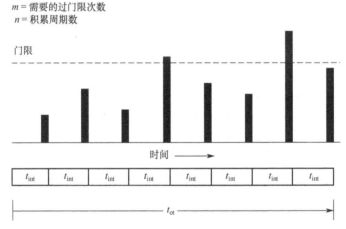

图 6.4.20　使用"n 中取 m"检测准则有时可以得到与 PDI 等效的结果,图中 $m = 2$,$n = 8$

6.5　检测概率

由于随机性,检测距离受热背景噪声限制的雷达对目标的检测性能通常用概率表示。搜索时,最常用的概率是尖头扫描比 P_d。在图 6.5.1 中,这是天线波束扫过指定距离的给定目标时雷达能发现它的概率。P_d 也称**单次扫描检测概率**。要求的检测概率越高,探测距离就越近。

用字母 R 表示距离,用数字下标表示检测概率。例如,R_{50} 表示检测概率为 50%的距离,R_{90} 表示检测概率为 90%的距离等。怎样求出这个距离呢?例如,要求出检测概率为60%的距离,有五个基本步骤:①确定允许的系统虚警;②计算各个门限检测器的对应虚警概率值;③根据噪声统计特性,求出保证其虚警概率的门限;④确定信号加噪声超过门限的概率为指定值(本例中是 60%)所需的积累后信噪比平均值;⑤计算信噪比为上述平均值的距离。在本例中,距离就是 R_{60}。

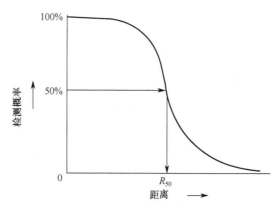

图 6.5.1　在天线某一次扫描中对指定距离上给定目标的检测概率

以下几节简要地说明这些步骤。

6.5.1　确定允许的虚警率

雷达显示器上出现虚警的平均速率称为**虚警率**（False Alarm Rate，FAR），也就是单位时间的虚警数。虚警之间的平均时间称为**虚警时间** t_{fa}。显然，虚警时间是虚警率的倒数：

$$t_{fs} = \frac{1}{FAR} \tag{6.5.1}$$

如果几个小时才发生一次虚警，雷达操纵员可能根本不会注意到，而虚警时间的量级为秒时就可能使雷达失效，如图 6.5.2 所示。允许的虚警时间究竟是多少，取决于雷达的用途。因为提高检测门限会降低最大探测距离，所以在要求作用距离较远的场合，常将虚警时间取得与雷达正常工作的必需值差不多。例如，对于战斗机雷达，一分钟左右的虚警时间通常是允许的。

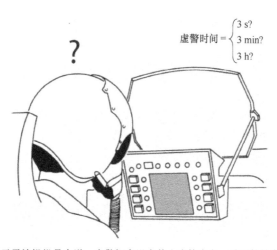

图 6.5.2　对于雷达操纵员来说，虚警概率没有什么直接意义，重要的是虚警时间间隔

6.5.2 计算虚警概率

平均虚警时间与雷达门限检测器的虚警概率有以下关系：

$$t_{fa} = \frac{t_{int}}{P_{fa}N} \qquad (6.5.2)$$

式中，t_{fa} 为系统的平均虚警间隔时间；t_{int} 为雷达多普勒滤波器（加上 PDI）的积累时间；P_{fa} 为单个门限检测器的虚警概率；N 为门限检测器的个数。

通常为每个可分辨距离单元提供一组多普勒滤波器，每个滤波器都有一个门限。用距离门数 N_{RG} 与每个滤波器组的多普勒滤波器数 N_{DF} 的乘积代替方程中的 N，求出 P_{fa} 为

$$P_{fa} = \frac{1}{t_{fa}N_{RG}N_{DF}} \qquad (6.5.3)$$

例如，假定滤波器的积累时间 t_{int} 为 0.01s，雷达有 200 个距离门，每个门带一组 512 个多普勒滤波器，如图 6.5.3 所示。为了使虚警时间不大于 90s，就必须设置每个检测器的门限，使其虚警概率约为 10^{-3}。

虚警计算

问题

求雷达门限检测器的虚警概率，使系统虚警时间不大于 90s

条件

滤波器的积累时间 $t_{int} = 0.01s$

距离门数 $N_{RG} = 200$

每组的滤波器数 $N_{DF} = 512$

计算

$$P_{fa} = \frac{t_{int}}{t_{fa}N_{RG}N_{DF}}$$

$$P_{fa} = \frac{0.01}{90 \times 200 \times 512} \approx 1.09 \times 10^{-9}$$

图 6.5.3　虚警概率的计算，该虚警概率将系统虚警间隔限制在 90s

6.5.3 设置检测门限

因为噪声超过目标检测门限的概率取决于所设置门限与平均噪声电平的相对关系，所以门限越高，超过门限的概率就越低。究竟应将门限设置得多高才能使 P_{fa} 不致超过规定值呢？这当然取决于噪声的统计特性。因为热噪声的特性是已知的，且在各种情况下基本相同，所以按给定虚警率要求设置门限是比较简单的。通常噪声统计特性用概率密度曲线表示，如图 6.5.4 所示，平均噪声功率为 $\sigma^2 = kT_sB$，其中 kT_s 是积累的噪声能量，B 是滤波器的带宽，即 $1/t_{int}$。曲线表示的是任一时刻窄带滤波器输出噪声的幅度为某一给定值的概率。

噪声超过检测门限 V_T 的概率等于 V_T 右边曲线下方的面积与曲线下方的总面积之比，根

据定义后者应为 1，因为它包括了所有可能出现的幅度。显然，这个概率就是虚警概率 P_{fa}。图 6.5.5 所示为 V_{T} 右边热噪声曲线下的面积与 V_{T} 的关系。利用这样的曲线，可以很方便地求出给定虚警概率 P_{fa} 所需的门限值。

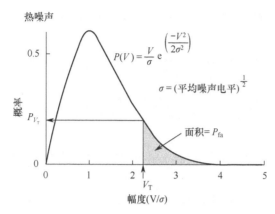

图 6.5.4　窄带滤波器输出的热噪声的概率密度曲线

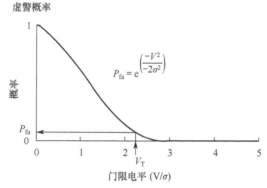

图 6.5.5　门限电压 V_{T} 右边概率密度曲线下的面积与曲线下的总面积之比为虚警概率

6.5.4　确定所需的信噪比

用相似的办法可以确定目标信号加噪声超过门限的概率。图 6.5.6 是对典型信噪比的滤波器输出所画的概率密度曲线以及重复了只有噪声时的概率密度曲线。如同只有噪声时的 P_{fa} 一样，V_{T} 右边信号加噪声概率密度曲线下方的面积就是检测概率 P_{d}。注意，提高门限 V_{T}，就会降低 P_{fa}，同时也会降低 P_{d}。

然而，由于目标的雷达截面积变化所引起的信号起伏与噪声起伏不同，它不具有简单通用的特性，而随不同的目标和不同的工作状态而改变。不过，从统计的观点来看，可以十分准确地用一些标准数学模型来近似描述具有共同特性的各种目标的雷达截面积。对多种数学模型计算出虚警概率为不同值时的门限与所需检测概率的信噪比的关系后，在不知具体雷达截面积或不需要精确计算的情况下，就可利用这些关系曲线很容易找出所需的信噪比。

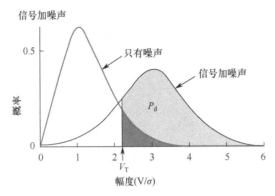

图 6.5.6 不同信号噪声比时滤波器输出的概率密度曲线

常用的一组曲线是根据斯威林的研究绘制的。图 6.5.7 显示了斯威林 I 型/II 型目标检测概率与所需信噪比间的关系。它们适用于不同的目标起伏情况，如图 6.5.8 所示。I 型和 II 型假设目标由许多独立的散射体组成，这类目标是很大（与波长相比）的复杂目标，如飞机等；III 型和 IV 型假设目标由一个大散射体加上许多独立的小散射体组成，是一个形状简单的小目标。I 型和 III 型假设雷达截面积只在相邻扫描周期之间有起伏，而 II 型和 IV 型则假设它在脉冲之间有起伏（目标起伏模型具体见 6.6 节）。

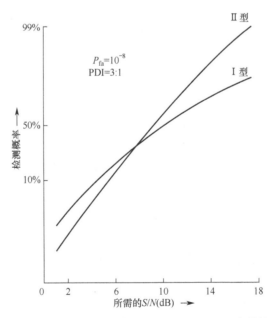

图 6.5.7 斯威林 I 型/II 型目标检测概率与所需信噪比间的关系

利用这些曲线，对任何指定的虚警率几乎都能求出满足任一预期发现概率所需的积累后的信噪比。除了概率非常高或者非常低（难以用简单模型描绘）的情况，这些曲线都是极为有用的。

起伏类型	起伏		散射体
	扫描间	脉冲间	
I	×		许多独立散射体
II		×	
III	×		一个大散射体
IV		×	

图 6.5.8　斯威林模型适用的四种情况

6.5.5　计算距离

求出预期发现概率所需的积累后的信噪比后，就能用前面推导的 R_0 方程计算出达到该信噪比的距离。为此，将方程中的噪声 kT_s 乘以所需的信噪比，得到

$$R_{P_d} = \left(\frac{P_{\text{avg}} A_e^2 \sigma t_{\text{ot}}}{(4\pi)^2 (S/N)_{\text{req}} kT_s \lambda^2} \right)^{1/4} \tag{6.5.4}$$

式中，R_{P_d} 就是发现概率为 P_d 的距离，$(S/N)_{\text{req}}$ 是所需信噪比。

6.5.6　累积检测概率

为了考虑目标接近速度的影响，探测距离常用累积检测概率来表示，即向雷达站接近的目标在到达某一确定距离之前，至少被检测到一次的概率。累积检测概率 P_c 与单次扫描检测概率 P_d 的关系为

$$P_c = 1 - (1 - P_d)^n \tag{6.5.5}$$

式中，n 是扫描次数。$1 - P_d$ 是某次扫描中没有发现目标的概率，其 n 次幂 $(1 - P_d)^n$ 是在连续 n 次扫描中没有发现目标的概率。$1 - (1 - P_d)^n$ 就是 n 次扫描中至少发现一次的概率。

例如，如果 $P_d = 0.3$，在一次扫描中不发现的概率就是 $1 - 0.3 = 0.7$。10 次扫描中不发现的概率是 $0.7^{10} = 0.03$，因此 10 次扫描至少发现一次的概率是 $1 - 0.03 = 0.97$。但是，确定实际的概率未必这样简单。随着目标向站飞行，P_d 增加，而且与目标雷达截面积（也就是信号）变化的快慢有很大关系。如果其变化速度很快，使得在两次扫描之间实际上是随机变化的，那么经过若干扫描周期后这些变化就趋于互相抵消。对某个距离来说，如果 P_d 值适中，P_c 就会很快趋近 100%。另一方面，如果雷达截面积在扫描之间几乎不变，而且目标恰巧处于深衰落区，那么对同样距离的累积检测概率可能很低。

6.6　目标的有效截面积

如果将一个目标视为由大量单个散射体组成，如图 6.6.1 所示，就容易理解目标起伏的原因。这些散射体在雷达方向的散射能量相加或者相消的程度，取决于它们的相对相位。如果不同散射点的回波信号相位大致相同，后向辐射就通过相加得到很大的和信号。如果

相位不同，和信号就可能较小。相对相位由各反射体与雷达之间的瞬时距离（以波长为单位）决定。因为是往返传播，1/4 波长的距离差将产生 180°的相位差。

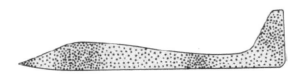

图 6.6.1 一个目标可视为无数个小反射体，其回波叠加结果由相对相位关系决定

因为波长可能很短，所以目标姿态的微小变化甚至振动都会造成目标回波像星光一样闪烁（就像从海平面上观测低仰角的一颗星星的谱线那样）。从不同方向观察时，许多目标的结构完全不同，所以如图 6.6.2 所示，较大的姿态变化会造成回波信号很强的峰值或者很深的衰落。在一段时间内，这种变化一般会平均掉。然而，如果雷达载机沿着一条使目标相对姿态保持不变的航线接近目标，峰值或衰落就会保持一段时间。

图 6.6.2 典型目标雷达截面积 σ 的极坐标图，它随目标姿态变化很大

事实上，全天候歼击机刚出现时，飞行员就经常抱怨当他们以有利的飞行姿态捕捉到目标且在远距离上锁定目标后，在转入固定姿态攻击航线时却失锁了。这是因为目标刚巧处于深衰落区。因为不了解这种目标起伏现象，他们以为雷达发生了故障。因为各个散射点回波的相对相位取决于波长，出现衰落的目标姿态角通常对不同的波长会稍有不同。因此，解决目标起伏的方法就是在几种频率之间周期性地进行切换，这种方法称为**频率分集**。

6.6.1 截面积的定义

由式（6.1.3）可知，雷达截面积为 σ 的"点"目标散射的总功率为 $P_2 = S_1 \sigma$。P_2 为目标散射的总功率，S_1 为照射的功率密度。因此，σ 又可表示为 $\sigma = P_2 / S_1$。由于二次辐射，在雷达接收点处单位立体角内的散射功率 P_Δ 为

$$P_\Delta = \frac{P_2}{4\pi} = S_1 \frac{\sigma}{4\pi} \tag{6.6.1}$$

据此，又可将雷达截面积 σ 定义为

$$\sigma = 4\pi \cdot \frac{\text{返回接收机的单位立体角内的回波功率}}{\text{入射功率密度}} \tag{6.6.2}$$

σ 的物理意义是在远场条件（平面波照射的条件）下，目标处的单位入射功率密度在接收机处的单位立体角内产生的反射功率乘以 4π。

目标的 RCS 依赖于目标的尺寸、形状、组成以及它相对于入射波的到达方向和极化的取向。RCS 本身可用合理设计的测试设备测量，或者用几种分析技术的任何一种估算。

简单散射特征的 RCS 例子包括球体和平板、单曲结构和双曲结构。实际目标的外形复杂，它的后向散射特性是各部分散射的矢量合成，因而不同的照射方向有不同的雷达截面积值。飞机、舰艇、地物等复杂目标的雷达截面积是视角和工作波长的复杂函数。图 6.6.3 所示为 B-26 飞机在 3GHz 的雷达截面积。尺寸大的复杂反射体常常可以近似分解成许多独立的散射体，每个独立散射体的尺寸仍处于光学区，各部分没有相互作用，在这样的条件下，雷达总截面积就是各部分截面积的矢量和。

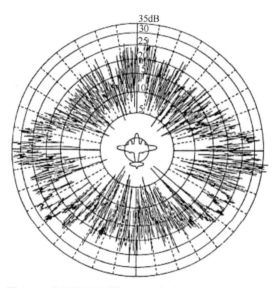

图 6.6.3　实验测量得到的 B-26 飞机在 3GHz 的雷达截面积

当雷达工作时，精确的目标姿态及视角通常是不知道的，因为目标运动时视角随时间变化。因此，最好用统计的概念来描述雷达截面积，所用的统计模型应尽量和实际目标雷达截面积的分布规律相同。

（1）大型飞机截面积的概率分布接近瑞利分布，当然也有例外，小型飞机和各种飞机侧面截面积的分布与瑞利分布差别较大。

（2）导弹和卫星的表面结构比飞机的简单，它们的截面积处于简单几何形状与复杂目标之间，这类目标截面积的分布比较接近对数正态分布。

（3）船舶是复杂目标，它与空中目标的不同之处是海浪对电磁波反射产生多径效应，雷达所能接收到的功率与天线高度有关，因此目标截面积也与天线高度有一定的关系。在多数场合，船舶截面积的概率分布比较接近对数正态分布。

图 6.6.4 所示投影面积为 $1m^2$ 的金属球体是雷达横截面积的参考。如图 6.6.5 所示，球体目标的 RCS 为 $\sigma = \pi r^2$；对于圆柱体，RCS 最大为 $\sigma_{max} = \dfrac{2\pi r h^2}{\lambda}$；对于简单平板的镜面反射，RCS 最大为 $\sigma_{max} = \dfrac{2\pi b^2 h^2}{\lambda^2}$；对于斜板，由于其形成的反射未返回接收天线处，其 RCS 最小为 $\sigma_{min} = 0$。

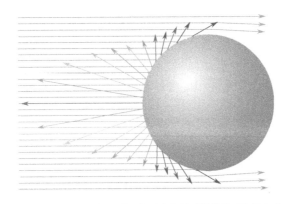

图 6.6.4　投影面积为 $1m^2$ 的金属球体是雷达横截面积的参考

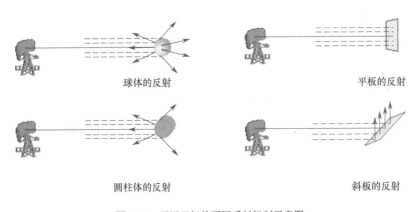

图 6.6.5　不同目标的不同反射机制示意图

图 6.6.6 给出了球体雷达横截面积的不同区域。当 $\dfrac{2\pi r}{\lambda} > 10$ 时，目标 RCS 处于光学区，即远场目标，在该区域中球体的雷达截面积与频率无关。球体的反射面积等于以球体为半径的圆的面积：

$$\sigma = \pi r^2 \tag{6.6.3}$$

在振荡区，雷达横截面积主要是由 $2\pi r$ 所在区域的爬行波造成的。雷达横截面积的最大值（A 点）是使用光学区雷达横截面积的 4 倍，最小值（B 点）是光学区雷达横截面积的 0.26 倍。假设球体的直径为 1m，则干涉现象将发生在 950MHz 的频率上，因此可以给出任何频率高于 950MHz 的 RCS 预测结果。球面反射区的大小小于信号波长，处于瑞利散射区，雷达截面积计算公式为

$$\sigma = 7.11\pi r^2 \left(\frac{2\pi r}{\lambda}\right)^4 \tag{6.6.4}$$

瑞利散射是气象雷达目标探测时的典型应用。而在防空和空中交通管制雷达中，在 L 频段的低端，目标仍考虑在振荡区内。当频率大于 1GHz 时，主要在光学区。

如图 6.6.7 所示，在振荡区干涉信号中，第一部分能量是球体中心直接反射的能量，但在反射过程中会发生 180° 的相位突变；第二部分由爬行波产生，出现在球体表面的连续衍射中。根据球体的直径，这种爬行波必须绕道而行。两个分量在图 6.6.6 对应的局部最大值中同相相加，而在局部最小值中相消。

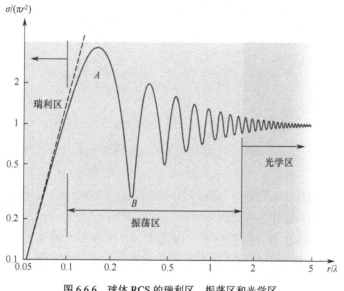

图 6.6.6 球体 RCS 的瑞利区、振荡区和光学区

为简化起见，假设爬行波直接在球面上爬行，于是可以根据图 6.6.7 所示的圆直径和半周长之和计算爬行路径。因此，当返回路径等于半波长时，出现第一个最小值，并且因为返回路径的时间延迟（如反射中的相位突变）引起的相移也是 180°，所以得到的局部最大值和最小值出现在等于半波长的偶数倍和奇数倍的返回距离处。因为球周长与爬行波路径间的距离差很小，所以可以使用 $2\pi r$ 近似代替 $(2 + \pi)r$。

例如，俄罗斯经典的 VHF 雷达工作频率为 145～175MHz，对应的波长为 1.7～2.1m。机身周长为 2.5～4m 的战斗机几何尺寸，对应于图 6.6.6 中显示的第二个最大值的位置（B 点上方）。

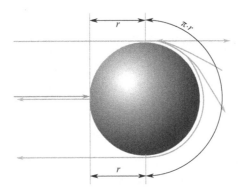

图 6.6.7　爬行波与直接反射波间的时间延迟计算

6.6.2　目标起伏模型

如图 6.6.8 所示，当飞机向前运动时，飞机的 RCS 会发生变化。雷达波束指向角的时变特性引起目标回波的幅度和相位变化，进而导致雷达天线处接收场强的剧烈起伏。

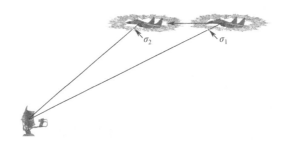

图 6.6.8　目标视角变化引起的 RCS 变化

为了描述目标起伏变化的特性，美国数学家 Peter Swerling 于 1954 年引入了用于描述具有复杂物体外形表面的雷达截面积统计特性的斯威林（Swerling 的音译）模型。根据斯威林模型，反射体的 RCS 基于具有特定自由度的卡方概率密度函数。有五种不同的斯威林模型，用罗马数字 I～V 编号，这些模型在雷达技术理论中特别重要。

如图 6.6.9 所示，斯威林 I 型和 II 型目标都由多个相同大小的各向同性反射体组成，这些反射体分布在一个表面上。同一目标从另一个角度观察［见图 6.6.9(b)］，由于反射体间距离的变化，得到的干涉结果同时发生变化。

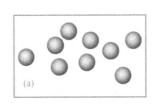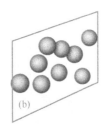

图 6.6.9　斯威林 I 型和 II 型目标：目标由多个相同大小的各向同性反射体组成，这些反射体分布在一个表面上

基于目标散射特性开展雷达目标识别的研究，就是在目标的起伏变化中找到不变性，或者找到相对不变性，即统计特性。

1. 斯威林 I 型

这种情况描述的目标特性是，其后向散射信号的幅度在天线波束驻留时间内是常数。它随有两个自由度（$m=1$）的卡方概率密度函数变化。雷达截面积从脉冲到脉冲是恒定的，但在不同扫描周期间是独立的。RCS 的概率密度由瑞利函数给出：

$$P(\sigma)=\frac{1}{\bar{\sigma}}\exp\left(-\frac{\sigma}{\bar{\sigma}}\right) \qquad (6.6.5)$$

式中，$\bar{\sigma}$ 为反射物体所有 RCS 值的算术平均值。

2. 斯威林 II 型

斯威林 II 型目标与斯威林 I 型目标相似，都使用相同的概率密度函数，不同之处是 RCS 值变化更快，且随脉冲的不同而变化。

斯威林 I 和 II 型适用于由许多面积大致相等的独立散射体组成的目标，如图 6.6.10 所示的飞机。然而，在斯威林 II 型中，雷达监视天线波束不做旋转扫描，而聚焦在目标上。

图 6.6.10　典型斯威林 I 型和 II 型目标

3. 斯威林 III 型

如图 6.6.11 所示，斯威林 III 和 IV 型目标的主要各向同性反射体是由多个小型反射体叠加而成的。斯威林 III 和 IV 型目标是用一个大的主散射体和多个其他的小散射体来近似的。图 6.6.12 所示的船舶可能就是这种情况。斯威林在其著作中表明，目标起伏损失主要取决于检测概率，而与虚警概率的相关性较小。

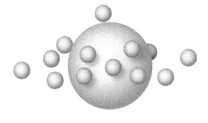

图 6.6.11　斯威林 III 和 IV 型目标由一个大的主散射体和多个其他的小散射体来近似

斯威林 III 型描述的目标也在雷达天线扫描间起伏，回波信号幅度在脉冲间是常数，与斯威林 I 型的类似，但有 4 个自由度（$m=2$）。RCS 在扫描间起伏的概率密度为

$$P(\sigma) = \frac{4\sigma}{\bar{\sigma}^2} \exp\left(-\frac{2\sigma}{\bar{\sigma}}\right) \quad\quad （6.6.6）$$

图 6.6.12　典型斯威林 III 和 IV 型目标

4. 斯威林 IV 型

斯威林 IV 型目标与斯威林 III 型目标相似，但 RCS 随脉冲变化而变化，而不随天线波束扫描周期变化而变化，与斯威林 III 型目标服从相同的分布。

跟踪雷达的最大理论跟踪距离的给定值通常都基于斯威林 II 和 IV 型目标模型。当检测概率 $P_d = 60\%$ 时，起伏损失的典型值为 1～2dB，相对较小。

斯威林 I 和 III 型目标模型适用于搜索雷达。起伏损失取决于检测概率，如图 6.6.13 所示。当 $P_d < 30\%$ 时有起伏增益，因为信噪比较小时幅度的统计特性较优。

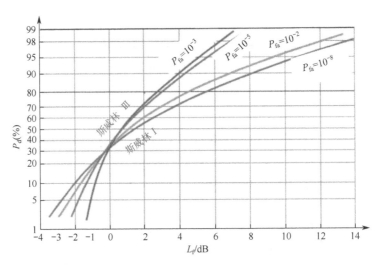

图 6.6.13　斯威林 I 和 III 型目标起伏损失 L_f

5. 斯威林 V 型

斯威林 V 型（也称**斯威林 0 型**）目标具有固定的雷达横截面积，适合描述没有任何起伏的理想目标。

6.7 系统损耗

实际工作的雷达系统总是有各种损耗的，这些损耗将降低雷达的实际作用距离，因此在雷达方程中应该引入损耗这一修正量。

损耗包括许多比较容易确定的值，如射频传输损耗、天线波束形状损耗、叠加损耗、设备不完善损耗等，以及其他损耗。

1. 射频传输损耗

当传输线采用波导时，波导损耗是指连接在发射机输出端和天线之间的波导引起的损耗，包括单位长度波导的损耗、每个波导拐弯处的损耗、旋转关节的损耗、天线收发开关上的损耗以及连接不良造成的损耗等。例如，当工作频率为 3000MHz 时，有如下典型的数据：

（1）天线开关的损耗 1.5dB。

（2）旋转关节的损耗 0.4dB。

（3）每 30.5m 长的波导的损耗（双程）1.0dB。

（4）波导拐弯损耗 0.1dB。

（5）连接不良的损耗 0.5dB。

总波导损耗 3.5dB。

2. 天线波束形状损耗

在雷达方程中，天线增益采用最大增益，即认为最大辐射方向对准目标，但在实际工作中天线是扫描的，当天线波束扫过目标时收到的回波信号振幅按天线波束形状调制。

通常采用的办法是先利用等幅脉冲串得到检测性能计算结果，然后加上如图 6.7.1 所示的"波束形状损耗"因子来修正振幅调制的影响。这种办法虽然不够精确，但却简单实用。

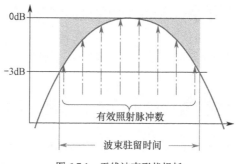

图 6.7.1　天线波束形状损耗

3．叠加损耗

脉冲积累是 m 个信号脉冲的积累，确切地说，是"信号加噪声"脉冲的积累。在实际工作中，常会碰到这样的情况：参加积累的脉冲除了有"信号加噪声"，还有单纯的"噪声"脉冲。这种额外噪声参加积累的结果，会使积累后的信噪比变坏，这种损耗称为**叠加损耗** L_C。产生叠加损耗的场合可能有以下几种。

（1）在失掉距离信息的显示器（如方位—仰角显示器）上，如果不采用距离门选通，则在同一方位仰角上所有距离单元的噪声脉冲必然要参加有信号单元上的"信号加噪声"脉冲一起积累。

（2）某些三坐标雷达，采用单个平面位置显示器显示同方位所有仰角上的目标，往往只有一路有信号，其余各路是单纯的噪声。

（3）如果接收机视频带宽较窄，通过视放后的脉冲将展宽，结果在有信号距离单元上的"信号加噪声"就要和邻近距离单元上展宽后的噪声脉冲相叠加。

4．设备不完善损耗

发射机中所用发射管的参数不尽相同。发射管在波段范围内也有不同的输出功率，管子使用时间的长短也会影响其输出功率，这些因素随着应用情况变化，一般缺乏足够的根据来估计其损耗因素，常用 2dB 来近似其损耗。

在接收系统中，工作频带范围内的噪声系数值也会发生变化。如果将某频率代入雷达方程得到最佳值，则在其他频率下工作时应引入适当的损耗。此外，接收机的频率响应如果和发射信号不匹配，也会引起失配损耗。

5．其他损耗

（1）对于 MTI 雷达，盲速附近的目标将引入附加检测损耗。

（2）在信号处理中采用 CFAR 产生的损耗。

（3）当波门选择过宽或者目标不处于波门中心时都会引入附加的信噪比损失。

（4）当由操纵员进行观察时，操纵员技术的熟练程度和不同的精神状态会产生较大的影响。

以上所列的各种损耗，虽然每项的影响可能不大，但综合起来也会使雷达的性能明显衰退。重要的问题是找出引发损耗的各种因素，并在雷达设计和使用过程中尽量使损耗减至最小。

6.8 传播过程中各种因素的影响

雷达很少工作在近似自由空间的条件下，绝大多数实际工作的雷达都受到地面（海面）及其传播介质的影响。地面（海面）和传播介质对雷达性能的影响有如下三个方面。

1. 电波在大气层中传播时的衰减

大气中的氧气和水蒸气是产生雷达电波衰减的主要原因。当工作波长短于 10cm（工作频率高于 3GHz）时必须考虑大气衰减。大气衰减的曲线如图 6.8.1 所示，图中的实线表示当大气中的含氧量为 20% 时，在 1 个大气压下氧气对电磁波的衰减情况；虚线表示当大气中含 1% 的水蒸气微粒时，水蒸气对电磁波的吸收情况。水蒸气的衰减谐振峰发生在频率 22.24GHz（$\lambda = 1.35$cm）和 184GHz（$\lambda = 0.163$cm）处，而氧气的衰减谐振峰发生在频率 60GHz（$\lambda = 0.5$cm）和 118GHz（$\lambda = 0.254$cm）处。当工作频率低于 1GHz（L 频段）时，大气衰减可以忽略。当工作频率高于 10GHz 后，频率越高，大气衰减就越严重。在毫米频段工作时，大气传播衰减十分严重，因此远距离地面雷达的工作频率高于 35GHz（Ka 波段）的情况很少。

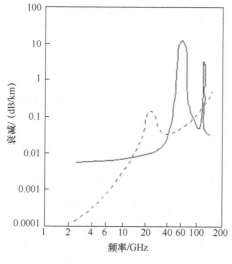

图 6.8.1　大气衰减曲线

随着高度的增加，大气衰减减小，因此，实际雷达工作时的传播衰减与雷达作用的距离及目标高度有关，又与工作频率有关。工作频率升高，衰减增大；探测时仰角越大，衰减减小。

除了正常大气，恶劣气候条件下大气中的雨雾对电磁波也有衰减作用，其表征规律如下：雨量越大，衰减越大；雾的浓度越大，衰减越大；对于厘米波雷达，波长越短，衰减越大。

2. 由大气层引起的电波折射

大气折射对雷达的影响表现为两方面：一是改变雷达的测量距离，产生测距误差；二是引起仰角测量误差，同时增大雷达的直视距离，如图 6.8.2 所示。

电波在大气中传播时的折射情况与气候、季节、地区等因素有关。在特殊情况下，如果折射线的曲率和地球曲率相同（称为**超折射现象**），这时等效地球半径为无限大，雷达的观测距离就不受视距限制，对低空目标的覆盖距离将有明显增加。

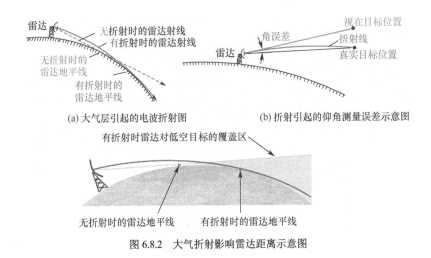

(a) 大气层引起的电波折射图　　　　(b) 折射引起的仰角测量误差示意图

图 6.8.2　大气折射影响雷达距离示意图

3．地面（海面）反射波和直接波的干涉效应

地面或水面的反射是雷达电波在非自由空间传播时最主要的影响。在许多情况下，地面或水面可近似为镜反射平面，架设在地面或水面的雷达的波束较宽时，除直射波外，还有地面（或水面）的反射波存在，所在目标处的电场就是直接波与反射波的干涉结果。图 6.8.3 中显示了电磁波的衍射。

图 6.8.3　电磁波的衍射

因为直接波和反射波是由天线在不同方向上产生的辐射，且它们的路程不同，如图 6.8.4 所示，所以两者之间存在振幅差和相位差。

由于地面反射的影响，雷达作用距离随目标的仰角呈周期性变化，导致花瓣状的天线方向图，如图 6.8.5 所示。在花瓣状天线方向图的在某些仰角方向，雷达作用距离增加一倍，而在另一些仰角方向作用距离为零，即出现"盲区"。

出现盲区时，我们不能连续地观察目标。减少盲区影响的方法有如下三种。

（1）采用垂直极化，使天线在垂直平面内的波瓣的盲区宽度变窄一些。

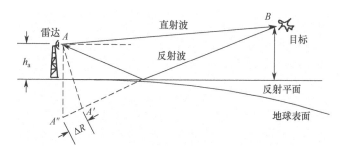

图 6.8.4 镜面反射影响示意图

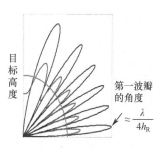

图 6.8.5 天线花瓣状方向图

（2）采用短工作波长，λ 减小时波瓣数增多，当波长减小到厘米级时，地面反射接近于漫反射而非镜反射，这时可以忽略其反射波干涉的影响。

（3）采用架高不同的分层天线使盲区互相弥补，但缺点是会使天线变得复杂。

通过图 6.8.5 可以看出，在低仰角地区，作用距离显著下降，观察目标困难。因此，架设在地面上观测低空或海面的雷达很少采用垂直极化波，而架设在飞机上观测低空和海面的搜索雷达有时采用垂直极化波。

6.9 雷达直视距离

因为雷达所用频率的电磁波基本上是直线传播的，所以只能探测到视线以内的目标。雷达直视距离的问题是由地球的曲率半径引起的。对海探测的雷达及舰载雷达由于地球曲率半径的原因，其实际探测距离往往要比雷达方程估算的距离小得多，如图 6.9.1 所示。

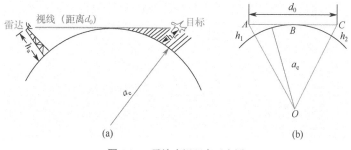

图 6.9.1 雷达直视距离示意图

如果希望提高直视距离，就只能加大雷达天线的高度，但加大雷达天线的高度往往会受到限制，特别是当雷达装在舰艇上时。当然，目标的高度越高，直视距离也越大，但目标高度往往不受我们控制，敌方的目标更会利用雷达的弱点。由超低空进入的处于视线以下的目标，地面雷达是发现不了它的。

处理折射对直视距离影响的常用方法是用等效地球曲率半径 $a_e = ka$ 来代替实际的地球曲率半径 $a = 6370\text{km}$。在温度为 15℃ 的海面，当温度随高度变化的梯度为 0.0065°/m 时，大气折射率的梯度为 $0.039×10^{-6}/\text{m}$，k 为 4/3，$a_e = ka = 8490\text{km}$。

由图 6.9.1 可以算出雷达的直视距离 d_0 为

$$d_0 = \sqrt{(a_e + h_1)^2 - a_e^2} + \sqrt{(a_e + h_2)^2 - a_e^2} \approx \sqrt{2a_e}\left(\sqrt{h_1} + \sqrt{h_2}\right) \tag{6.9.1}$$

将 $a_e = 8490\text{km}$ 代入式（6.9.1）得

$$d_0 = 130\left(\sqrt{h_1(\text{km})} + \sqrt{h_2(\text{km})}\right) = 4.1\left(\sqrt{h_1(\text{m})} + \sqrt{h_2(\text{m})}\right) \quad (\text{km}) \tag{6.9.2}$$

如图 6.9.2 所示，雷达直视距离是由地球表面弯曲引起的，它由雷达天线架设高度 h_1 和目标高度 h_2 决定，而与雷达本身的性能无关。雷达直视距离和雷达最大作用距离 $R_{\max}$ 是两个不同的概念，如果计算结果为 $R_{\max} > d_0$，则说明天线高度 h_1 或目标高度 h_2 限制了检测目标的距离；如果 $R_{\max} < d_0$，则说明虽然目标处于视线以内可以"看到"，但由于雷达性能达不到 d_0 这个距离而发现不了距离大于 $R_{\max}$ 的目标。

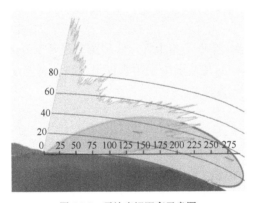

图 6.9.2　雷达直视距离示意图

因此，不论雷达的功率多么大，设计多么精巧，其探测距离本质上都受到最大无遮挡视线距离的限制。雷达不可能穿透一座大山，也不能看到高度很低或地平线以下的目标。但是，这并不意味着视线范围内的目标一定会被检测到。根据工作环境的不同，目标回波可能淹没在地面或者箔片等反射的杂波中，也可能淹没在雨、冰雹或雪的杂波中，随波长和气象条件的不同而异。此外，目标回波还常常被其他雷达发射的信号、人为干扰及其他电磁干扰所遮蔽。因此，在实际工程应用中，雷达实际的探测距离取决于二者，是雷达直视距离和雷达作用距离的较小值。

小结

雷达作用距离是反映雷达探测能力的最基本的指标，即"能看多远"。雷达究竟能在多远的距离上发现目标要由雷达方程来回答。雷达接收到的目标回波能量的大小主要取决于：①雷达的平均发射功率、天线增益和天线有效面积；②波束在目标上的驻留时间；③目标距离 R 和目标雷达截面积，后者是与目标尺寸、反射率及方向性有关的一个因素。

本章首先主要介绍了雷达作用距离的概念，并且结合发射、散射、接收的过程详细推导了基本雷达方程；然后，将雷达、目标和环境背景特性关联起来，讨论了影响雷达作用距离的各种因素，如接收机最小可检测信号、目标有效反射面积、系统损耗及传播过程中其他因素对作用距离的影响；最后介绍了雷达直视距离的概念与原理。

雷达方程将雷达的作用距离和雷达发射、接收、天线、目标和环境等因素联系起来。因此，它不仅可以用来决定雷达检测某类目标的最大作用距离，也可以用来作为了解雷达的工作关系及设计雷达的工具。在雷达方程中，P_t（发射机功率）、G_t（天线增益）、λ（工作波长）、B_n（接收机噪声带宽）、F_n（接收机噪声系数）等参数在估算作用距离时均为已知值；σ 为目标散射截面积，可以根据战术应用上拟定的目标来确定，在方程中先用其平均值 $\bar{\sigma}$ 代入，然后计算其起伏损失；带宽校正因子 C_B 和损失系数 L 值可根据雷达设备的具体情况估算或查表；检测因子 D_0 值与所要求的检测质量（P_d、P_{fa}）、积累脉冲数及积累方式（相参或非相参）、目标起伏特性等因素有关，可根据具体的条件计算，或者查找对应的曲线找到所需的检测因子 D_0 值。考虑这些因素后，按雷达方程可估算出雷达在自由空间中的最大作用距离。

大多数雷达在天线扫过目标时进行回波积累。如果在视频检波前进行积累（检波前积累），信噪比的增加就正比于积累时间。如果在视频检波后进行（PDI），积累就起两种作用：①对噪声的起伏进行平均，降低其峰值；②对噪声与信号叠加时的相减作用进行平均，降低可检测目标的丢失概率。

实际工作中，由于噪声和雷达截面积两者都有很大的起伏，即使考虑了所有影响信噪比的各种因素，距离方程也不能确切地计算某个目标在什么距离上会被检测到。因此，探测距离常用概率表示。搜索状态下最常用的是单次扫描概率或单次观察概率。通过以下步骤可以求出满足给定检测概率的距离：①确定容许的虚警概率；②设置目标检测门限，使其能保证所需的虚警概率；③根据设置的门限求出能够给出所需目标检测概率的信噪比。然后，就可以用距离方程计算出信噪比等于所需值的距离。

目标的 RCS 是关于多个参数的复杂函数，包括目标尺寸、形状、材质、角度以及雷达发射信号波长和极化特性。绝大多数目标的 RCS 随时间变化。分析球体目标的意义如下：①理想的目标模型，为其他目标的分析提供方法借鉴和参考，就像物理中经典的质点模型和刚体模型；例如，球体目标的 RCS 随波长的变化曲线严格意义上只适合于球体，但对所有三维尺寸目标大致相同的目标，其结果也可近似使用；②当球体的圆周等于 1 个波长时，球表面的感应电流产生辐射，并添加到反射波中；当球体的圆周大于波长的 2/3 倍时，由感应电流产生的辐射会削弱直接辐射；当圆周大于波长的 2 倍时，辐射又会增强；当圆周大于波长的 2/5 倍时，辐射又会削弱，这种变化趋势将会反复出现。辐射强度出现周期性增强和减弱的区间，称为**谐振区**；③复杂目标可以分解为多个各种简单形状的目标。

雷达直视距离的问题是由地球的曲率半径引起的。对海探测的雷达及舰载雷达由于地球曲率半径的影响，其实际探测距离往往要比雷达方程估算的距离小得多。因此，在估计雷达实际的可探测距离时，必须考虑雷达直视距离。

思考题

1. 推导雷达方程及其各种变形。
2. 影响雷达作用距离的因素有哪些？
3. 某雷达在距离 R 处以给定概率检测到某一目标。如果发射功率加倍，天线面积加倍，目标 RCS 加倍，R 会增加多少？
4. 脉冲积累对检测性能有何改善？
5. 地面（海面）和传播介质对雷达性能有何影响？
6. 已知某雷达对 $\sigma = 5\text{m}^2$ 的大型歼击机的最大探测距离为 100km，该目标采用隐身技术后 σ 减小到 0.1m^2，对应的最大探测距离为多少？
7. 某目标的单次扫描检测概率为 0.25，目标在 16 次扫描中至少检测一次的概率是多少？
8. 目标检测过程中为何要采用恒虚警技术？

第7章　目标参数测量和跟踪

导读问题

1. 回波中的哪些信息可以用来测量目标的距离、角度、速度信息？如何测量？
2. 如何使雷达在"看得见"的同时还"看得清"？与什么因素有关？

本章要点

1. 测量目标距离、角度、速度参数的基本方法。
2. 发射信号参数、天线性能参数对距离、角度、速度参数测量性能的影响。

7.1　脉冲法测距

目前，使用最广泛的距离测量方法是脉冲延时测距法。这种方法非常简单，并且极为精确。然而，因为没有直接的办法确定接收到的回波究竟属于哪个发射脉冲，所以这种测量在不同程度上是模糊的。

本节重点分析脉冲延时测距——研究实际测量目标距离的方法及测距模糊问题的实质；然后讨论低脉冲重复频率是怎么解决模糊的，以及在高脉冲重复频率时是如何解模糊的；最后讨论第二类模糊问题，即所谓的"幻影"，以及怎样消除"幻影"。

7.1.1　基本方法

测距是雷达的基本任务之一。在图 7.1.1 中，目标到雷达的距离（斜距）R 可通过测量电磁波往返一次所需的时间 t_R 得到，即

$$\begin{cases} t_R = \dfrac{2R}{c} \\ R = \dfrac{1}{2} c t_R \end{cases} \tag{7.1.1}$$

式中，c 为电磁波在均匀介质中直线传播的速度，即 $3 \times 10^8 \text{m/s}$；t_R 是回波相对于发射信号的延迟。因此，测量目标距离就是要精确测定延迟时间 t_R。

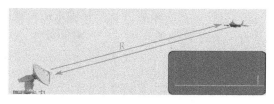

图 7.1.1　目标距离的测量

7.1.2 测距性能

1. 影响测距精度的因素分析

雷达在测量目标距离时，不可避免地会产生误差。参数测量误差按其性质可分为系统误差和随机误差两类。

系统误差是系统各部分对信号的固定时延造成的误差。系统误差以多次测量的平均值与被测距离真实值之差来表示。理论上讲，系统误差在校准雷达时可以补偿掉，而在实际工作中很难完善地补偿，因此在雷达的技术参数中常给出允许的系统误差范围。

随机误差是指因某种偶然因素引起的测距误差，又称**偶然误差**。凡由设备本身工作不稳定造成的随机误差称为**设备误差**，如接收时间滞后的不稳定性、各部分回路参数偶然变化、晶体振荡器频率不稳定及读数误差等；凡属系统以外的各种偶然因素引起的误差称为**外界误差**，如电波传播速度的偶然变化、电波在大气中传播时产生折射及目标反射中心的随机变化等。随机误差具体包括三种：电波传播速度变化产生的误差、大气折射引起的误差、测读方法误差。随机误差一般不能补偿掉，因为它在多次测量中所得到的距离值不是固定的，而是随机的。因此，随机误差是衡量测距精度的主要指标。下面简要说明几种主要的随机误差。

1）电波传播速度变化产生的误差

如果大气是均匀的，则电磁波在大气中的传播是匀速直线传播，此时测距公式中的 c 值可认为是常数。然而，实际上，大气层的分布是不均匀的且其参数随时间、地点而变化。大气密度、湿度、温度等参数的随机变比，导致大气传播介质的导磁系数（导磁率）和介电常数也发生相应的改变，所以电波传播速度 c 不是常量，而是一个随机变量。

电波在大气中的平均传播速度和光速也稍有差别，且随工作波长而异，所以在测距公式中的 c 值也应根据实际情况校准，否则会引起系统误差。

由电波传播速度的随机误差引起的相对测距误差 $\Delta R = R\Delta C/C$。对常规雷达来说，该误差可以忽略不计。

2）大气折射引起的误差

当电波在大气中传播时，大气介质分布不均匀将造成电波折射，因此电波传播的路径不是直线，而是弯曲的轨迹。正折射时，电波传播途径为向下弯曲的弧线。

由图 7.1.2 可看出，虽然目标的真实距离是 R_0，但因电波传播不是直线而是弯曲弧线，故测得的回波延迟时间为 $t_R = 2R/c$，这就产生了一个测距误差 ΔR（同时还有测仰角的误差 $\Delta \beta$），$\Delta R = R - R_0$。

ΔR 的大小和大气层对电波的折射率有直接关系。如果知道折射率和高度的关系，就可计算出不同高度和距离的目标由大气折射产生的距离误差，进而给测量值以必要的修正。

目标距离越远、高度越高，由折射引起的测距误差 ΔR 就越大。例如，在一般的大气条件下，当目标距离为 100km、仰角为 0.1rad 时，距离误差约为 16m。上述两种误差都是由雷达外部因素造成的，所以称其为**外界误差**。无论采用什么测距方法，都无法避免这些误差，只能根据具体情况做一些可能的校准。

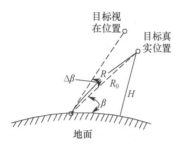

图 7.1.2 大气折射引起的误差

3）测读方法误差

测距所用的具体方法不同，测距误差亦有差别。早期的脉冲雷达直接从显示器上测量目标距离，这时显示器荧光屏亮点的直径大小、所用机械或电刻度的精度、人工测读时的惯性等都将引起测距误差。当采用电子自动测距的方法时，如图 7.1.3 所示，如果测读回波脉冲前沿/中心，则回波中心的估计误差（正比于脉宽 τ 而反比于信噪比）及计数器的量化误差等均将造成测距误差。自动测距时的测量误差与测距系统的结构、系统传递函数、目标特性（包括其动态特性和回波起伏特性）、干扰（噪声）的强度等因素均有关系。

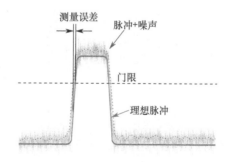

图 7.1.3 脉冲沿失真对测量精度的影响

2. 距离分辨力

在实际应用中，高精度的武器制导雷达需要区分相距很近的目标。搜索雷达通常不太精确，只能区分相距数百米甚至数千米的目标。距离分辨力是指雷达区分同一方位、不同距离上的两个或多个大小相同目标的能力。

由图 7.1.4 可以初步看出，距离分辨力取决于发射脉冲的宽度、目标的类型和大小以及接收机和显示器的效率。脉冲宽度是影响距离分辨力的主要因素。当采用非调制脉冲的雷达时，如图 7.1.5 所示，如果要在距离上分辨两个目标，那么目标间拉开的距离应当满足以下条件：在远目标回波的前沿到达接近目标前，发射脉冲的后沿已通过近目标。要满足这个条件，拉开的距离必须大于脉冲长度的一半。因此，雷达理论上的距离分辨力可初步表示为

$$\Delta R_{c} = \frac{c}{2}\tau \tag{7.1.2}$$

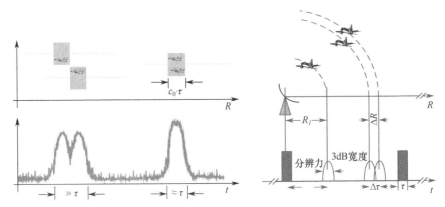

图 7.1.4　两个目标的距离分辨示意图

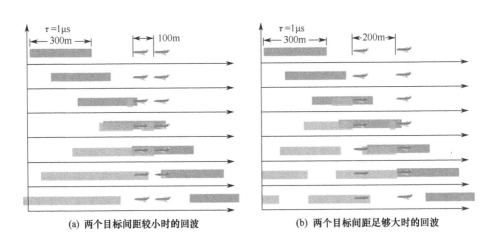

(a) 两个目标间距较小时的回波　　　　(b) 两个目标间距足够大时的回波

图 7.1.5　两个不同间距目标的回波分辨情况

　　因此，如果发射信号没有为脉压而调制，脉冲越短，距离分辨力就越高。窄脉冲也是测距时的常用雷达波形。此外，窄脉冲具有较宽的频谱，而宽脉冲如果利用相位调制和频率调制，也能达到窄脉冲具有的宽频谱，调制后宽脉冲通过匹配滤波器后输出的是脉宽压缩了的脉冲，且压缩后脉冲的宽度等于已调制宽脉冲频谱宽度的倒数。这就是脉冲压缩，它具有窄脉冲的分辨力和宽脉冲的能量。因此，对于复杂调制后的信号，决定距离分辨力的是雷达信号的有效带宽 B，有效带宽越宽，距离分辨力就越好。因此，对于任意脉冲信号，其对应的距离分辨力 ΔR_c 可以表示为

$$\Delta R_{c} = \frac{c}{2} \frac{1}{B} \qquad (7.1.3)$$

3. 测距范围

测距范围包括最小可测距离和最大不模糊距离。

最小可测距离是指雷达能测量的最近目标的距离。脉冲雷达收发共用天线，如图 7.1.6 所示，在发射脉冲宽度 τ 时间内，接收机和天线馈线系统间是"断开"的，不能正常接收目标回波，发射脉冲过去后天线收发开关恢复到接收状态也需要一段时间 t_0，在这段时间内，由于不能正常接收回波信号，雷达是很难进行测距的。

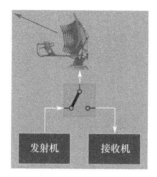

图 7.1.6　收发共用天线脉冲雷达简化框图

因此，雷达的最小可测距离为

$$R_{\min} = \frac{c}{2}(\tau + t_0) \qquad (7.1.4)$$

在实际工程应用中，雷达最小可测距离也称**近距离盲区**，如图 7.1.7 所示。雷达的 $1\mu s$ 脉冲宽度对应的典型 $R_{\min}$ 值为 150m，通常这是可以接受的。然而，脉宽较大的雷达最小可测距离相对较大，特别是脉冲压缩雷达，它可以使用数十甚至数百微秒量级的脉冲长度。例如，对于发射脉宽为 $300\mu s$ 的雷达，其对应的近距离盲区将达到 45km，通常这是不可接受的。因此，在实际雷达中常发射长短脉冲相间隔的信号，利用长脉冲开展远距离的目标探测，利用短脉冲信号探测近距离目标，实现对长脉冲信号的近距离盲区的补盲。

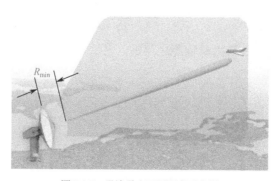

图 7.1.7　雷达最小可测距离示意图

假设雷达发射一个脉冲照射到目标并在 t 时间内返回雷达：

（1）如果 $t < T_r$，则返回信号在下一个脉冲发射之前到达。

（2）如果 $t = T_r$，则返回信号恰好在下一个脉冲发射时到达。

（3）如果 $t > T_r$，则返回信号在下一个脉冲发射后到达，存在模糊，即雷达无法判断返回信号是来自第一个发射脉冲还是来自第二个发射脉冲。

在图 7.1.8 中，第一个发射脉冲在距离为 200km 处的目标回波于发射第二个脉冲之前被雷达接收，该目标不会有模糊，因为很容易识别该回波是第一个脉冲的反射；但是在同一幅图中，可以发现第二个脉冲发射后，在距离为 400km 处接收到第一个脉冲的目标反射。这将引起混淆，因为在没有任何附加信息的情况下，雷达无法确定接收到的信号是由第一个脉冲反射的还是由第二个脉冲反射的。这将导致在确定目标距离时出现模糊，接收到的回波信号被误认为是下一个周期的近程回波。因此，最大无模糊距离 R_{max} 对应的是 $t < T_r$ 的最大距离。

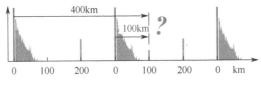

图 7.1.8　400km 内的目标回波

因此，对于某个给定的脉冲重复频率（Pulse Repetition Frequency，PRF），能够收到的单次往返时间回波的最大距离称为**最大不模糊距离**，简称**不模糊距离**，常用 R_u 表示。这也就是接收的任何回波都不发生距离模糊的最大距离。因为其往返传播时间等于脉冲间隔，所以

$$R_u = \frac{cT_r}{2} \tag{7.1.5}$$

式中，R_u 为最大不模糊距离，c 为光速，T_r 为脉冲重复周期。因为脉冲重复周期等于 PRF 的倒数，所以最大不模糊距离的另一种形式为

$$R_u = \frac{c}{2f_r} \tag{7.1.6}$$

最大无模糊距离 R_u 也称**最大单值测距范围**，表示为 R_{max}。因此，为了保证单值测距，应选择

$$T_r \geqslant \frac{2}{c} R_{max} \tag{7.1.7}$$

例如，假设有一部脉冲重复频率为 1000Hz 的雷达。脉冲重复周期是脉冲重复频率的倒数，即 1/1000Hz = 1ms，可知该雷达的最大无模糊距离为 150km。如果雷达接收到往返时间为 100μs 的回波信号，能够确定该目标是否存在测距模糊？

答：不能。这个往返时间为 100μs 的回波信号可以来自 15km 处的目标，也可以来自 (150n + 15)km（n = 1,2,3,…）处的目标。

7.1.3　测距模糊及其解决方法

1. 测距模糊的现象

如图 7.1.9 所示，只要雷达能检测的最远目标的往返传播时间小于脉冲重复周期，脉冲延时测距的工作就不会有什么问题。但是，如果雷达检测到的目标回波时延超过脉冲重复周期，则前一个发射脉冲的回波只能在下一个脉冲发出后才收到；这时，这个目标会被误认为处于比其实际距离近得多的位置。

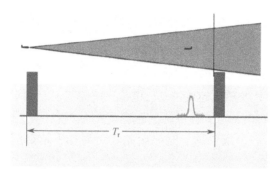

图 7.1.9　目标的往返传播时间小于脉冲重复周期

为了得到更精确的有关测距模糊现象的感性知识，先来分析一个特例。如图 7.1.10 所示，假设脉冲重复周期 T_r 对应的不模糊距离为 50km，而回波来自 60km 处的一个目标。这时，传播时间比脉冲重复间隔大 20%（60/50 = 1.2）。因此，脉冲 1 的回波要到脉冲 2 发出 0.2μs 后才能收到；脉冲 2 的回波要到脉冲 3 发出 0.2μs 后才能收到等。

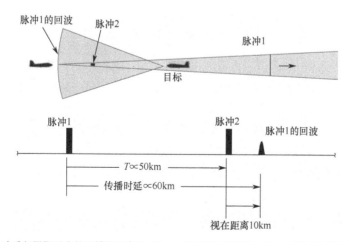

图 7.1.10　脉冲重复周期对应的不模糊距离为 50km，传播时间对应为 60km，所以目标视在距离为 10km

如果以收到回波的时刻与在该时刻之前的一个发射脉冲发出时刻之间的时间差来测量目标距离，那么该目标距离看来仅为 10km（0.2×50）。事实上，如图 7.1.11 所示，没有直接的办法判断真实距离究竟是 10km 还是 60km，抑或是 110km 还是 160km。简而言之，所得到的距离是模糊的。

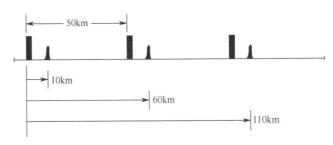

图 7.1.11　没有直接的办法判断真实距离究竟是 10km 还是 60km，抑或是 110km 还是 160km

不仅如此，只要雷达能够检测距离大于 50km 的目标，它检测的所有目标的距离就都是模糊的，即使目标的真实距离可能小于 50km。换句话说，如果雷达显示器上有一个目标回波表示的距离大于 50km，所有目标的距离就都是模糊的。如图 7.1.12 所示，我们完全不知道哪个峰值表示的距离更远一些。因此，距离几乎总是模糊的。这一点往往会被我们忽略。

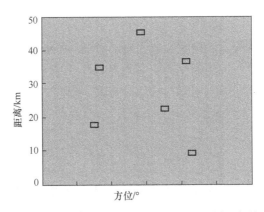

图 7.1.12　显示器上任何一个目标的距离都可能大于 50km，所有目标的距离都是模糊的

单一目标回波距离模糊的程度一般用往返传播时间所跨越的脉冲重复周期来衡量，也就是说，用目标回波在其对应的发射脉冲之后的第几个脉冲重复周期收到来衡量。第一个发射脉冲重复周期内即能收到的回波称为**单次往返时间回波**，而在以后的各个周期内才能收到的回波称为**多次往返时间回波**。

在实际应用中，有时雷达重复频率的选择不能满足单值测距的要求。例如，对于脉冲多普勒雷达或远程雷达，这时目标回波对应的距离 R 为

$$R = \frac{c}{2}(nT_{\mathrm{r}} + t_{\mathrm{R}}) \qquad (7.1.8)$$

式中，t_{R} 为测得的回波信号与发射脉冲间的时延。这时将产生测距模糊，为了得到目标的真实距离 R，必须判明式（7.1.8）中的模糊值 n。

2．解距离模糊的方法

如何处理距离模糊，既与模糊的严重程度有关，又与将远处目标误认为近距目标的错误所需付出的代价有关。而模糊的严重程度又取决于感兴趣目标的最大探测距离和 PRF。PRF 的选择往往不是只考虑测距，而是还要考虑其他方面，如要为抑制杂波提供较好的多普勒分辨力等。

显然，如果将 PRF 取得足够低，使得 R_{u} 大于任何可能被检测的目标的最大距离，模糊的可能性就会消除，如图 7.1.13 所示。但是，即使允许使用比较低的 PRF，要把它做得那么低也是不现实的，因为雷达截面积很大的目标在很远的距离上也能被检测到。

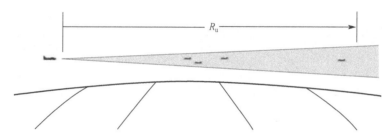

图 7.1.13　R_{u} 大于任何可能被检测的目标的最大距离，可完全避免模糊

如果距离大于 R_{u} 的目标无关紧要，就可以简单地采用抑制所有大于 R_{u} 的回波的办法来解决模糊问题，如图 7.1.14 所示。这似乎办不到，但其实很容易实现。例如，采用 PRF 跳变技术，利用距离大于 R_{u} 的目标视在距离与 PRF 的变化关系。因为从这些目标收到的回波不是刚发出去的发射脉冲产生的回波，所以 PRF 的变化，即 R_{u} 的变化，必定使目标的视在距离变化，如图 7.1.15 所示。相反，距离小于 R_{u} 的目标回波是刚发出的那个发射脉冲的回波，PRF 的变化不会影响其目标的视在距离。

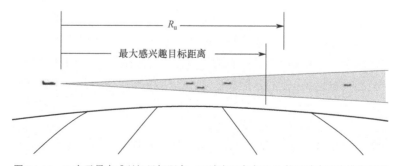

图 7.1.14　R_{u} 大于最大感兴趣目标距离，可消去距离大于 R_{u} 的回波来解决模糊问题

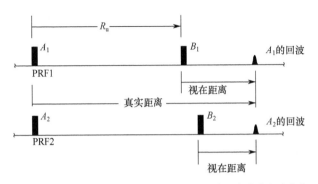

图 7.1.15 PRF 的改变使得超过 R_u 的目标的视在距离发生相应变化

　　因此，在两个积累周期交替中使用两种不同的 PRF，先发射其中一个 PRF 的信号，然后发射另一个 PRF 的信号，就能识别距离大于 R_u 的目标，并将它们抑制掉。这样，显示器上出现的目标就都不模糊了。当然，这种方法是要付出代价的。如图 7.1.16 所示，目标驻留时间通常是有限的。因为该时间要分给两个 PRF，所以总的潜在积累时间减少了一半，于是就降低了最大探测距离。

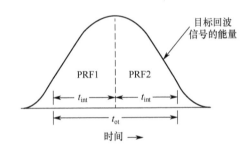

图 7.1.16 PRF 跳变导致潜在的积累时间减少，降低了检测灵敏度

　　在许多应用中，由于测距以外的需求，必须使用很高的 PRF，以致感兴趣的最大距离大于 R_u 许多倍。对这种应用情况，雷达必须解距离模糊。

1）标识脉冲法

　　表面上看，如图 7.1.17 所示，最方便的解模糊方法就是给连续发射的脉冲加上识别记号。也就是说，按照某种周而复始的规则改变调制发射脉冲的幅度、宽度或频率后，在目标回波中找出相应的变化，就能知道各个回波属于哪个发射脉冲，进而解决模糊问题。然而，由于种种原因，如幅度调制存在实现上的困难，脉冲宽度调制存在遮挡问题和距离门跨越问题，只有频率调制被证明是实际可行的，但在空空作战应用时，频率调制法也有严重的局限性。

2）多 PRF 参差法

　　最常用的办法是多 PRF 参差法，它是 PRF 跳变技术的简单扩展。这种技术与 PRF 跳变技术的不同之处在于，它考虑了当 PRF 改变时目标视在距离的变化。测出视在距离的变化量和 PRF 的变化大小后，就能求出目标真实距离中所包含的 R_u 的倍数 n。

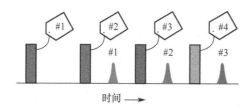

图 7.1.17 标识脉冲法可以判断各个回波属于哪个发射脉冲

怎么求 n 呢？假定雷达出于自身的战术需要选用了 8kHz 的 PRF，这样最大不模糊距离 R_u 就是 10km，但是雷达必须探测的距离至少为 48km，即大约 $5R_u$ 的目标，无疑它会检测出距离超过 R_u 的目标。

如图 7.1.18 所示，所有目标的视在距离都为 0～10km。如果用 40 个距离单元来离散化这 10km，那么每个距离单元代表 250m，即 10/40 = 0.25km。假定 24 号距离单元检测到一个目标，如图 7.1.19 所示，则该目标的视在距离为 24×0.25 = 6km。如果仅仅有这个信息，就只知道目标的距离是以下各个距离值中的一个：

6km

10 + 6 = 16km

10 + 10 + 6 = 26km

10 + 10 + 10 + 6 = 36km

10 + 10 + 10 + 10 + 6 = 46km

10 + 10 + 10 + 10 + 10 + 6 = 56km

······

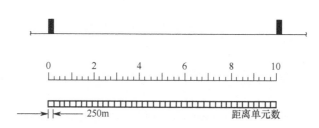

图 7.1.18 用 40 个距离单元覆盖 10km 的距离时，每个距离单元代表 250m

为了求出目标的真实距离，转换到第二个 PRF。如图 7.1.20 所示，为简单起见，假定第二个 PRF 比第一个 PRF 低，使得 R_u 比原来大 250m。当 PRF 改变时，目标的视在距离会有什么变化？这取决于目标的真实距离。如果真实距离是 6km，PRF 的变化就不影响视在距离，即目标仍然在 24 号距离单元。

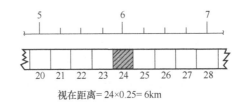

视在距离= 24×0.25= 6km

图 7.1.19　出现在 24 号距离单元的目标，其视在距离为 6km

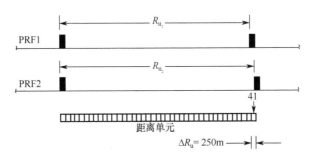

图 7.1.20　改变 PRF 使 R_u 增加 250m

　　然而，如果真实距离大于 R_u，那么由于真实距离中每含 1 个 R_u，视在距离就减少 250m，也就是图 7.1.21 中的目标位置要向左移 1 个距离单元。在这个例子中，真实距离中所包含的 R_u 的数量 n 等于目标移动的距离单元数。因此，真实距离的计算方法如下：①计算目标位置移动的距离单元数；②将这一数值乘以 R_u；③将得到的乘积加上视在距离。

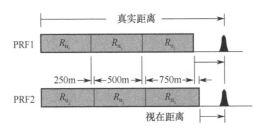

图 7.1.21　真实距离每包含一个 R_u，在 PRF 转换时视在距离就减少 250m

　　如图 7.1.22 所示，假定目标从 24 号单元移动到了 21 号单元，即跳过了 3 个距离单元，那么目标的真实距离就是 $(3\times10) + 6 = 36$ km。由上面的分析过程可以得出以下结论：目标真实距离中所包含的 R_u 的倍数 n，等于 PRF 转换时目标视在距离的变化除以两个 PRF 对应的 R_u 的差值，即

$$n = \frac{\Delta R_{视在}}{\Delta R_u} \qquad (7.1.9)$$

真实距离等于 n 乘以 R，再加上视在距离：

$$R_{真实} = nR_u + R_{视在} \qquad (7.1.10)$$

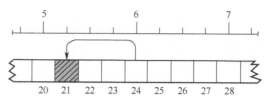

图 7.1.22　目标跳过 3 个距离单元

7.1.4　消除"幻影"的方法

使用多 PRF 参差法解距离模糊时,有时会遇到第二类模糊问题,即"幻影"。如图 7.1.23 所示,如果同时检测到处于相同方位和仰角上的两个目标,而且距离变化率也很接近,以至于无法用多普勒滤波器将其回波分开,就会出现"幻影"。此时,如果变换不同的 PRF, 一个或两个目标都变化到不同的距离单元,就无法分清是哪个目标转移到哪个单元。每个目标都会出现在两个可能的距离上,其中一个是真实距离,另一个就是"幻影"。

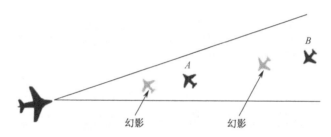

图 7.1.23　在同一角度内检测到两个以上的目标,若其多普勒频率不能分辨,就会出现"幻影"

1. "幻影"的例子

图 7.1.24 所示为两个目标 A 和 B 位于同一组距离单元中的情况。当雷达以第一个 PRF 发射时,这两个目标的位置相隔两个距离单元:A 在 24 号单元,视在距离为 6km,B 在 26 号单元,视在距离为 6.5km。而当变换到第二个 PRF 时,目标出现在 22 号距离单元和 24 号单元上。但是没有直接的办法搞清究竟是 A 和 B 都向左移动了两个距离单元,还是 A 仍然处于原处而 B 向左移动 4 个单元到了 22 号单元上。

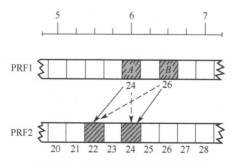

图 7.1.24　同时检测到两个目标的情况

因此，如图 7.1.25 所示，这两个目标各有两个可能的真实距离值。如果 A 和 B 同时左移两个距离单元，则其真实距离如下：

$$目标 A：2 \times 10 + 6 = 26\text{km}； \qquad 目标 B：2 \times 10 + 6\frac{1}{2} = 26\frac{1}{2}\text{km}$$

反之，如果 A 留在原处而 B 左移 4 个单元的真实距离如下：

$$目标 A：(0 \times 10) + 6 = 6\text{km}； \qquad 目标 B：(4 \times 10) + 6\frac{1}{2} = 46\frac{1}{2}\text{km}$$

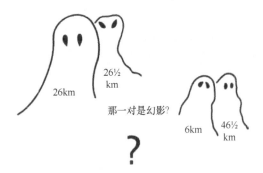

图 7.1.25 每个目标都有两种可能的真实距离值

这两组距离中必有一组是"幻影"。

2. 识别"幻影"

如图 7.1.26 所示，可以用转换到第三个 PRF 的方法来识别"幻影"。为简单起见，假定 PRF3 比 RPF 1 高一些，使 R_u 恰好小 250m，即减小一个距离单元，从 40 个单元变为 39 个单元。相应地，当使用 PRF3 时，因为在目标的真实距离中每包含一个完整的 R_u，与用 PRF1 时的位置相比，目标就向右移动 1 个距离单元，这时右移的单元数恰好与用 PRF2 时左移的单元数相等。

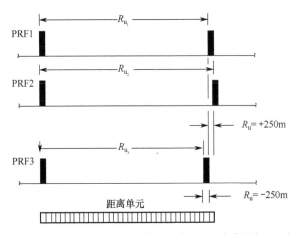

图 7.1.26 为了识别"幻影"，需要增加第三个 PRF。在本例中，R_u 小 250m

当使用 PRF3 时，目标出现在 26 号和 28 号单元上，这时能判断哪两组距离是"幻影"吗？

从图 7.1.27 可以看出，26 号距离单元处于目标 A 本来位置的右边 2 个单元，28 号单元处于目标 B 本来位置的右边 2 个单元。因为前次使用 PRF2 时，一个目标出现于目标 A 原位置的左边 2 个单元，而另一个目标出现于目标 B 原位置的右边 2 个单元，因此可以断定，这两个目标对应的 n 都等于 2，其真实距离就是 26km 和 26.5km，而另一组距离就是"幻影"。

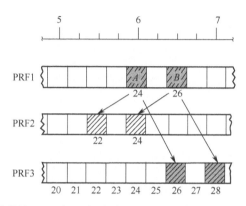

图 7.1.27　雷达使用 PRF3 时，目标跳到 26 号和 28 号单元，这两个目标的 n 值为 2

再考虑下面的问题：假如第一组数据是"幻影"，第二组数据即 6km 和 46.5km 是真实距离，那么将 PRF 转换到 PRF3 后，目标会出现在什么位置上呢？

如图 7.1.28 所示，在这种情况下，因为对 6km 的目标 $n = 0$，所以目标 A 将留在原处。对 40km 的目标 $n = 4$，目标 B 将右移 4 个单元，即与先前使用 PRF2 时其左移的单元数相同。

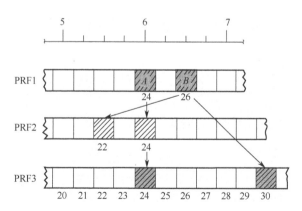

图 7.1.28　若 A 的真实距离是 6km，则在雷达使用 PRF3 后，A 留在原处，而 B 向右跳过 4 个单元

3. 解模糊所需的 PRF 数量分析

从前面的情况看，似乎根本不需要 3 个以上的 PRF：用一个 PRF 测距，用另一个 PRF

解距离模糊，用第三个 PRF 消除同时检测到目标的"幻影"。然而，事情并非如此。

根据检测距离的大小、PRF 的高低及各 PRF 之间间隔的大小，可能需要用 1 个以上（除了第一个）的 RPF 来解模糊，如图 7.1.29 所示。本例中的真实距离对 PRF1 来说是不模糊距离的 6 倍（$n=6$），但因为两个 PRF 对应的不模糊距离的差值恰好使得 PRF2 的最大不模糊距离的 5 倍等于 PRF1 的最大不模糊距离的 6 倍，所以对于图中所示的目标距离，当 PRF 变换时，其视在距离不变，就像 $n=0$ 一样。

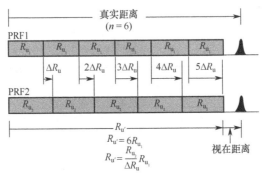

图 7.1.29　因为 $5R_{u_2}=6R_{u_1}$，PRF 转换后其视在距离不变，R_u' 是两种 PRF 组合后的最大不模糊距离

如果真实距离大于 $n=7$，那么当 PRF 变换时，其视在距离又将变化，但只能表示超过 6 多少。于是，对于这两个 PRF 的特殊结合，将最大不模糊距离扩展到 PRF1 的最大不模糊距离的 6 倍，超过这个距离，它将无法解模糊，如图 7.1.30 所示。

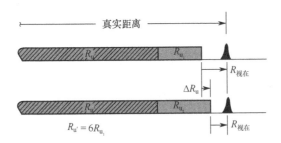

图 7.1.30　当真实距离超过 R_u' 时，PRF 转换后视在距离就会改变

事实上，比式（7.1.10）更具一般性的真实距离表达式为

$$R_{真实} = n'R_u' + nR_u + R_{视在} \tag{7.1.11}$$

式中，R_u' 为两种 PRF 组合使用后的不模糊距离；n' 为真实距离中所包含的 R_u' 的倍数。

为了求出 n'，必须使用 PRF3。由图 7.1.31 可以看出，每增加 1 个 PRF，其组合后的不模糊距离将增加，采用多种 PRF 之后，对应的最大不模糊距离为各个 PRF 对应的不模糊距离的最小公倍数，如图 7.1.32 所示。因此，假定 3 个 PRF 的最大不模糊距离分别为 3km，4km，5km，那么这三个 PRF 组合使用后的最大不模糊距离是 $3×4×5=60$ km。因此，究竟要用多少个 PRF 来解距离模糊取决于所希望的最大不模糊距离和各个 PRF 的 R_u 值。

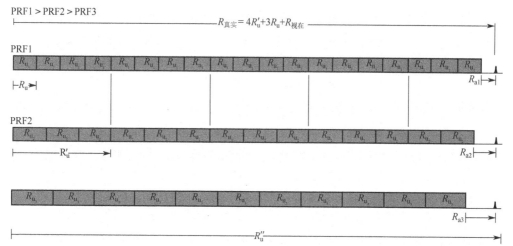

图 7.1.31 由 3 个视在距离 R_{u_1}，R_{u_2} 和 R_{u_3} 就能得出目标真实距离

$$\begin{array}{c} \overset{1st}{\underset{PRF}{\Downarrow}} \quad \overset{2nd}{\underset{PRF}{\Downarrow}} \quad \overset{3rd}{\underset{PRF}{\Downarrow}} \quad \overset{4th}{\underset{PRF}{\Downarrow}} \\[4pt] \begin{array}{l}\text{无模糊距离}\\(\text{多PRF})\end{array} = R_{u_1} \left(\dfrac{R_{u_2}}{R_{u_1}} \right) \left(\dfrac{R_{u_3}}{R_{u_2}} \right) \left(\dfrac{R_{u_4}}{R_{u_3}} \right) \cdots \\[6pt] \underset{R_{u_2}-R_{u_1}}{\uparrow} \qquad \underset{R_{u_3}-R_{u_2}}{\uparrow} \qquad \underset{R_{u_4}-R_{u_3}}{\uparrow} \end{array}$$

图 7.1.32 每增加 1 个 PRF，总不模糊距离就增加 $R_u/\Delta R_u$ 倍

4. 消除"幻影"所需的 PRF 数量

为了消除"幻影"，也可能要用更多的 PRF。为了消除 2 个以上同时检测到的目标对应观测距离的所有可能组合所引起的"幻影"，每增加 1 个目标就必须增加 1 个 PRF。因此，如果用 1 个 PRF 就能解距离模糊，使用 N 个 PRF 的雷达就能够对 $N-1$ 个同时检测的目标进行单值测距。

5. PRF 的折中考虑

与 PRF 跳变法一样，PRF 参差变换也要付出代价。发射信号 PRF 数量的增加不仅减少了积累时间，降低了探测距离，而且增加了雷达系统的复杂性。因此，如图 7.1.33 所示，实际使用 PRF 的数量是这些代价与偶尔遇到的需要处理的距离模糊及"幻影"可能带来的代价之间的折中。PRF 数量的最佳值因用途的不同而变化。对大多数战斗机机载火控雷达来说，一般只用 3 个 PRF，其中一个 PRF 用于解模糊，另一个用于消除"幻影"。

图 7.1.33 实际使用的 PRF 数量需要折中考虑的因素

如果能提供足够多的 PRF 来解决随 PRF 的提高而出现的越来越严重的距离模糊问题，那么即使 PRF 相当高，也可以使用脉冲法测距技术。然而，PRF 的提高终究有一个限度，超过这个限度，回波来得又快又密集，导致无法解决距离模糊的问题。这时，如果要求测距，就必须采用 7.2 节描述的连续波测距方法，最常有的是线性调频连续波测距（FM 测距）。

因此，当使用脉冲法测距时．距离是通过测量发射脉冲与接收回波之间的时间差求出的。在数字雷达中，可以通过对接收机输出进行周期性采样，然后将这些样本转换为数字量并存储到一组距离单元中去实现。当往返传播时间等于脉冲重复周期时，其对应的距离被称为**最不大模糊距离 R_u**。更远距离的目标看起来就像处于其真实距离减去若干倍 R_u 的距离上。只要有可能检测到大于 R_u 的目标，雷达所观测到的距离就全部是模糊的。对模糊问题采取何种措施，取决于其严重性和模糊测距的后果。如果 PRF 足够低，使得 R_u 大于最大感兴趣的目标距离，就可消去距离大于 R_u 的目标。如果必须使用较高的 PRF，就要利用两种或多种 PRF 的转换，测量视在距离的变化来解模糊。如果同时检测到两个以上的目标，每个目标都有两个可能的距离，其中一个是"幻影"，那么可用附加的 PRF 来消除"幻影"。除了增加复杂性，多 PRF 的使用也会降低探测距离。

7.2 调频连续波测距

通过计算两个或多个连续波的频率差或相位差可以测量单个目标的距离，对应的调频连续波（Frequency Modulated Continuous Wave，FMCW）测距方法可以用在连续波雷达中，也可用在脉冲雷达中，并且已广泛用于机载雷达高度计和勘测仪器中。

7.2.1 测距基本原理

调频连续波雷达的工作过程如图 7.2.1 所示。发射机产生连续高频等幅波，其频率在时间上按三角形规律或者按正弦规律变化，目标回波和发射机直接耦合过来的信号加到接收机混频器内。在电磁波传播到目标并返回天线的这段时间内，发射机频率较回波频率已有变化，因此在混频器输出端便出现了差频电压。后者经放大、限幅后加到频率计上。由于差频电压的频率与目标距离有关，其测距原理如图 7.2.2 所示，测出发射接收信号间的瞬时频率差 Δf，就可得到目标的往返时间 t，进而解算得到 R。因此，频率计上的刻度可以直接采用距离长度作为单位。

接收混频所需的直接耦合信号通常采用如图 7.2.3 和图 7.2.4 所示的定向耦合器来实现。

当雷达连续工作时，不能像脉冲工作那样采用时分复用的办法共用天线，但可以用混合接头、环行器等实现发射机和接收机之间的隔离。为了得到发射和接收之间的高隔离度，通常采用分开的发射天线和接收天线。

下面具体讨论两种不同调频规律时的测距原理及调频连续波雷达的特点。

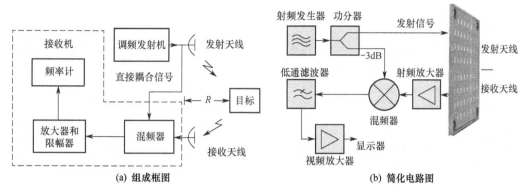

(a) 组成框图　　　　　　　　　　　　　　(b) 简化电路图

图 7.2.1　调频连续波雷达的工作过程

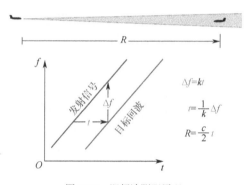

图 7.2.2　调频法测距原理

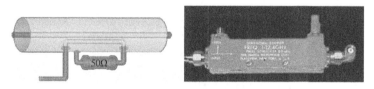

图 7.2.3　同轴定向耦合器

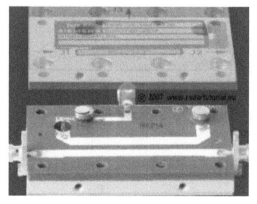

图 7.2.4　采用带状线技术的定向耦合器

1. 三角波调制

发射频率按周期性三角波的规律变化，如图7.2.5所示。图中，f_t是发射机的高频发射频率，其平均频率是f_{t0}，f_{t0}变化的周期为T_m。通常f_{t0}为数百到数千兆赫，而T_m为数百分之一秒。f_r为从目标反射回来的回波频率，它和发射频率的变化规律相同，但在时间上滞后$t_R = 2R/c$。发射频率调制的最大频偏为$\pm\Delta f$，f_b为发射和接收信号间的差拍频率，差频的均值用f_{bav}表示。

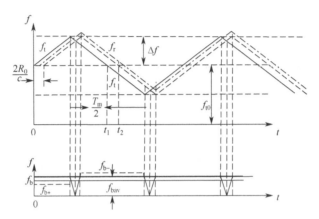

图7.2.5　调频雷达发射波按三角波调制

如图7.2.5所示，发射频率f_t和回波频率f_r可写成如下表达式：

$$f_t = f_{t0} + \frac{\mathrm{d}f}{\mathrm{d}t}t = f_{t0} + \frac{\Delta f}{T_m/4}t \tag{7.2.1}$$

$$f_r = f_{t0} + \frac{4\Delta f}{T_m}\left(t - \frac{2R}{c}\right) \tag{7.2.2}$$

式（7.2.1）与式（7.2.2）相减得差频f_b为

$$f_{bav} = \frac{8\Delta fR}{T_mc}\left(\frac{T_m - 2R/c}{T_m}\right) \tag{7.2.3}$$

对于一定距离R的目标回波，除了t轴上的很小一部分$2R/c$（这里差拍频率急剧下降至零），其他时间的差频是不变的。若用频率计测量一个周期内的平均差频值，就可得到差频的均值：

$$f_{bav} = \frac{8\Delta fR}{T_mc}\left(\frac{T_m - 2R/c}{T_m}\right) \tag{7.2.4}$$

实际工作中，应保证单值测距且满足

$$T_m \gg \frac{2R}{c} \tag{7.2.5}$$

因此

$$f_{\text{bav}} \approx \frac{8\Delta f R}{T_m c} = f_b \qquad (7.2.6)$$

由此可得出目标距离 R 为

$$R = \frac{c}{8\Delta f} \frac{f_{\text{bav}}}{f_m} \qquad (7.2.7)$$

式中，$f_m = 1/T_m$ 为调制频率。

三角波调制要求严格的线性调频，如图 7.2.6 所示，工程实现时产生这种调频波及进行严格调整都不容易，因此可采用正弦波调频以解决上述困难。

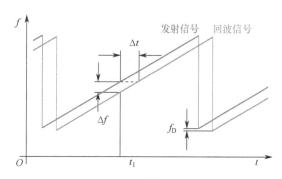

图 7.2.6 FMCW 系统测距和测速原理

2. 正弦波调频

当用正弦波对连续载频进行调频时，如图 7.2.7 所示，发射频率为 f_t，由目标反射回来的回波电压滞后一段时间 T（$T = 2R/c$），f_m 为调制频率，Δf 为频率偏移量。一般情况下均满足 $T \ll 1/f_m$。于是差频 f_b 值和目标距离 R 成比例且随时间做余弦变化。在周期 T_m 内差频的均值 f_{bav} 与距离 R 之间的关系和三角波调频时的相同，用 f_{bav} 测距的原理和方法也一样。

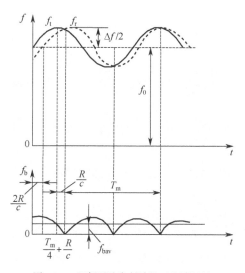

图 7.2.7 调频雷达发射波按正弦波调制

3. 调频连续波雷达的优缺点

（1）优点：一是能测量很近的距离，一般可测到数米，而且具有较高的测距精度；二是雷达线路简单，而且可做到体积小、重量轻，普遍应用于飞机高度表、多普勒导航仪和近炸引信等场合。

（2）缺点：一是难以同时测量多个目标；二是收发间完全隔离是连续波雷达的难题。

对于运动目标，常用正负双斜率调频法测距，因为使用正负双斜率调频法可很容易地解决多普勒频率的测量问题。第一个斜率与 7.2.1 节介绍的上升斜率一样。在上升段结束后，频率又以同样的速率下降到起始频率，如图 7.2.8 所示。然后，重复这个过程。

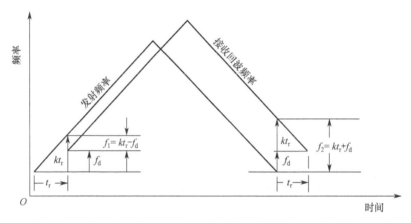

图 7.2.8 采用双斜率调频法对频率差的影响，在正斜率段频率差减小 f_d，在负斜率段频率差增加 f_d

例如，当一个目标向站飞行时，具有正多普勒频率 f_d，在频率上升段的频率差减少 f_d；而在频率下降段，频率差增加 f_d；如果目标背站飞行，情况恰好相反。因此，如果将两段频率差加到一起，就会抵消多普勒频率，即

$$\frac{\begin{aligned}\Delta f_1 &= k t_r - f_d \\ \Delta f_2 &= k t_r + f_d\end{aligned}}{\Delta f_1 + \Delta f_2 = 2 k t_r + 0} \tag{7.2.8}$$

由式（7.2.8）就能得到电磁波往返传播时间为

$$t_r = \frac{\Delta f_1 + \Delta f_2}{2k} \tag{7.2.9}$$

式中，t_r 为往返传播时间，Δf_1 为在频率上升段发射波频率与回波频率之差，Δf_2 为在频率下降段发射波频率与回波频率之差，k 为发射机频率变化率。因此，计算得到传播时间后，就可以很容易地算出目标的距离。

7.2.2 消除"幻影"的方法

如果天线波束同时照射到两个目标，也可能产生"幻影"。如图 7.2.9 所示，在调制周期的第一段有两个频率差，在第二段也有两个频率差。当然，不管两段都是斜的，还是一段是斜的而另一段不是斜的，结论都是正确的。

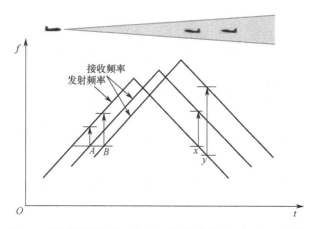

图 7.2.9　同时检测到两个目标在调制周期的每段都会测得两个差频

1. "幻影"现象

虽然根据频率时间曲线的连续性能够判断哪两个频率差属于同一目标，但是对雷达来说这种连续性是看不见的。要分辨在调频测距中通常遇到的频率差，就必须长时间接收目标回波。实质上，所有雷达只在第一段末尾和第二段末尾会观测到两个频率差。

图 7.2.10 给出了这一情况。图中用 A 和 B 表示第一组的两个频率差，用 x 和 y 表示第二组的两个频率差。如果没有更多的信息，雷达就无法确定这些频率差应当如何配对，即究竟是 A 和 y 属于同一目标还是 A 和 x 属于同一目标。

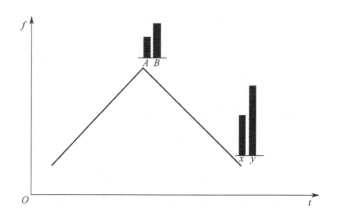

图 7.2.10　雷达只知道在每段结束时有两个差频，无法确定是 A 与 x 还是 A 与 y 属于同一目标

2. 识别"幻影"

在可能出现"幻影"的某些应用中，可在调制周期中另外增加一段来消除"幻影"。如

图 7.2.11 所示，就像 PRF 变换法要用增加另一个 PRF 来消除"幻影"的情况，即由两个以相同速率上升和下降的频率加上一个恒定频率段组成，后者用于直接测量目标多普勒频率。

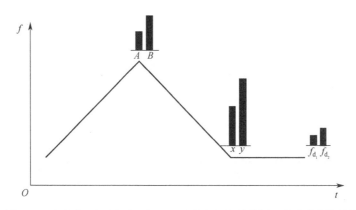

图 7.2.11　加上第三段来解决"幻影"，在该段上分别测量各目标的多普勒频率

如果测出了多普勒频率，就可很快地找到 A 和 B 与 x 和 y 的正确配对。正如把正斜率段的频率差与负斜率段的频率差相加就能将多普勒频率对消一样，将这两个频率相减便会对消传播时间，从而得到 2 倍的多普勒频率：

$$\begin{aligned} \Delta f_2 &= kt_r + f_d \\ -\ (\Delta f_1 &= kt_r - f_d) \\ \hline \Delta f_2 - \Delta f_1 &= 0 + 2f_d \end{aligned}$$

（7.2.10）

因此，用 x（或 y）减去 A（或 B），并将结果与所测得的多普勒频率进行比较，如图 7.2.12 所示，就能够确定哪两个配对是正确的。如果 $(x-A)$ 等于测得的某个多普勒频率的 2 倍，配对就应该是下面两种情况：x 和 A 配对，y 和 B 配对；反之，y 与 A 配对，x 和 B 配对。

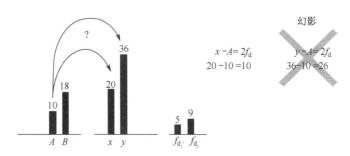

图 7.2.12　利用多普勒频率可以确定究竟是 x 与 A 配对还是 y 与 B 配对

7.2.3　测距性能分析

影响调频测距精度的因素主要有两个：发射机频率变化的速率 k 和频率差的测量精度。k 越大，在给定的传播时间内产生的频率差就越大。频率差越大，测频精度就越高，测距就越准。如图 7.2.13 所示，测频精度随着测量时间 t_{int} 即随调制周期的增加而提高。在搜索

工作方式下，t_{int} 受天线波束扫过目标的时间即目标驻留时间 t_{ot} 限制。因为目标驻留时间通常由其他条件确定，所以调制周期中的频率变化率 k 就成为决定测距精度的因素。

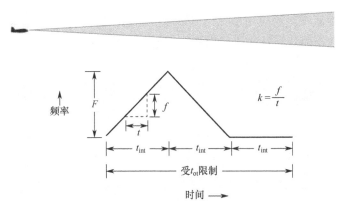

图 7.2.13　测频精度受目标驻留时间 t_{ot} 限制

　　如图 7.2.14 所示，在诸如低空测高仪的应用中，可以将调频斜率 k 设计得足够高，以便给出极其精确的测距精度。但是在空对空应用中，k 值受到严格限制。随着 k 的增大，地面回波有可能是从几百千米之外返回的，会使得频谱受到污染，出现杂波掩盖目标的现象，即使目标与杂波的多普勒频率有很大的区别也无济于事（见图 7.2.15）。由于 k 受到限制，在这些应用中调频测距是相当不精确的。

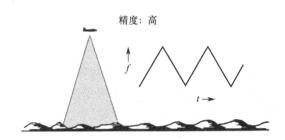

图 7.2.14　在高度计中，将调频曲线的斜率做得很陡以便提高测距精度

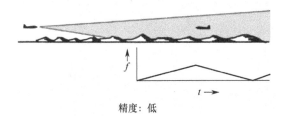

图 7.2.15　在空对空应用中，为了防止地面回波污染频谱，调频斜率必须取得平缓一些

　　因此，当进行调频测距时，发射和接收之间的时间延迟转换为频移。测出频移，就能求出距离。典型情况下，发射频率以恒定速率变化，这个变化持续很长时间，就能精确地

测量频率差。为了消除目标多普勒频率对所测频率差的影响，要进行第二次测量。这次测量或在发射固定频率周期进行，或在发射频率按相反斜率变化的期间进行，然后从第一次测量值中减去第二次测量值。为了分辨同时检测到两个目标时引起的模糊，可以进行第三次测量。对于远距离探测的应用情况，调频测距比脉冲延时测距复杂，而且一般来说，测量精度也较差，还会降低雷达的探测距离。但是，调频测距能够用于高 PRF 波形，并且能够同时保持测距能力。

7.2.4　脉冲调频法测距

采用脉冲调频法测距时，因为重复频率高，所以会产生测距模糊。为了判别模糊，必须对周期发射的脉冲信号加上某些可识别的"标志"，而调频脉冲串也是可用的一种方法。脉冲调频法测距的原理框图如图 7.2.16 所示。

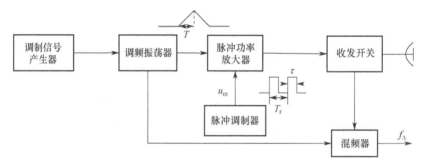

图 7.2.16　脉冲调频法测距的原理框图

脉冲调频时的发射信号频率如图 7.2.17 中的细实线所示，共分为 A、B、C 三段，分别采用正斜率调频、负斜率调频和发射恒定频率。因为调频周期 T 远大于雷达重复周期 T_r，所以在每个调频段中均包含多个脉冲。回波信号频率变化的规律也在同一图上标出以做比较。虚线所示为回波信号无多普勒频移时的频率变化，它相对于发射信号有一个固定的延迟 t_d，即将发射信号的调频曲线向右平移 t_d 即可。当回波信号还有多普勒频移时，其回波频率如图中的粗实线所示（图中的多普勒频移 f_d 为正值），即将虚线向上平移 f_d 得到。

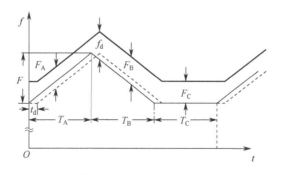

图 7.2.17　信号频率调制规律

接收机混频器中加上连续振荡的发射信号和回波脉冲串，所以在混频器输出端可以得到收发信号的差频信号。设发射信号的调频斜率为 μ，如图 7.2.18 所示。

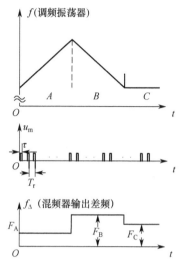

图 7.2.18 主要点的波形和频率

而 A、B、C 各段收发信号间的差频分别为

$$F_A = f_d - \mu t_d = \frac{2\upsilon_r}{\lambda} - \mu \frac{2R}{C} \tag{7.2.11}$$

$$F_B = f_d + \mu t_d = \frac{2\upsilon_r}{\lambda} + \mu \frac{2R}{C} \tag{7.2.12}$$

$$F_C = f_d = \frac{2\upsilon_r}{\lambda} \tag{7.2.13}$$

由式（7.2.11）、式（7.2.12）、式（7.2.13）可得

$$F_B - F_A = 4\mu \frac{R}{C} \tag{7.2.14}$$

即

$$R = \frac{F_B - F_A}{4\mu} \tag{7.2.15}$$

$$\upsilon_r = \frac{\lambda F_C}{2} \tag{7.2.16}$$

当发射信号的频率变化 A、B、C 三段的全过程后，每个目标的回波亦将是三串不同中心频率的脉冲。经过接收机混频后可分别得到差频 F_A、F_B 和 F_C，然后可求得目标的距离 R 和径向速度 υ_r。关于从脉冲串中取出差频 F 的方法，可参考"动目标显示"的有关原理。

使用脉冲调频法时，可以选取较大的调频周期 T，以保证测距的单值性。这种测距方法的缺点是测量精度较差，因为发射信号的调频线性不易做得好，而频率测量亦不易做得准确。

脉冲调频法测距和连续波调频测距的方法本质上是相同的。

7.2.5 FMCW 测距的应用

当调频连续波雷达工作于多目标情况时，接收机输入端有多个目标的回波信号。要区分这些信号并分别解算这些目标的距离是比较复杂的。因此，目前调频连续波雷达多用于测定只有单一目标的情况。例如，在飞机的高度表中，大地就是单一目标，如图 7.2.19 所示。

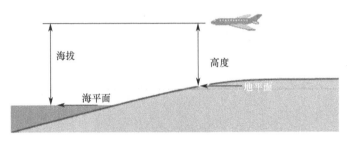

图 7.2.19　FMCW 雷达的测高应用

在许多情况下都需要知道飞机的绝对高度。由于飞机下方通常是一大块距离几乎相同的地面，采用 FM 测距方法的小型低功率、宽波束、下视连续波雷达就可连续地精确读取绝对高度。飞机利用测高仪和自动驾驶装置连接可以确保对仪表引导着陆的滑翔道进行平滑跟踪，而该 FMCW 雷达的测量结果以数值形式呈现给指针仪器，或数字化为屏幕上的字母数字显示，如图 7.2.20 所示。

图 7.2.20　FMCW 测距方法用于测量绝对高度雷达高度计的模拟显示

测高仪也可是脉冲式的。在军用方面，通过发射很低的 PRF 脉冲信号及采用脉冲压缩使脉冲功率分布在很宽的频带上，可使敌方检测到测高仪辐射的可能性降至最低。

当轰炸机在既不平坦又不水平的地面上投弹时，必须经常精确确定飞机相对于目标的距离和高度，如图 7.2.21 所示，要做到这一点，可将雷达波束对准目标并且测量：①天线俯角；②雷达波束中心到地的距离，该距离可由来自单脉冲（或波控）天线的近似于零仰角跟踪误差信号的回波来确定。

图 7.2.22 和图 7.2.23 给出了调频连续波雷达的天线，它只能测量一个主要目标，但这个目标的精度非常高，可以达到厘米级以内。

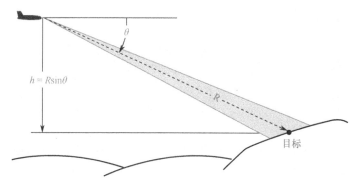

图 7.2.21　测量地面上某点的距离和相对高度

图 7.2.22　FMCW-Radar ART 使用单独的偏置天线进行发射和接收

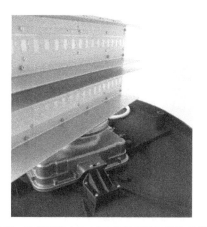

图 7.2.23　X 频段海上 FMCW 导航雷达的贴片天线阵列

7.3　距离跟踪原理

测距时需要对目标距离做连续测量，这被称为**距离跟踪**。实现距离跟踪的方法可以是人工的、半自动的和自动的。无论采用哪种方法，都必须产生一个时间位置可调的时标，即波门。调整移动时标的位置使之在时间上与回波信号重合，然后精确地读出时标的时间位置，作为目标距离数据送出。

1．人工距离跟踪

人工距离跟踪是指操作员按照显示器上的画面将电刻度对准目标回波。从控制器度盘或计数器上读出移动电刻度的准确时延，就可代表目标距离。因此，关键是要产生可移动的电刻度且其延迟时间可以精确读出。产生电刻度的方法有锯齿电压波法和相位调制法。

1）锯齿电压波法

锯齿电压波法产生移动电刻度的原理如图7.3.1所示。来自定时器的触发脉冲使锯齿电压产生器产生的锯齿电压 E_t 与比较电压 E_p 一同加到比较电路上，当锯齿波上升到 $E_t = E_p$ 时，比较电路就有输出送到脉冲产生器，使之产生一窄脉冲。这个窄脉冲可以控制一级移动距标形成电路，形成一个所需形式的电移动距标。在最简单的情况下，脉冲产生器产生的窄脉冲本身也可以成为移动距标（如光点式移动距标）。当锯齿电压波的上升斜率确定后，移动距标产生时间就由比较电压 E_p 决定。要精确地读出移动距指标产生的时间 t_r，可以从线性电位器上取出比较电压 E_p，即 E_p 与线性电位器旋臂的角度位置 θ 呈线性关系：$E_p = K\theta$。常数 K 与线性电位器的结构及所加电压有关。

图 7.3.1　锯齿电压波法产生移动电刻度的原理图

2）相位调制法

相位调制法利用正弦波来产生移动距标。图7.3.2是这种方法的原理方框图和波形图。

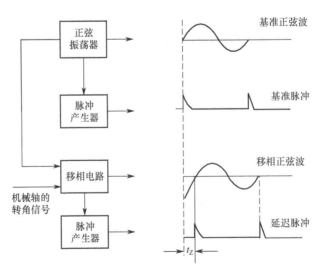

图 7.3.2　相位调制法的原理方框图和波形图

在图7.3.2中，正弦波经过放大、限幅、微分后，在相位为0和π的位置上分别得到正、负脉冲，再经单项削波就可得到一串正弦波，相应于基准正弦的零相位，常被称为**基准脉冲**，由脉冲产生器输出。将正弦电压加到一级移相电路，移相电路使正弦波的相位在 0～2π 范围内连续变化，因此，经过移相的正弦波产生的脉冲也将在正弦波周期内连续移动，这就是所需要的移动距标。正弦波的相移可以通过外界机械手柄进行控制，使机械轴的转角 θ 与正弦波的相移角之间具有良好的线性关系，这样就可通过改变机械转角 θ 而使延迟脉冲在 0～T 范围内任意移动。

常用的移相电路由专门制作的移相电容或移相电感实现。这些元件可使正弦波在 0～2π 范围内连续移相，且移相角与转轴转角呈线性关系，输出的相移正弦波振幅为常数。

利用相位调制法产生移动距标时，因为转角 θ 与输出电压的相角有良好的线性关系，所以可以提高延迟脉冲的准确性；缺点是输出幅度受正弦波频率限制。正弦波角频率 ω 越低，移相器的输出幅度越小，延迟时间的准确性就越差。这时，$t_z = \Phi/\omega$，$\Delta t_z = \Delta\Phi/\omega$，其中 $\Delta\Phi$ 是移相器的结构误差，Δt_z 是延迟时间误差。因此，一般来说，正弦波的频率不应低于 15kHz，也就是说，相位调制法产生的移动距标的运动范围在 10km 以内，而这显然不能满足雷达工作的需要。为了既保证延迟时间的准确性又有足够大的延迟范围，可以采用复合法产生移动距标。

所谓复合法产生移动距标，是指利用锯齿电压波法产生一组粗测移动波门，并用相位调制法产生精测移动距标。粗测移动波门可以在雷达所需的整个距离量程内移动，而精测移动距标则只能在粗测移动波门所相当的距离范围内移动。这样，粗测波门扩大了移动距标的延迟范围，精测移动距标则保证了延迟时间的准确性，进而提高了雷达的测距标准。

2. 自动距离跟踪

自动距离跟踪系统主要包括时间鉴别器、控制器和跟踪脉冲产生器三部分，如图 7.3.3 所示。

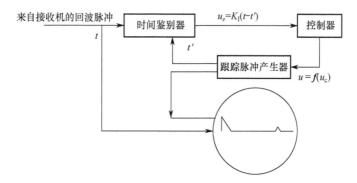

图 7.3.3 自动距离跟踪系统示意图

当进行自动距离跟踪时，跟踪脉冲的另一路和回波脉冲一起加到显示器上，以便观测监视。时间鉴别器的作用是将跟踪脉冲与回波脉冲在时间上加以比较，鉴别出它们之间的差Δτ并将其转换为误差电压给控制器。控制器根据误差电压的大小与方向输出信号来控制跟踪脉冲产生器。跟踪脉冲产生器的输出信号使跟踪脉冲的延迟时间朝着减小Δτ的方向变化，最终使Δt＝0或其他稳定的工作状态。

1）时间鉴别器

时间鉴别器的作用是比较回波信号与跟踪脉冲之间的延迟时间差Δτ，并将Δτ转换为与其成比例的误差电压 U_ε。时间鉴别器的结构如图 7.3.4 所示。

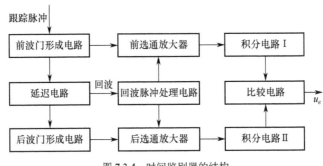

图 7.3.4 时间鉴别器的结构

2）控制器

控制器的作用是加工变换误差信号 U_ε，并用输出去控制跟踪波门移动，即改变时延 t'，使其朝减小 U_ε 的方向运动，也就是使 t' 趋于 t。

控制器可采用线性元件或积分元件实现。

3）跟踪脉冲产生器

跟踪脉冲产生器的作用是根据控制器输出的控制信号，产生所需的延迟时间 t' 的跟踪脉冲。跟踪脉冲产生器的结构如图 7.3.5 所示。

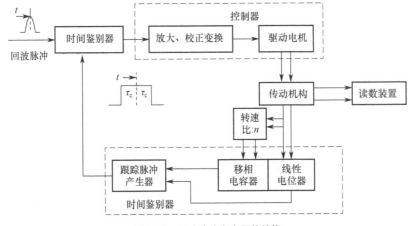

图 7.3.5 跟踪脉冲产生器的结构

7.4 角度测量

为了确定目标的空间位置，雷达在大多数应用情况下不仅要测定目标的距离，而且要测定目标的方向，即测定目标的角坐标，其中包括目标的方位角和高低角（仰角）。而目标的角度测量性能取决于天线的方向性。方向性，有时也称**方向性增益**，是天线将发射能量集中在特定方向的能力，具有高方向性的天线称为**定向天线**。通过测量接收回波时天线所指向的方向，可以确定从雷达到物体或目标的方位角和仰角。角度测量的精度取决于方向性，它是天线尺寸的函数。

由于电波沿直线传播，目标散射或反射电波波前到达的方向即为目标所在的方向。但是在实际情况下，电波并不在理想均匀的介质中传播，如大气密度、湿度随高度的不均匀性造成传播介质的不均匀，复杂的地形地物的影响等，使得电波传播路径发生偏折，从而造成测角误差。一般来说，进行近距测角时，由于误差不大，仍可近似地认为电波是直线传播的。进行远程测角时，应根据传播介质的情况对测量数据（主要是仰角测量）做出必要的修正。

因此，雷达测角的物理基础是电波在均匀介质中传播的直线性和雷达天线的方向性。天线的方向性可用其方向性函数或者根据方向性函数画出的方向图表示。但是，方向性函数的准确表达式往往很复杂，为便于计算，工程上常用一些简单的近似函数。方向图的主要技术指标是半功率波束宽度和副瓣电平。角度测量值表征角分辨力且直接影响测角精度，副瓣电平则主要影响雷达的抗干扰性能。

测角方法可分为振幅法和相位法两大类。本节首先讨论测角性能的关键指标——角分辨力、基于相位和幅度信息的一般测角方法及它们的优缺点，然后讨论角度跟踪的原理。

7.4.1 测角性能参数

测角性能可用测角范围、测角速度、测角准确度或精度、角分辨力来衡量。准确度用测角误差的大小表示，包括雷达系统本身调整不良引起的系统误差和由噪声及各种起伏因素引起的随机误差。测量精度由随机误差决定。角分辨力是指在有多个目标的情况下，雷达在角度上将它们分辨开的能力，常用雷达在可分辨条件下同距离的两个目标间的最小角坐标之差表示。

角分辨力是两个相同距离的相等目标可以分离的最小角度间隔。雷达的角分辨力特性由天线波束宽度决定，如图 7.4.1 所示，天线波束宽度由半功率（−3dB）点定义的−3dB 角度 θ 表示，用于定义角分辨力的波束宽度。因此，如果两个相同距离的相同目标之间的距离大于天线波束宽度，则可在角度上分辨它们。波束宽度 θ 越小，雷达天线的方向性越高，方位分辨力越好。

作为两个目标之间距离的角分辨力还可用横向距离来衡量，可通过以下公式计算：

$$S_A = 2R\sin\theta \qquad\qquad (7.2.14)$$

| (a) 方位维分辨力 | (b) 空间分辨单元 |

图 7.4.1 角分辨力

雷达在方位角和仰角上分辨目标的能力主要由方位角和仰角波束宽度决定。这一点可由图 7.4.2 中的两幅图简要地加以说明。在第一幅图中，两个处于几乎同样距离上的相同目标 A 和 B 之间的间隔比波束宽度稍大一些。当波束扫过时，雷达先收到目标 A 的回波，然后收到目标 B 的回波。因此，这些目标很容易分辨。在第二幅图中，同样两个目标的间隔小于波束宽度。当波束扫过它们时，雷达仍然首先收到目标 A 的回波。但是，在它停止从目标 A 收到回波之前，它就开始从目标 B 接收回波。因此，从两个目标来的回波就混在一起了。表面上看，角分辨力不会超过主瓣 θ_{nn} 的宽度。实际上，分辨力比这要好得多，因为分辨力不单取决于波瓣宽度，还取决于在波瓣内的能量分布。

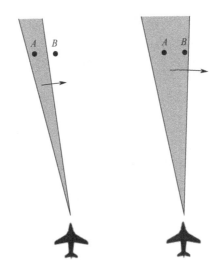

图 7.4.2 目标角分辨力与天线波束宽度的关系，波束宽度小于目标间的角度间隔时就能分辨开

图 7.4.3 中的曲线表示了当主瓣扫过单个目标时接收信号强度的变化情况。当波瓣的前沿扫过目标时，回波弱得检测不到。但是，信号强度迅速增加，当波瓣中央对准目标时，回波达到最大值。然后，当波瓣后沿扫过目标时又弱到检测不了。

应该指出，该曲线与在类似坐标中画出的辐射方向图不同，它更加尖锐。为了说明这一点，假定目标的位置正好处在辐射功率为波瓣中央辐射功率一半（下降 3dB）的方向上，如图 7.4.4 所示，当接收目标回波时，回波的功率又将减半。结果是，接收到的回波只有当目标处于波瓣中央时的回波的 1/4（小 6dB）。

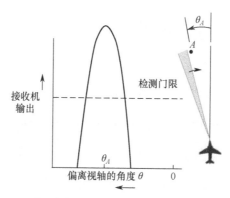

图 7.4.3　天线主瓣扫过单个目标时接收信号强度的变化情况

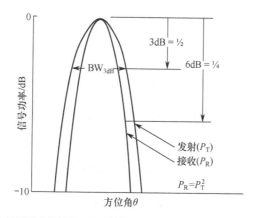

图 7.4.4　天线的方向性既影响发射波又影响接收波，所以接收信号强度与角度的关系显得更尖锐

　　因为这种两次削弱的缘故，所以接收信号功率的图形要比辐射方向图窄。又因为目标处于波瓣边缘时接收信号弱得收不到，除非目标在近距离上，能检测到目标的方位角范围比零点到零点的波束宽度要窄。这种图形变窄对角分辨力的最终影响可用图 7.4.5 中的三幅图形来说明。它们表示两个等强目标 A 和 B 的钟形曲线合成后的结果。当目标靠得很近时，两条曲线合在一起产生一个宽包。随着目标间隔的增大，在这个包络的顶部逐渐出现一个凹陷。这个凹陷不断增大，一直到包络分成两个为止。

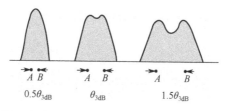

图 7.4.5　当两个目标的间隔增加时，在接收机输出与方位角的关系曲线上逐渐产生一个凹陷

实际上，当目标间距为 1～1.5 倍 3dB 波束宽度时，凹陷就很明显，因此用 3dB 波束宽度来衡量雷达角分辨力。这并不意味着雷达确定目标方向的精度仅局限于波束宽度。当波束扫过目标时，接收到的目标回波幅度对称地变化，单个目标的测向精度可以达到波束宽度的很小一部分。

7.4.2 相位法测角

1. 基本原理

相位法测角是指利用多副天线接收到的回波信号之间的相位差来进行测角。如图 7.4.6 所示，设在 θ 方向有一个远区目标，则到达接收点的目标所反射的电波近似为平面波。两副天线的间距为 d，它们收到的信号由于存在波程差 ΔR 而产生一个相位差 φ，结合图 7.4.7 和图 7.4.8 可知

$$\varphi = \frac{2\pi}{\lambda}\Delta R = \frac{2\pi}{\lambda}d\sin\theta \tag{7.4.2}$$

式中，λ 为雷达波长。例如，用相位计进行比相，测出其相位差 φ，就可确定目标方向 θ。

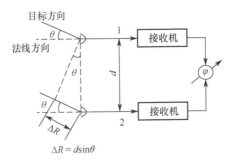

图 7.4.6　相位法测角示意图

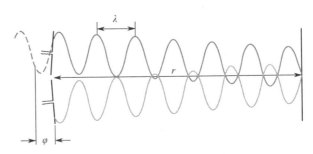

图 7.4.7　波程差产生的相位差

2. 电路实现

因为在较低频率上容易实现比相，所以通常将两天线收到的高频信号经与同一本振信号差频后，在中频进行比相。图 7.4.8 所示为一个相位法测角方框图。接收信号经过混频、

放大后，再加到相位比较器中进行比相，其中自动增益控制电路用来保证中频信号幅度稳定，以免幅度变化引起测角误差。

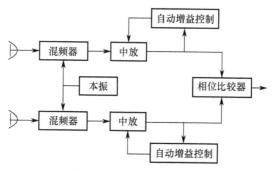

图 7.4.8　相位法测角方框图

图中的相位比较器可以采用相位检波器。图 7.4.9(a)所示为相位检波器的一种具体电路，它由两个单端检波器组成，其中每个单端检波器与普通检波器的差别仅在于检波器的输入端是两个信号，根据两个信号间的相位差的不同，其合成电压振幅将改变，这样就把输入信号间相位差的变化转换为不同的检波输出电压，如图 7.4.9(b)和(c)所示。

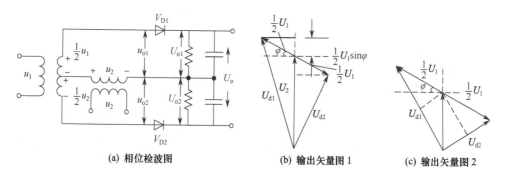

(a) 相位检波图　　　(b) 输出矢量图 1　　　(c) 输出矢量图 2

图 7.4.9　二极管相位检波器电路及矢量图

3. 测角误差与多值性问题

1）测角误差

相位差 φ 值测量不准，将产生测角误差。为减小误差，可采用如下两种方法：一是采用读数精度高（$d\varphi$ 小）的相位计；二是减小 λ/d 值。

注意，当 $\theta = 0$ 时，即目标处在天线法线方向时，测角误差 $d\theta$ 最小。θ 增大，$d\theta$ 也增大，为保证一定的测角精度，θ 的范围有一定的限制。

2）测角多值性及其解决办法

增大 d/λ 虽然可提高测角精度，但在感兴趣的 θ 范围（测角范围）内，当 d/λ 加大到一定程度时，φ 值可能超过 2π，此时 $\varphi = 2\pi N + \psi$，其中 N 为整数；$\psi < 2\pi$，相位计实际读数为 ψ 值。

因为 N 值未知，所以真实的 φ 值不能确定，于是就出现多值性（模糊）问题。

比较有效的办法是利用三天线测角设备，间距大的天线1、3用来得到高精度测量，而间距小的天线1、2用来解决多值性，如图7.4.10所示。

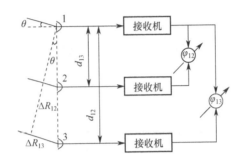

图 7.4.10 三天线相位法测角

设目标在 θ 方向。天线 1、2 之间的距离为 d_{12}，天线 1、3 之间的距离为 d_{13}，适当选择 d_{12}，使天线 1、2 收到的信号之间的相位差在测角范围内均满足

$$\varphi_{12} = \frac{2\pi}{\lambda} d_{12} \sin\theta < 2\pi \tag{7.4.3}$$

根据要求，选择较大的 d_{13}，则天线 1、3 收到的信号的相位差为

$$\varphi_{13} = \frac{2\pi}{\lambda} d_{13} \sin\theta = 2\pi N + \psi \tag{7.4.4}$$

φ_{12}、φ_{13} 由对应的相位计读出。

但是，实际读数是小于 2π 的 ψ。为了确定 N 值，可以利用如下关系：

$$\frac{\varphi_{13}}{\varphi_{12}} = \frac{d_{13}}{d_{12}}$$
$$\varphi_{13} = \frac{d_{13}}{d_{12}} \varphi_{12} \tag{7.4.5}$$

φ_{12} 中包含相位计的读数误差，φ_{13} 的误差为相位计误差的 d_{13}/d_{12} 倍。

将 $(d_{13}/d_{12})\varphi_{12}$ 除以 2π，所得商的整数部分就是 N 值。然后由式（7.4.4）算出 φ_{13} 并确定 θ。因为 d_{13}/λ 值较大，所以保证了所要求的测角精度。

7.4.3 振幅法测角

除了利用回波信号中蕴含的相位信息进行角度测量，也可利用回波信号中的幅度信息进行角度测量。回波幅度值的变化规律取决于天线方向图及天线扫描方式。振幅法测角主要有最大信号法和等信号法。

最大信号法测角广泛应用于搜索、引导雷达中。等信号法常用来进行自动测角，即应用于跟踪雷达中。

1. 最大信号法

1）基本原理

当天线波束做圆周扫描或在一定扇形范围内做匀角速扫描时，对收发共用天线的单基地脉冲雷达而言，接收机输出的脉冲串幅度值被天线双程方向图函数调制。找出脉冲串的最大值（中心值），确定该时刻的波束轴线指向即为目标所在方向，如图 7.4.11 所示。当天线波束在空间扫描时，接收机输出的回波脉冲串的最大值所对应的时刻的波束轴线指向，即为目标所在方向。

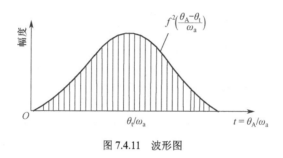

图 7.4.11　波形图

如果天线转动角速度为 $\omega_a r/\text{min}$，脉冲雷达重复频率为 f_r，则在雷达发射的相邻两脉冲间，天线转过的角度为

$$\Delta\theta_s = \frac{\omega_a \times 360°}{60} \cdot \frac{1}{f_r} \qquad (7.4.6)$$

这样，天线轴线（最大值）扫过目标方向 θ_t 时，不一定有回波脉冲，也就是说，$\Delta\theta_s$ 将产生相应的"量化"测角误差，如图 7.4.12 所示。

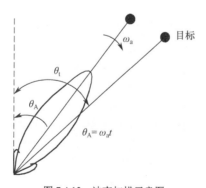

图 7.4.12　波束扫描示意图

2）测读方法

在人工录取的雷达中，操纵员在显示器画面上看到回波最大值的同时，读出目标的角

度数据。采用平面位置显示（PPI）二度空间显示器时，扫描线与波束同步转动，根据回波标志中心（相当于最大值）相应的扫描线位置，借助显示器上的机械角刻度或电子角刻度读出目标的角坐标。

在自动录取的雷达中，可以采用以下办法读出回波信号最大值的方向：一般情况下，天线方向图是对称的，因此回波脉冲串的中心位置就是其最大值的方向。测读时可先对回波脉冲串进行二进制量化，其振幅超过门限时取"1"，否则取"0"，如果测量时没有噪声和其他干扰，就可根据出现"1"和消失"1"的时刻，方便且精确地找出回波脉冲串"开始"和"结束"时的角度，两者的中间值就是目标的方向。通常，回波信号中总是混杂着噪声和干扰，为减弱噪声的影响，脉冲串在二进制量化前先进行积累，如图 7.4.13 中的实线所示，积累后的输出将产生一个固定迟延（可用补偿解决），但可提高测角精度。

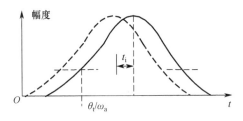

图 7.4.13　脉冲积累原理示意图

最大信号法测角也可采用闭环的角度波门跟踪进行，其基本原理和采用距离波门进行距离跟踪时相同。

3）特点

最大信号法的优点如下：一是简单；二是用天线方向图的最大值方向测角，此时回波最强，故信噪比最大，对检测发现目标是有利的。

最大信号法的缺点如下：一是直接测量时测量精度不是很高，约为波束半功率宽度（$\theta_{0.5}$）的 20%。因为方向图最大值附近比较平坦，最强点不易判别，测量方法改进后可提高精度；二是不能判别目标偏离波束轴线的方向，故不能用于自动测角。

2．等信号法

1）基本原理

等信号法测角采用两个相同且彼此部分重叠的波束，其方向图如图 7.4.14(a)所示。如果目标处在两波束的交叠轴 OA 方向，则由两波束收到的信号强度相等，否则一个波束收到的信号强度高于另一个，如图 7.4.14(b)所示。因此，人们常称 OA 为**等信号轴**。当两个波束收到的回波信号相等时，等信号轴所指方向即为目标方向。当目标处在 OB 方向时，波束 2 的回波比波束 1 的强；而当目标处在 OC 方向时，波束 2 的回波较波束 1 的弱。因此，比较两个波束回波的强弱就可判断目标偏离等信号轴的方向，并且可以采取查表的办法估计出偏离等信号轴的大小。

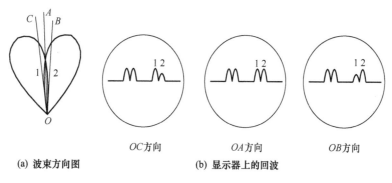

(a) 波束方向图　　　　　　　　　(b) 显示器上的回波

图 7.4.14　等信号法测角

2）测量方法

具体实现方法有比幅法与和差法。

设天线电压方向性函数为 $F(\theta)$，等信号轴 OA 的指向为 θ_0，则波束 1、2 的方向性函数可以分别写成

$$F_1(\theta) = F(\theta_1) = F(\theta + \theta_k - \theta_0)$$
$$F_2(\theta) = F(\theta_2) = F(\theta - \theta_0 - \theta_k) \tag{7.4.7}$$

式中，θ_k 为 θ_0 与波束最大值方向的偏角。

采用等信号法测量时，波束 1 接收到的回波信号 $u_1 = KF_1(\theta) = KF(\theta_k - \theta_t)$，波束 2 接收到的回波信号 $u_2 = KF_2(\theta) = KF(-\theta_k - \theta_t) = KF(\theta_k + \theta_t)$，其中 θ_t 为目标方向偏离等信号轴 θ_0 的角度。

对 u_1 和 u_2 信号进行比幅法或和差法处理，都可获得目标方向 θ_t 的信息。

（1）比幅法。比幅法是指根据两信号电压幅度的比值，判断目标偏离等信号轴的方向；查找预先制定的表格，可以估计出偏离等信号轴的大小。

求两信号幅度的比值：

$$\frac{u_1(\theta)}{u_2(\theta)} = \frac{F(\theta_k - \theta_t)}{F(\theta_k + \theta_t)} \tag{7.4.8}$$

根据比值的大小可以判断目标偏离 θ_0 的方向，查找预先制定的表格，就可以估计出目标偏离 θ_0 的数值。

（2）和差法。和差法是指首先求解两信号电压的差值 $\Delta(\theta_t)$ 与和值 $\Sigma(\theta_t)$，然后通过比较差值 $\Delta(\theta_t)$ 与和值 $\Sigma(\theta_t)$，即可获得归一化和差值，进而判断目标偏离等信号轴的方向。

由 u_1 及 u_2 可求得差值 $\Delta(\theta_t)$ 与和值 $\Sigma(\theta_t)$。差值为

$$\Delta\theta = u_1(\theta) - u_2(\theta) = K\left[F(\theta_k - \theta_t) - F(\theta_k + \theta_t)\right] \tag{7.4.9}$$

在等信号轴 $\theta = \theta_0$ 附近，差值 $\Delta(\theta_t)$ 可近似表达为

$$\Delta(\theta_t) \approx 2\theta_t \frac{dF(\theta)}{d\theta}\bigg|_{\theta=\theta_0} k \tag{7.4.10}$$

和值为

$$\Sigma(\theta_t) = u_1(\theta) + u_2(\theta) = K\left[F(\theta_k - \theta_t) + F(\theta\theta_k + \theta_t)\right] \tag{7.4.11}$$

在 θ_0 附近可近似表示为

$$\Sigma(\theta_t) \approx 2F(\theta_0)k \tag{7.4.12}$$

于是，就可求得其和、差波束 $\Sigma(\theta)$ 与 $\Delta(\theta)$，如图 7.4.15 所示。归一化的和差值为

$$\frac{\Delta}{\Sigma} = \frac{\theta_t}{F(\theta_0)} \frac{dF(\theta)}{d\theta}\bigg|_{\theta=\theta_0} \tag{7.4.13}$$

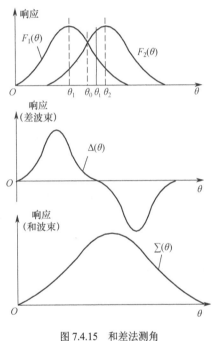

图 7.4.15　和差法测角

因为 Δ/Σ 正比于目标偏离 θ_0 的角度 θ_t，故可用它来判读角度 θ_t 的大小与方向。

3）优点与缺点

优点：一是测角精度比最大信号法的高。因为等信号轴附近方向图的斜率较大，当目标略为偏离等信号轴时，两信号强度变化较显著。由理论分析可知，对收发共用天线的雷达，精度约为波束半功率宽度的 2%，比最大信号法高约一个量级；二是根据两个波束收到的信号的强弱可以判别目标偏离等信号轴的方向，便于实现自动测角。

缺点：一是测角系统较复杂；二是等信号轴方向不是方向图的最大值方向。因此，在发射功率相同的条件下，作用距离比最大信号法小一些。若两波束交点选择在最大值的

0.7～0.8 倍处，则对收发共用天线的雷达，作用距离比最大信号法减小 20%～30%。

7.4.4 角度跟踪原理

在火控系统中使用的雷达，必须快速连续地提供单个目标（飞机、导弹等）坐标的精确数值。在靶场测量、卫星跟踪、宇宙航行等方面应用时，雷达也观测一个目标，而且必须精确地提供目标坐标的测量数据。

为了快速地提供目标的角度精确坐标值，需要采用自动测角的方法。自动测角时，天线能自动跟踪目标，同时将目标的坐标数据经数据传递系统送给计算机数据处理系统。

与自动测距需要有一个时间鉴别器一样，自动测角也要有一个角误差鉴别器。当目标方向偏离天线轴线（即出现误差角）时，就会产生一个误差电压。误差电压的大小正比于误差角，其极性随偏离方向的不同而改变。这个误差电压经跟踪系统变换、放大、处理后，控制天线向减小误差角的方向运动，使天线轴线对准目标。

采用等信号法测角时，在一个角平面内需要两个波束。这两个波束可以交替出现（顺序波瓣法），也可以同时存在（同时波瓣法）。前一种方式以圆锥扫描雷达为典型应用，后一种方式以单脉冲雷达为典型应用。下面分别介绍这两种雷达自动测角的原理与方法。

*1. 圆锥扫描自动测角系统

1）圆锥扫描雷达基本原理

对于图 7.4.16 所示的针状波束，其最大辐射方向 $O'B$ 偏离等信号轴（波束旋转轴）$O'O$ 一个角度 δ，当波束以一定的角速度 ω_s 绕等信号轴 $O'O$ 旋转时，波束最大辐射方向 $O'B$ 就在空间画出一个圆锥，如图 7.4.17 所示，所以称其为**圆锥扫描**。

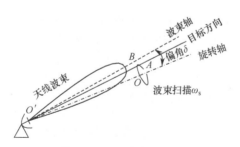

图 7.4.16　圆锥扫描示意图

图 7.4.17　圆锥扫描时，天线围绕其中心轴跟踪一个锥形图案

波束在做圆锥扫描的过程中，绕天线旋转轴旋转，因天线旋转轴方向是等信号轴方向，故扫描过程中这个方向天线的增益始终不变。如果目标不在瞄准方向，则在偏心移动方向接收到最大后向散射功率，如图 7.4.18 所示；当天线对准目标时，接收机输出的回波信号为一串等幅脉冲。

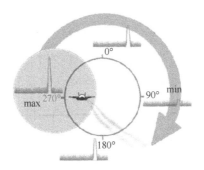

图 7.4.18　如果目标不在瞄准方向，则在偏心移动方向接收到最大后向散射功率

如果取一个垂直于等信号轴的平面，则波束截面及波束中心（最大辐射方向）的运动轨迹等如图 7.4.19 所示。如果目标偏离等信号轴方向，则在扫描过程中波束最大值旋转到不同的位置时，目标有时靠近有时远离天线最大辐射方向，使得接收的回波信号幅度也产生相应的强弱变化。下面证明输出信号近似为正弦波调制的脉冲串，其调制频率为天线的圆锥扫描频率 ω_s，调制深度取决于目标偏离等信号轴方向的大小，而调制波的起始相位 φ 则由目标偏离等信号轴的方向决定。

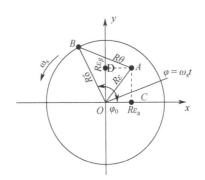

图 7.4.19　圆锥扫描雷达截面示意图

由图 7.4.19 可看出，如果目标偏离等信号轴的角度为 ε，等信号轴偏离波束最大值的角度（波束偏角）为 δ，圆为波束最大值运动的轨迹，在 t 时刻，波束最大值位于 B 点，则此时波束最大值方向与目标方向之间的夹角为 θ。如果目标距离为 R，则可求得通过目标的垂直平面上各弧线的长度如图 7.4.19 所示。处于跟踪状态时，误差 ε 通常很小，满足 $\varepsilon \ll \delta$，由简单的几何关系可求得 θ 角随旋转波束变化的规律。对脉冲雷达来说，当目标处于天线轴线方向时，$\varepsilon = 0$，收到的回波是一串等幅脉冲；存在 ε 时，收到的回波是振幅受调制的脉冲串，调制频率等于天线锥扫频率 ω_s，而调制深度正比于误差角度 ε。

圆锥扫描雷达通过角误差鉴别器获得对应目标偏转角 ε 的误差信号。误差信号

$$u_c = U_m \cos(\omega_s t - \varphi_0) = U_{0m} \cos(\omega_s t - \varphi_0)$$

的振幅 U_m 表示目标偏离等信号轴的大小，而初相 φ_0 则表示目标偏离的方向，如 $\varphi_0 = 0$ 表示目标只有方位误差。

跟踪雷达中通常有方位角和仰角两个角度跟踪系统，因此要将误差信号 u_c 分解为方位和仰角误差两部分，以控制两个独立的跟踪支路，这时的数学表达式为

$$u_c = U_m \cos(\omega_s t - \varphi_0) = U_m \cos\varphi_0 \cos\omega_s t + U_m \sin\varphi_0 \sin\omega_s t \qquad (7.4.14)$$

即分别取出方位角误差 $U_m \cos\varphi_0 = U_0 \eta \varepsilon \cos\varphi_0$ 和仰角误差 $U_m \sin\varphi_0 = U_0 \eta \varepsilon \sin\varphi_0$。误差电压分解的办法是采用两个相位鉴别器，两个相位鉴别器的基准电压分别为 $U_k \cos\omega_s t$ 和 $U_k \sin\omega_s t$，基准电压取自和天线头扫描电机同轴的基准电压发电机。

在圆锥扫描雷达中，波束偏角 δ 的选择影响甚大。增大 δ 时，该点的方向图斜率 $F'(\delta)$ 也增大，使测角率

$$\eta = \frac{-2F'(\delta)}{F(\delta)} \qquad (7.4.15)$$

加大，有利于跟踪性能。与此同时，等信号轴线上的目标回波功率减小，波束交叉损失 L_k（与波束最大值对准时比较）随 δ 增大而增加，它将降低信噪比而对性能不利。综合考虑，通常选择 $\delta = 0.3\theta_{0.5}$ 左右较为合适，$\theta_{0.5}$ 为半功率波束宽度。

2）圆锥扫描雷达测角系统的组成及工作过程

图 7.4.20 给出了圆锥扫描雷达的典型组成框图。圆锥扫描电机带动天线馈源匀速旋转，使波束进行圆锥扫描。

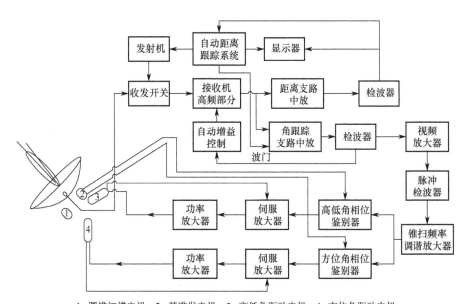

1. 圆锥扫描电机　2. 基准发电机　3. 高低角驱动电机　4. 方位角驱动电机

图 7.4.20　圆锥扫描雷达的典型组成框图

　　圆锥扫描雷达的接收机高频部分与普通雷达的相似，但主中放的末几级分为两路，一路称为**距离支路中放**，另一路称为**角跟踪支路中放**。接收信号经过高频部分放大、变频后，加到距离支路中放，放大后再经过检波、视放后，加到显示器和自动距离跟踪系统。在显示器上可对波束内空间的所有目标进行观察。自动距离跟踪系统只对要进行自动跟踪的一个目标进行距离跟踪，并输出一个距离跟踪波门给角跟踪支路中放，作为角跟踪支路中放的开启电压（平时角跟踪支路中放关闭，只有跟踪波门来时才打开）。这样做的目的是避免多个目标同时进入角跟踪系统，造成角跟踪系统工作混乱。因此，在进行方向跟踪之前必须先进行距离跟踪。角跟踪支路中放只让被选择的目标通过。回波信号经过检波、视放、包络检波，取出脉冲串的包络；再经锥扫频率调谐放大器，滤去直流信号和其他干扰信号，得到交流误差电压；然后送至方位角相位鉴别器和高低角相位鉴别器。与此同时，与圆锥扫描电机同步旋转的基准电压发电机产生的正、余弦电压也分别加到两个相位鉴别器上，作为基准信号与误差信号进行相位鉴别，分别取出方位角及高低角直流误差信号。直流误差信号经伺服放大、功率放大后，分别加到方位角及高低角驱动电机上，使电机带动天线向减小误差的方向转动，最后使天线轴对准目标。

　　为了使伺服系统稳定工作，由驱动电机引回一反馈电压，以限制天线过大幅度的振荡。图中还有自动增益控制电路。交流误差信号振幅 U_m 与天线轴线对准目标时的信号振幅 U_0 有关，即与目标斜距 R 和目标截面积有关，对于具有相同误差角但距离不同的目标，误差信号振幅不同。图 7.4.21 所示为一个向着雷达站飞行的目标的接收信号的高频波形图。

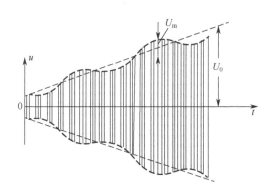

图 7.4.21　一个向着雷达站飞行的目标的接收信号的高频波形图

　　图 7.4.21 所示的误差信号将使系统的角灵敏度（相位鉴别器对单位误差角输出的电压）变化，如果不设法消除，将使系统工作性能变坏。因此，必须在接收机中加自动增益控制（AGC）电路，用以消除目标距离及目标截面积大小等对输出误差电压幅度的影响，使输出误差电压只取决于误差角而与距离等因素无关。为此，要取出回波信号平均值，用它去控制接收机增益，使输出电压的平均值保持不变。

　　接收时，如图 7.4.22 所示，主瓣的中央交替地先放在目标的一边，然后放在目标的另一边。如果目标处于两个波瓣的中部，那么从两个瓣接收到的回波的强度相同；如果情况不是这样，一个波瓣的回波将比另一个波瓣的回波强。

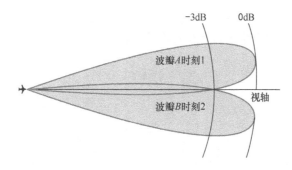

图 7.4.22　顺序波瓣时，通过交替地把主瓣放在天线轴线的一边和另一边来确定角跟踪误差

正常情况下，波瓣分离得正好在半功率点相交。因为辐射方向图在这个区域内的斜率相对来说比较陡，目标稍微偏离通过相交点的线，就会使由两个波瓣接收到的回波在强度上的很大，如图 7.4.23 所示。通过改变天线的位置可以使这个差别减小到零（即消除角误差），天线可以精确地对准目标。

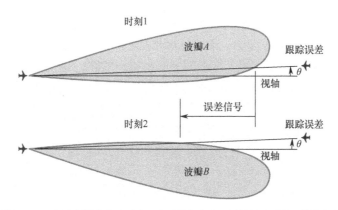

图 7.4.23　跟踪误差的大小对应跟踪误差的大小，差的符号对应误差的方向

但是，波束转换是顺序的，目标回波强度的短期变化可由闪烁或电子干扰引起，因此会在通过两个波瓣接收到的回波中引入巨大的、杂散的差别，进而降低跟踪精度。这个问题可以通过将天线设计成能同时产生两个波瓣而解决，这种技术称为**同时波束对准**。因为所有必需的角跟踪信息都可从一个反射脉冲中获得，所以更常用的名称是**单脉冲技术**。

2. 单脉冲雷达自动测角系统

单脉冲系统分为两大类，它们之间的差别在于两个波瓣所指的方向及通过相对波瓣所接收回波的比较方式。如图 7.4.24 所示，第一类称为**振幅和差单脉冲**，它基本上以同时产生波束的方式模仿了顺序波束转换。

由于两个波束指在稍微不同的方向上，如果目标不在天线的轴线上，那么其中一个波束收到的回波将有别于通过另一个波束同时收到的回波，通过将一个馈源的输出和另一个馈源的输出相减，就产生一个角跟踪误差信号，其正比于角误差，通常称为**差信号**；两个输出的和通常称为**和信号**，用于目标检测和距离跟踪。

振幅和差单脉冲

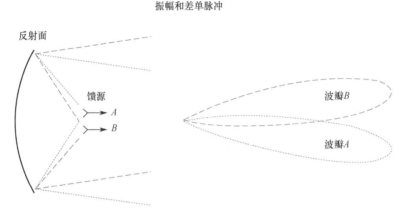

图 7.4.24　通过两个波束同时接收回波，误差信号是 A、B 输出之差

　　第二类单脉冲是相位和差单脉冲。在这种系统中，阵列被分成两半。由两个半阵列产生的两个波束指向同一方向。因此，不论目标相对于天线轴线的角度为多少，通过一个波束收到的回波和通过另一个波束收到的回波的幅度是一样的。但是，如图 7.4.25 所示，如果存在角度误差，那么两个回波的相位不同，因为从目标到阵列两个半面的平均距离不同。在半个阵面的输出中引入 180° 的相移后，再把两个输出相加，就可以获得一个正比于相位差的误差信号。如果没有跟踪误差，输出就会相互抵消。如图 7.4.26 所示，如果有角误差，这时输出之间的相位差就只能部分地抵消，于是产生一个正比于跟踪误差的差信号输出。

相位和差单脉冲

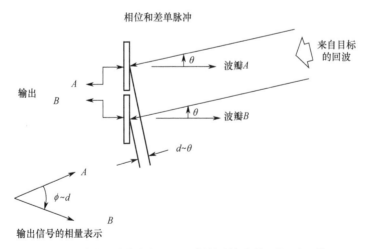

图 7.4.25　相位和差单脉冲，A、B 波瓣间的相位差正比于角误差 θ

　　在不引入外加相移的情况下，将两个输出相加，就可获得一个距离跟踪用的和信号。为了既在方位上又在仰角上进行单脉冲跟踪，通常将天线分成四个象限，如图 7.4.27 所示。

通过分别将两个左象限和两个右象限的输出相加，然后取这两个和的差值，就得到方位差信号。同样，取两个上象限之和与两个下象限之和的差值，可以得到仰角差信号。通常有三个接收机通道：一个给方位差信号，一个给仰角差信号，一个给和信号。但是，通过以时分方式交替地将方位和仰角差信号馈送给一个接收通道，可以大大简化接收系统的设计。

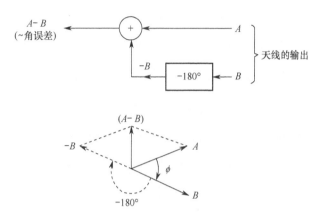

图 7.4.26　天线两半部分输出转成误差信号的方法

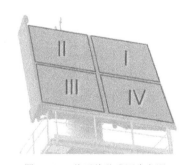

图 7.4.27　将天线分成四个象限

单脉冲雷达自动测角属于同时波瓣测角法。在一个角平面内，两个相同的波束部分重叠，其交叠方向即为等信号轴方向。将这两个波束同时接收到的回波信号进行比较，就可取得目标在这个平面上的角误差信号，然后将此误差电压放大变换后加到驱动电动机，控制天线向减小误差的方向运动。因为两个波束同时接收回波，所以单脉冲测角获得目标角误差信息的时间可以很短，理论上讲，只要分析回波脉冲就可以确定角误差，因此称其为**单脉冲**。这种方法可以获得比圆锥扫描高得多的测角精度，所以精密跟踪雷达常采用它。

由于取出角误差信号的具体方法不同，单脉冲雷达的种类很多，这里着重介绍常用的振幅和差式单脉冲雷达，并简单介绍相位和差式单脉冲雷达。

1）振幅和差式单脉冲雷达自动测角原理

（1）**角误差信号**。雷达天线在一个角平面内有两个部分重叠的波束，如图 7.4.28(a)所示，振幅和差式单脉冲雷达取得角误差信号的基本方法是，将这两个波束同时收到的信号进行和、差处理，分别得到和信号与差信号。与和、差信号相对应的和、差波束如图 7.4.28(b) 和(c)所示。其中差信号即为该角平面内的角误差信号。由图 7.4.28(a)可以看出，若目标处在天线轴线方向（等信号轴），误差角 $\varepsilon = 0$，则两波束收到的回波信号的振幅相同，差信号等于零。当目标偏离等信号轴而有一误差角 ε 时，差信号输出振幅与 ε 成正比，其符号（相位）则由偏离的方向决定。和信号除了用作目标检测和距离跟踪，还用作角误差信号的相位基准。

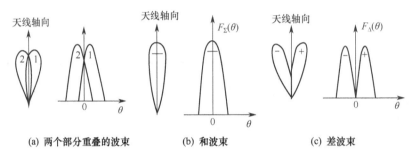

(a) 两个部分重叠的波束　　(b) 和波束　　(c) 差波束

图 7.4.28　振幅和差式单脉冲雷达波束图

（2）和差比较器。和差比较器（和差网路）是单脉冲雷达的重要部件，由它完成和、差处理，形成和差波束。用得较多的是双 T 接头，如图 7.4.29(a)所示，它有四个端口：Σ（和）端、Δ（差）端、1 端、2 端。若四个端口都是匹配的，则从 Σ 端输入信号时，1 端、2 端便输出等幅同相信号，Δ 端无输出；若从 1 端、2 端输入同相信号，则 Δ 端输出两者的差信号，Σ 端输出和信号。和差比较器的示意图如图 7.4.29(b)所示，它的 1 端、2 端与形成两个波束的两相邻馈源 1、2 相接。

发射时，从发射机来的信号加到和差比较器的 Σ 端，所以 1 端、2 端输出等幅同相信号 E_1、E_2，两个馈源被同相激励，并且辐射相同的功率，结果是两波束在空间各点产生的场强同相相加，形成发射和波束 $F_\Sigma(\theta)$，Δ 端无输出，如图 7.4.29(a)所示。

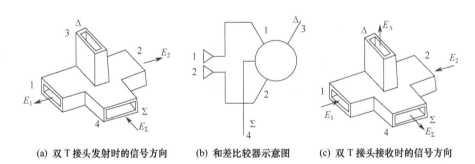

(a) 双 T 接头发射时的信号方向　　(b) 和差比较器示意图　　(c) 双 T 接头接收时的信号方向

图 7.4.29　双 T 接头与和差比较器

接收时，回波脉冲同时被两个波束的馈源所接收。两波束接收到的信号振幅有差异（视目标偏离天线轴线的程度），但相位相同（为了实现精密跟踪，波束通常做得很窄，对处在和波束照射范围内的目标，两馈源接收到的回波的波程差可以忽略不计）。这两个相位相同的信号分别加到和差比较器的 1 端、2 端，两波束接收到的信号电压振幅为 E_1、E_2。

这时，在 Σ（和）端完成两信号的同相相加，输出和信号。设和信号为 E_Σ，其振幅为两信号振幅之和，相位与到达和端的两信号的相位相同，与目标偏离天线轴线的方向无关。在和差比较器的 Δ（差）端，两信号反相相加，输出差信号 E_Δ。

现假定目标的误差角为 ε，在一定的误差角范围内，差信号的振幅 E_Δ 与误差角 ε 成正比。

E_Δ 的相位与 E_1、E_2 中的强者相同。例如，假如目标偏在波束 1 一侧，则 $E_1 > E_2$，此时 E_Δ 与 E_1 同相，反之，E_Δ 与 E_2 同相。因为在 Δ 端 E_1、E_2 相位相反，所以目标偏向不同，E_Δ 的相位差 $180°$。因此，Δ 端输出差信号的振幅大小表示目标误差角 ε 的大小，其相位则表示目标偏离天线轴线的方向。

和差比较器可以做到使和信号 E_Σ 的相位与 E_1、E_2 之一的相同。因为 E_Σ 的相位与目标偏向无关，所以只要以和信号 E_Σ 的相位为基准与差信号 E_Δ 的相位做比较，就可以鉴别目标的偏向。

总之，振幅和差式单脉冲雷达依靠和差比较器的作用得到图 7.4.30 所示的和、差波束，差波束用于测角，和波束用于发射、观察和测距，和波束信号还用作相位比较的基准。

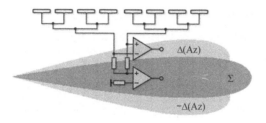

图 7.4.30　单脉冲天线形成和通道和差通道的原理

（3）**相位检波器和角误差信号的变换。**和差比较器 Δ 端输出的高频角误差信号不能用来控制天线跟踪目标，必须把它变换成直流误差电压，其大小应与高频角误差信号的振幅成比例，而其极性应由高频角误差信号的相位来决定。这一变换作用由相位检波器完成。为此，将和、差信号通过各自的接收通道，经变频中放后一起加到相位检波器上进行相位检波，其中和信号为基准信号。

因为加在相位检波器上的中频和、差信号均为脉冲信号，所以相位检波器输出正极性或负极性的视频脉冲（$\varphi = \pi$ 为负极性），其幅度与差信号的振幅即目标误差角 ε 成比例，脉冲的极性（正或负）则反映目标偏离天线轴线的方向。将它变成相应的直流误差电压后，加到伺服系统，控制天线向减小误差的方向运动。

（4）**自动增益控制。**为了消除目标回波信号振幅变化（由目标大小、距离、有效散射面积变化引起）对自动跟踪系统的影响，必须采用自动增益控制。由和支路输出的和信号产生自动增益控制电压。该电压同时控制和差支路的中放增益，等效于用和信号对差信号进行归一化处理，同时又保持和差通道的特性一致。

可以证明，由和支路信号做自动增益控制后，和支路输出基本保持为常量，而差支路输出经归一化处理后其误差电压只与误差角 ε 有关，而与回波幅度变化无关。

2）相位和差式单脉冲雷达自动测角原理

相位和差式单脉冲雷达是基于相位法测角原理工作的。前面说过，比较两天线接收信号的相位，可以确定目标的方向。若将比相器输出的误差电压经过变换、放大加到天线驱动系统上，则可通过天线驱动系统控制天线波束运动，使之始终对准目标，实现自动方向跟踪。

图 7.4.31 所示为单平面相位和差单脉冲雷达原理方框图。它的天线由两个相隔数个波长的天线孔径组成，每个天线孔径产生一个以天线轴为对称轴的波束。在远区，两方向图几乎完全重叠，对于波束内的目标，两波束所收到的信号振幅是相同的。当目标偏离对称轴时，两天线接收信号由于波程差引起的相位差为

$$\phi = \frac{2\pi}{\lambda} d \sin \theta \qquad (7.4.16)$$

当 θ 很小时，

$$\phi \approx \frac{2\pi}{\lambda} d \theta \qquad (7.4.17)$$

式中，d 为天线间隔，θ 为目标对天线轴的偏角。因此，两天线收到的回波为相位相差 φ 而幅度相同的信号，通过和差比较器取出和信号与差信号。

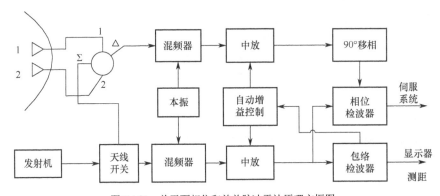

图 7.4.31　单平面相位和差单脉冲雷达原理方框图

设目标偏在天线 1 一边，各信号的相位关系如图 7.4.32(a)所示。若目标偏在天线 2 一边，则差信号矢量的方向与图 7.4.32(b)所示的相反，差信号相位也反相。因此，差信号的大小反映了目标偏离天线轴的程度，其相位则反映了目标偏离天线轴的方向。由图 7.4.32 还可以看出，和、差信号相位相差 90°，为了用相位检波器进行比相，必须将其中一路预先移相 90°。在图 7.4.32 中，将和、差两路信号经同一本振混频放大后，差信号预先移相 90°，然后加到相位检波器上，相位检波器输出电压即为误差电压，其余各部分的工作情况同振幅和差单脉冲雷达，不再重复。

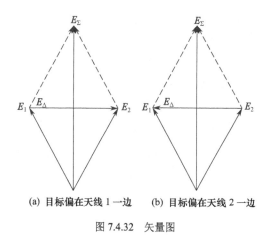

(a) 目标偏在天线 1 一边　　(b) 目标偏在天线 2 一边

图 7.4.32　矢量图

7.5　速度测量

目标运动速度测量可以通过确定时间间隔的距离变化量来测量，但是采用这种办法测速需要较长的时间，且不能测定其瞬时速度。一般来说，测量的准确度也差，其数据只能作为粗测用。

第 1 章中提到，目标回波的多普勒频移与其径向速度成正比，因此只要准确地测出回波信号中多普勒频移的数值和正负，就可以确定目标运动的径向速度和方向。

多普勒效应是指当发射源和接收者之间存在相对径向运动时，接收到的信号频率将发生变化。这一物理现象首先在声学上由物理学家克里斯蒂安·多普勒于 1842 年发现，1930 年左右开始将这一规律运用到电磁波领域。雷达应用的日益广泛及对其性能要求的提高，推动了利用多普勒效应来改善雷达战术能力的进程。

关于克里斯蒂安·多普勒

克里斯蒂安·多普勒于 1803 年 11 月 29 日出生于奥地利萨尔茨堡，其父是约翰·多普勒（石匠大师）。他在维也纳理工学院学习数学和物理，在萨尔茨堡大学学习哲学，想要了解世界的本质和有意义的科学，反映了其对智慧的热爱。

在维也纳获得助教职位后，他于 1835 年接受布拉格大学的教授职位。1842 年 5 月 25 日，他在皇家波西米亚学会发表了其最著名的著作《关于双星的彩色光》，这使他闻名于世。1848 年，他以帝国科学院院士的身份返回维也纳，成为维也纳理工学院的教授。1850 年，弗朗茨·约瑟夫皇帝创建了物理研究所，多普勒成为该研究所的第一任主任。1853 年，多普勒在威尼斯休病假期间去世，年仅 49 岁。

7.5.1　多普勒效应

多普勒现象的经典例子是火车头开过时汽笛声音发生变化。今天，更普通的例子是疾驰汽车发出的呼呼声冲过时会变得低沉，如图 7.5.1 所示。

图 7.5.1   多普勒频移的普通例子。汽车的运动挤压向前传播的声波，扩散向后传播的声波

由于多普勒效应，雷达接收到的目标回波的无线电频率相对于发射波频率通常都有一些频移，这种频移与反射物体的距离变化率成正比。

因此，通过测量多普勒频率，雷达可以测出目标的距离变化率。本节将详细研究多普勒效应，首先以波长压缩或展宽的角度进行研究，其次以连续的相移观点进行研究，最后指出决定地物和飞机回波多普勒频率的诸因素。

多普勒效应是运动物体辐射、反射或接收电磁波时电磁波的频率偏移。如图 7.5.2 所示，点源所辐射的电磁波在运动方向上被压缩，而在运动的反方向上被展宽。物体的速度越快，这种效应就越明显。只有与运动方向成直角时，电磁波才不受影响。因为频率与波长成反比，电磁波压缩得越厉害，其频率就越高，反之亦然。因此，电磁波的频移与物体的速度成正比。

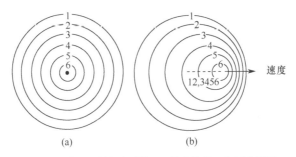

图 7.5.2   点源辐射的电磁波：(a)静止情况；(b)运动情况

在雷达应用中，多普勒频移是由雷达及反射雷达电磁波的目标之间的相对运动产生的。如果雷达与反射目标间的距离不断缩短，则电磁波被压缩，即它的波长变短，其频率提高；如果距离不断增加，则产生的效应正好相反。

如图 7.5.3 所示，对地面雷达来说，这种相对运动完全是由目标运动造成的。地物回波不会有多普勒频移。因此，区分地杂波和运动目标的回波比较容易。但是，对机载雷达来说，这种相对运动可能是由雷达运动产生的，或是由目标运动产生的，或是由它们二者产生的。除了停在空中的直升机，雷达所在的平台总是处于运动中。因此，目标回波和地物回波都有多普勒频移。这就使从地杂波中分离目标回波的任务过于复杂，雷达只能根据其多普勒频移的大小来区别它们。在讨论这些内容前，下面先详细分析多普勒频移实际上是怎样产生的。

1．多普勒频移的产生

如果雷达和目标都在运动，则传播过程中的电磁波会在三处遭到压缩或展宽：发射处、反射处和接收处。当雷达与目标迎头接近时，波长受到压缩，如图 7.5.4 所示。在这些简化的图例中，稍微有点弯曲的垂直线代表着这样一些平面（从侧面看过去）——在这些平面的各点上，电波电磁场的相位相同。这些平面被称为**波前**，图中所示的平面是正向具有最大场强的平面，代表"波峰"。对于上述三种情况，都画出了两个相邻连续的波前。

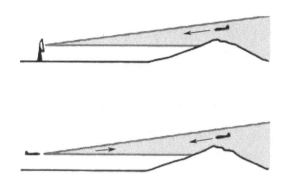

图 7.5.3　目标相对地面雷达的运动完全由目标的运动造成。目
标相对机载雷达的运动由雷达及目标二者的运动决定

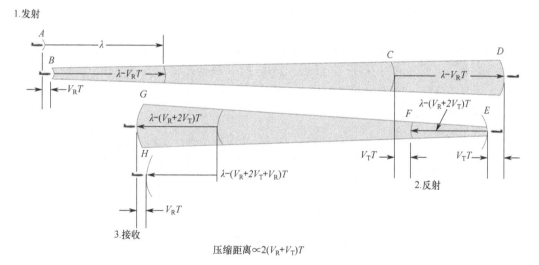

图 7.5.4　发射、反射和接收时波长被压缩

为清晰起见，未按比例绘制这些图。看图时需要记住两点：第一，波长，即同相的两个相邻波前间的距离，一般仅为飞机长度的一小部分；第二，由于光速在一个给定的时间内，飞机飞行的路程仅为电波传播距离的极小部分。

图 7.5.4 左上方表示发射电磁波时波长被压缩的情况。当雷达发射波前 1 时，它处在 A 点。当雷达发射波前 2 时，它前进到 B 点，波长缩短的距离等于雷达速度 V_R 乘以两个波前的发射时间差。当然，该时间差就是电磁波的周期 T。因此，当电磁波朝目标传播时，两个波前间的距离为 $\lambda - V_R T$。

图 7.5.4 右边表示电磁波受到目标反射时波长被压缩的情况。当波前 1 被反射时，目标处于 D 点，此时波前 2 处于 C 点。当波前 2 被反射时，目标已前进到 E 点，使得这个波前从 C 点到达目标的距离缩短，其值等于目标速度 V_T 乘以周期 T。这时，波前 1 已反射一段距离，其值等于 D 点到 F 点的距离。但是，由于目标的前进使得这个已反射的波前 1 和即将反射的波前 2 间的间隔缩短，这时的波前 2 离目标原来的位置为 V_TT。因此，当电磁波返回雷达时，反射波的两个波前间的距离为 $\lambda - (V_R + 2V_T)T$。

图 7.5.4 的第三部分表示雷达接收这两个波前的情况。当雷达接收波前 1 时，雷达处在 G 点。波前 2 处于已受到压缩的波长处。当接收波前 2 时，雷达已前进到 H 点。这样，在接收时，波长又被缩短一个等于 V_RT 的距离，这与发射时的情况相同。

波长共被压缩了两个速度之和乘以发射电磁波的周期 T 的两倍，即 $2(V_R + V_T)T$。因为 T 非常短，所以压缩的总长度是非常小的。例如，对于 X 频段，当 V_R 与 V_T 都为 300m/s 时，波长压缩约 2.5×10^{-6} m。然而，由于 X 频段波的射频非常高（10GHz），频移仍大于 40kHz。

尽管通过雷达和目标的相对运动可以观察到波长变短，从而获得多普勒效应的物理概念，但根据接收到的电磁波的相移可以更简便地算出多普勒频率。

2. 频率即连续的相移

如图 7.5.5 所示，电磁波的频率变化等同于连续的相移，图中表示的是 A、B 两种波在 1s 内的采样，频率分别为 10Hz 和 11Hz。11Hz 的 B 每秒要比 A 多完成一个周期。换言之，每秒内 B 的相位比 A 的相位超前 360°。因为 A 在 1s 完成 10 个周期，所以每个周期内 B 相比 A 的相位增量为 360°/10 = 36°。

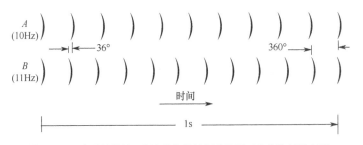

图 7.5.5　两个波的波前，频率差与连续相移等同（此处为每周 36°）

因此，如果将 B 的频率降低到 10Hz，只要在两个相邻波前加进一个相当于 36°相位的时间延迟就行，如图 7.5.6 所示。只要不断地移动电磁波的相位，频移就会继续存在。如果停止移动相位，B 波的频率就恢复为原来的频率。如果做反向移动相位，即减小相邻波前间的时间，就相当于增加电磁波的频率。这就是雷达从目标接收到的信号中存在多普勒频移的原理，只是在这种情况下，相移不是通过在两个连续相邻波前之间加进一个或减去一个时间增量来获得的，而是由电磁波从雷达到目标再返回到雷达的往返时间内的连续时间变化产生的。

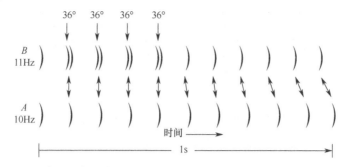

图 7.5.6　在相邻波前间加进 36°的相移，频率就减少 1Hz，从 11Hz 降为 10Hz

就像许多雷达概念那样，相移可用相位矢量来形象地表示。接收波相对发射波的相位关系，可通过如图 7.5.7 所示的简单相位矢量图画出。相位矢量 T 代表发射波，相位矢量 R 代表接收波。为了形象地表示这两个相位矢量的关系，假设雷达是连续发射的，虽然实际上并不需要这样做。在任何时刻，接收波 R 的相位都滞后于发射波 T 的相位，滞后量对应于往返经过的时间 t_{rt}。若 t_{rt} 等于零，则不存在滞后，这两个相位矢量相重合；若 t_{rt} 是发射波的半个周期，则 R 滞后 T 半周。

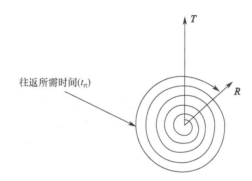

图 7.5.7　接收波的相位滞后于发射波的相位，滞后量相当于往返经过的时间

为了更加直观和符合实际，如图 7.5.8 所示，如果 t_{rt} 为发射波周期的 100000 倍再加上某个分数量，即使 R 旋转 100000 个完整的周期，R 旋转仍和 T 不重合，仅相差一个完整周期的一部分，即 φ。这样，如果经过的时间是一个常数，距离变化率就为 0，相位的滞后也是常数，且角度 φ 保持相同。因此，两个相位矢量将以同样的速度旋转，发射和接收信号的频率相同。

然而，若经过的时间稍微缩短一些，则总相位滞后将减少，进而使角度 φ 减小。如图 7.5.9 所示，如果连续不断地减少（负距离变化率），R 相对 T 做反时针方向旋转，那么接收波的频率将高于发射波的频率。如果经过的时间增加（正距离变化率），也会产生同样的现象。区别只在于这时的相位滞后增大了，R 相对 T 做顺时针方向旋转，虽然从绝对意义上说仍是反时针方向旋转。接收波的频率将低于发射波的频率。在上述任何一种情况下，发射波与接收波之间的频率差 f_d 正比于 φ 的变化率。

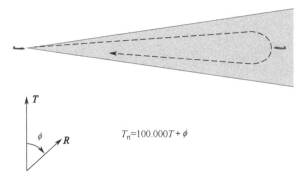

图 7.5.8　往返经过的时间是发射波周期的 100000 倍加上某个相位 φ，R 将滞后相位 φ

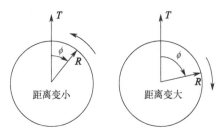

图 7.5.9　距离减小则 φ 减小，使得 R 相对于 T 反时针方向旋转；如果距离增加，则情况相反

3. f_d 解析式的推导

如果相位角的变化率 $\dot{\varphi}$ 是以每秒内的完整周期数来测定的，那么以赫兹为单位的多普勒频率等于 $\dot{\varphi}$。因为相位矢量 $\boldsymbol{R}$ 相对于相位矢量 $\boldsymbol{T}$ 每旋转一圈，到目标的往返距离（d）变化一个波长，所以多普勒频率等于以波长为单位的 d 的变化率，即

$$f_d = -\frac{\dot{d}}{\lambda} \tag{7.5.1}$$

负号说明如果 $\dot{d}$ 是负的（接近目标），多普勒频率就是正的。

因为 d 是目标距离的两倍（$d = 2R$），所以 d 的变化率是距离变化率的两倍（$\dot{d} = 2\dot{R}$），如图 7.5.10 所示。

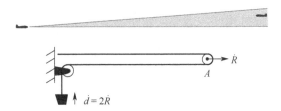

图 7.5.10　从雷达到目标的往返距离按距离变化率的两倍变化

因此，目标的多普勒频率等于两倍的距离变化率除以波长，即

$$f_d = -2\frac{\dot{R}}{\lambda} \tag{7.5.2}$$

式中，f_d 为多普勒频率；$\dot{R}$ 为距离变化率；λ 为发射信号波长。

因为波长等于光速除以电磁波的频率，所以多普勒频率的另一表达式为

$$f_d = -2\frac{\dot{R}f}{c} \tag{7.5.3}$$

式中，f 是发射信号的频率；c 是光速。

利用上述任一表达式均可迅速精确地算出任何目标对任意雷达的多普勒频率。以 X 频段雷达为例，如图 7.5.11 所示，其波长为 3cm。假设雷达以 300m/s 的速度接近目标，则目标的多普勒频率为(-2×-300)/0.03 = 20000Hz 或 20kHz。

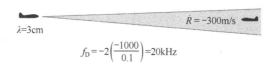

$$f_D = -2\left(\frac{-1000}{0.1}\right) = 20\text{kHz}$$

图 7.5.11　利用这个表达式可很容易地计算出任何目标的多普勒频率

如果波长缩短一半，即不是 3cm 而是 1.5cm，同样的接近速度就会产生两倍的多普勒频移，即 40kHz 而非 20kHz，这同样适用于距离不断增加的目标。这时，f_d 的表达式中带有负号，它表示回波的无线电频率比发射频率低 f_d。

当然，目标的距离变化率取决于雷达和目标两者的速度，对雷达与目标迎头接近时，如图 7.5.12 所示，距离变化率是两个速度量的数字之和：

$$\dot{R} = -(V_R + V_T) \tag{7.5.4}$$

因此，

$$f_d = -2\frac{\dot{R}}{\lambda} = 2\frac{V_R + V_T}{\lambda} \tag{7.5.5}$$

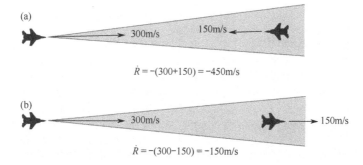

图 7.5.12　对于迎头接近的目标，距离变化率为两架飞机的速度量之和；对于尾后接近的目标，距离变化率为两者之差

对尾追目标，变化率是其速度之差。如果雷达的速度大于目标的速度，距离变化率就是负的，距离不断减小。如果雷达的速度低于目标的速度，距离变化率就是正的，距离不断增加。如果两者的速度相等，距离变化率就为零。

对于更一般的情况，即两者的速度不在同一条线上时，距离变化率是雷达速度与目标速度在雷达对目标视线上的投影之和。如图 7.5.13 所示，如果目标速度的投影指向雷达，距离就减小。如果不是，距离或者减小，或者增加，要视两投影的相对值而定，这与在同一条直线上做尾追时的情况一样。

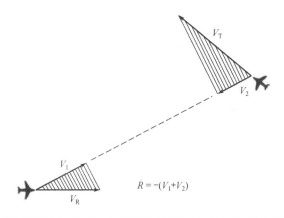

图 7.5.13　目标距离变化率是雷达速度和目标速度在雷达对目标视线上的投影量之和

因此，目标多普勒频率取决于工作情况，能在大范围内变化。迎头接近时，目标多普勒频率总是高的；尾追时，目标多普勒频率总是低的；介于两者之间时，目标多普勒频率由视角和目标飞行方向确定。

因此，就雷达回波而论，多普勒效应可想象成由反射物体相对雷达运动使波前挤紧（或分开）造成的。因为频率可视为连续的相移，所以所得频移等于两倍的距离变化率除以波长，即电磁波在往返距离内以波长度量的距离变化率。

动目标的距离变化率由雷达和目标的速度以及雷达对目标的视线与雷达速度之间的夹角确定。迎头接近时，距离变化率通常大于雷达的速度；尾追时，距离变化率通常小于雷达的速度。

7.5.2　连续波雷达测速

雷达碰到的距离变化率是电磁波速度的很小一部分，因此，即使是以最快速度接近的目标，多普勒频率也是极小的。要测量目标的多普勒频率，必须满足下列两个条件：

（1）必须至少从目标接收几个（有些情况下为大量）连续回波。

（2）每个脉冲的第一个波前必须与前一个脉冲具有相同极性的最后一个波前相隔多个波长的整数倍，即发射信号是相参的。

实际上，如图 7.5.14 所示，可通过从连续波切割出雷达发射脉冲来实现相参。通过测出多普勒频率，雷达不仅可以直接测出距离变化率，而且可以在其他方向扩展其能力，其中之一是能大大减小甚至完全消除杂波。飞机的距离变化率通常与地面上大多数不动的物体、慢速物体及雨等的距离变化率有很大差别。因此，通过测出多普勒频率，雷达能够将飞机的回波与杂波区分开来，并将杂波抑制掉。这种特性称为**动目标显示**（Moving Target Indication，MTI）。

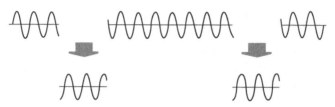

图 7.5.14　将连续波切割成雷达的发射脉冲，可使从同一个目标来的连
续回波的无线电频率相位相干，从而测出它们的多普勒频率

就像脉冲是由连续波截取的一样，一串连续脉冲的射频相位将完全相同。如图 7.5.15 所示，如果一个脉冲的最后波前与下一个脉冲同相位的第一个波前的间隔总是严格地恰好等于波长的整数倍，这些脉冲就是相参的。

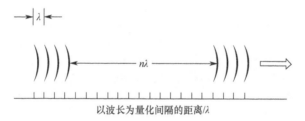

以波长为量化间隔的距离/λ

图 7.5.15　常见的相参形式。第二个脉冲的第一个波前与第一
个脉冲相位的最后一个波前的间隔是波长的整数倍

当测出目标回波信号的多普勒频移 f_d 后，根据关系式 $f_d = 2v_r/\lambda$ 和雷达的工作波长 λ，即可换算出目标的径向速度 v_r。如何提取多普勒频率 f_d？在多数情况下，多普勒频率处于音频范围内。多普勒频率与目标回波信号频率相差的百分比是很小的。因此，要从接收信号中提取多普勒频率，就需要采用差拍的方法。

下面分别讨论在连续波雷达和脉冲雷达中测量多普勒频率（即测速）的方法。图 7.5.16 所示为简单连续波多普勒雷达原理框图。为取出收发信号频率的差频，可在接收机检波器输入端引入发射信号作为基准电压，在检波器输出端即可得到收发频率的差频电压，即多普勒频率电压。这时的基准电压通常称为**相参（干）电压**，而完成差频比较的检波器称为**相干检波器**。相干检波器是一种相位检波器，在其输入端除了所加的基准电压，还有需要鉴别其差频率或相对相位的信号电压。

发射机产生频率为 f_0 的等幅连续波高频振荡，其中绝大部分能量从发射天线辐射到空间，少部分能量耦合到接收机输入端作为基准电压。混合的发射信号和接收信号经过放大后，在相位检波器输出端取出其差拍电压，低通滤波后得到多普勒频率信号，转换为速度后送到终端显示器，如图 7.5.17 所示。

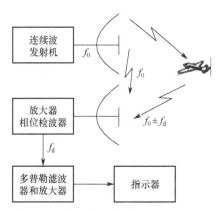

图 7.5.16 简单连续波多普勒雷达原理框图

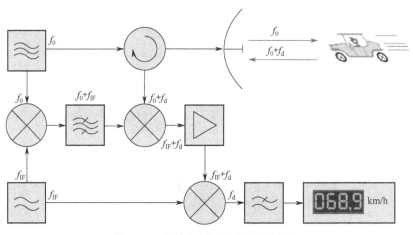

图 7.5.17 外差式接收的多普勒测速雷达

在检波器中，还可能产生多种和差组合频率，可用低通滤波器取出所需的多普勒频率 f_d 送到终端指示（如频率计），即可测得目标的径向速度值。

低通滤波器的通频带应为 Δf 到 f_{dmax}，其低频截止端用来消除固定目标回波，同时应照顾到能通过最低多普勒频率的信号；滤波器的高频端 f_{dmax} 则应保证目标运动时的最高多普勒频率能够通过。连续波测量时，可以得到单值无模糊的多普勒频率值。

但在实际使用时，这样宽的滤波器通频带是不合适的，因为每个运动目标回波只有一根谱线，谱线宽度由信号有效长度（或信号观测时间）决定。滤波器的带宽应和谱线宽度相匹配，带宽过宽只能增加噪声而降低测量精度。如果采用与谱线宽度相匹配的窄带滤波器，事先并不知道目标多普勒频率的位置，因此需要大量的窄带滤波器，依次排列并覆盖目标可能出现的多普勒范围，如图 7.5.18 所示。根据目标回波出现的滤波器序号，即可判定其多普勒频率。如果目标回波出现在两个滤波器内，则可采用内插法求其多普勒频率。当采用多个窄带滤波器测速时，设备复杂，但有可能观测多个目标回波。

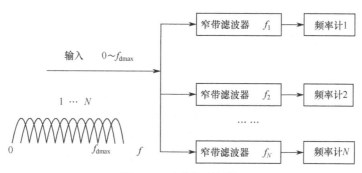

图 7.5.18　多普勒滤波器组

根据目标相对雷达的位置关系的变化，运动速度可以分解为两个分量，即径向速度和切向速度，如图 7.5.19 所示。如果一架飞机围绕雷达飞行，那么径向速度永远为零。没有多普勒频率出现时，飞机会被 MTI 滤波器认为是地面杂波，于是该目标未能显示在示波器上。战术上，规避雷达末制导导弹的方式取决于来袭导弹的距离和类型，比如走 3/9 点钟方向的机动就是使其末制导雷达不能测出飞机的多普勒频率。

图 7.5.19　目标运动速度的分解。该运动矢量可以分解为两个分量，即径向速度和切向速度

7.5.3　脉冲雷达测速

脉冲雷达是最常用的雷达。当雷达发射脉冲信号时，与连续发射时一样，运动目标回波信号中产生一个附加的多普勒频率分量。所不同的是，目标回波仅在脉冲宽度时间内按重复周期出现。

类似于连续波雷达的工作情况，发射信号按一定的脉冲宽度 τ 和重复周期 T_r 工作。加在接收机相位检波器上的信号有两个，即来自连续振荡器的基准电压信号和回波脉冲信号，如图 7.5.20 所示。

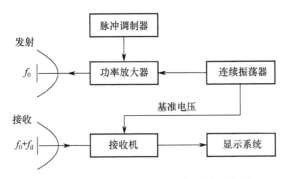

图 7.5.20 利用多普勒效应的脉冲雷达组成框图

由连续振荡器取出的电压作为接收机相位检波器的基准电压，其频率和起始相位均与发射信号的相同，即基准电压在每个重复周期内均与发射信号有相同的起始相位，因而是相参的。回波信号是脉冲电压，即只在回波信号到来期间才有信号电压加到相位检波器上。

检波器的输出信号为

$$u = K_d U_k (1 + m\cos\varphi) = U_0 (1 + m\cos\varphi) \tag{7.5.6}$$

式中，U_0 为直流分量，它是连续振荡的基准电压经检波后的输出，$U_0 m\cos\varphi$ 则代表检波后的信号分量。

在脉冲雷达中，回波信号为按一定重复周期出现的脉冲，因此 $U_0 m\cos\varphi$ 表示相位检波器输出回波信号的包络。对于固定目标来说，相位差 φ 是常数，合成矢量的幅度不变，检波后隔去直流分量可得到一串等幅脉冲输出。对运动目标回波而言，相位差随时间 t 改变，变化情况由目标径向运动速度 v_r 及雷达工作波长 λ 决定。合成矢量为基准电压与回波信号相加，经检波及隔去直流分量后得到调制的脉冲串，脉冲串包络调制频率为多普勒频率。这相当于连续波工作时的取样状态，当处于脉冲工作状态时，回波信号按脉冲重复周期依次出现，信号出现时对多普勒频率取样输出。图 7.5.21 所示为相位检波器输出波形图。

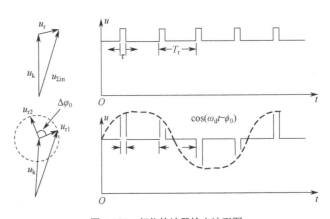

图 7.5.21 相位检波器输出波形图

如图 7.5.22 所示，目标对雷达的相对运动而导致相邻重复周期的两个运动目标回波的延迟时间是有差别的，这个时间差导致了相邻重复周期的两个运动目标回波与基准电压之间的相位差的变化。尽管延迟时间的变化量很小，但是当它反映到高频相位上时，相位差会产生很灵敏的反应。相位检波器将高频的相位差转换为输出信号的幅度变化。相参脉冲雷达利用了相邻重复周期回波信号与基准信号之间相位差的变化来检测运动目标回波。

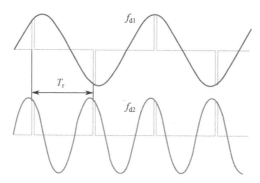

图 7.5.22　两个运动目标回波相位检测后的输出

使用脉冲雷达对多目标测速时，与连续波雷达测速时相同的是，为了能够同时测量多个目标的速度并提高其测速精度，一般在相位检波器后（或在杂波抑制滤波器后）串接并联的多个窄带滤波器，滤波器的带宽应和回波信号谱线宽度相匹配，滤波器组相互交叠排列并覆盖全部多普勒频率测量范围。

与连续波雷达测速的不同之处在于，取样工作后信号频谱和对应窄带滤波器的频率响应均按雷达重复频率 f_r 周期性地重复出现，因而将引起测速模糊。为保证不模糊测速，原则上应满足

$$f_{dmax} \leqslant \frac{1}{2} f_r \tag{7.5.7}$$

式中，f_{dmax} 为目标回波的最大多普勒频移，即选择重复频率 f_r 足够大，才能保证不模糊测速。因此，在测速时，窄带滤波器的数量 N 通常比用于检测的 MTD 所需滤波器数量要多。

无论是测量距离变化率还是测量多普勒频移，速度测量都需要时间。观测目标的时间越长，测速的精度就越高（观察目标的时间加长也可增大另一个提高测量精度的因素——信噪比）。

7.5.4　速度跟踪原理

在连续波多普勒雷达中，当只需要测量单一目标的速度且要求给出连续的、准确的测量数据时，即要求速度跟踪时，可以采用跟踪滤波器的办法来代替 N 个窄带滤波器。

简单连续波雷达的接收机工作时的参考电压为发射机泄漏电压，即发射信号与回波信号直接混频，不需要本地振荡器和中频放大器，因此结构简单。

　　混频器内半导体的闪烁效应，噪声的功率差不多与频率成反比，因此在低频端即大多数多普勒频率所占据的音频段和视频段，噪声功率较大。当雷达采用零中频混频时，相位检波器（半导体二极管混频器）将引入明显的闪烁噪声，因而会降低接收机灵敏度。为了改善雷达的工作效能，一般采用改进后的超外差型连续波多普勒雷达，其组成框图如图 7.5.23 所示。

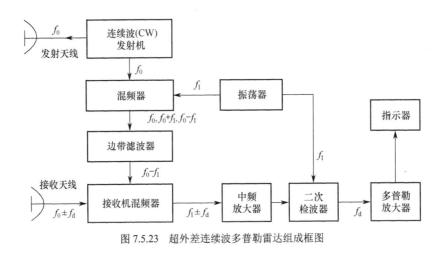

图 7.5.23　超外差连续波多普勒雷达组成框图

　　超外差连续波多普勒雷达接收机将中频 f_1 的值选得足够高，使频率为 f_1 时的闪烁噪声降低到普通接收机噪声功率的数量级以下。

　　连续波雷达在实用上最严重的问题是收发之间的直接耦合。这种耦合除了可能造成接收机过载或烧毁，还会增大接收机噪声而降低其灵敏度。发射机会因为颤噪效应、杂散噪声及不稳定等因素产生发射机噪声，由于收发间直接耦合，发射机的噪声将进入接收机而增大其噪声。因此，要设法增大连续波雷达收发之间的隔离度。当收发需要共用天线时，可采用混合接头、环流器等来得到收发间的隔离。根据器件性能和传输线工作状态，一般可以得到 20～60dB 的隔离度。要取得收发间更高的隔离度，应该采用收发分开的天线并加以精心的隔离措施。

　　超外差连续波多普勒雷达如果要测量多普勒频率的正负值，二次检波器就应采用正交双通道处理，以避免单路检波产生的频谱折叠效应。

　　连续波多普勒雷达可用来发现运动目标并测定其径向速度。利用天线系统的方向性可以测定目标的角坐标，但简单的连续波雷达不能测出目标的距离。这种系统的优点是，发射系统简单，接收信号频谱集中，因此滤波装置简单，从干扰背景中选择动目标性能好，可发现任意一个距离上的运动目标，所以适用于强杂波背景条件（如在灌木丛中蠕动的人或爬行的车辆）。因为最小探测距离不受限制，所以可用于雷达信管，或用来测量飞机、炮弹等运动物体的速度。

　　使用脉冲雷达对单目标测速时，由于相参脉冲雷达的回波由多根间隔 f_r 的谱线组成，对运动目标回波来说，可认为每根谱线均有相应的多普勒频移，测速时只要对其中一根谱线进行跟踪即可（通常选定中心谱线 $f_0 + f_d$）。利用在鉴频器前面加窄带滤波器的办法可以只让中心谱线通过而滤去其他谱线，注意到谱线滤波后即丢失距离信息，因此在频率选择前面应有距离选通门给出距离数据并滤去该距离单元以外的噪声。

7.5.5　测速模糊

当雷达处于脉冲工作状态时，将发生区别于连续工作状态的特殊问题，即盲速和频闪效应。假设同相（I）检波器的输出被加至显示水平距离扫描线的显示器的垂直偏转电路。已知同相输出等于 $A\cos\varphi$，其中 A 是幅度，φ 是目标回波相对于检波器参考信号的射频信号的相位。假设雷达的 PRF 为 8kHz。所收到的回波来自四个目标，如图 7.5.24 所示，它们的多普勒频率分别为 0kHz、1kHz、6kHz 和 8kHz。为了能在距离扫描时使每个目标的回波分开，我们将目标位置定于依次增长的距离上。为了分离出频率差的影响，这里假设所收到的回波幅度都是相同的。

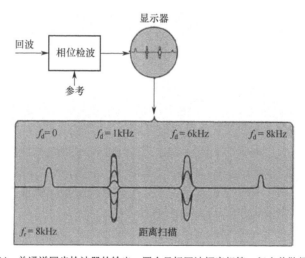

图 7.5.24　单通道同步检波器的输出，四个目标回波幅度相等，但多普勒频率不同

尽管四个目标的幅度相同，但它们产生的"尖头信号"却完全不同。它们不仅在高度上有变化，而且有的有起伏，有的没有起伏。之所以会这样，是因为在任何一次距离扫描（脉冲间周期）期间，示波器上出现的目标尖头信号的高度相当于单个目标回波所产生的检波器输出。在这种情况下，即使是最高多普勒频率的周期，也大大长于雷达的脉冲宽度。每个尖头信号基本上是目标多普勒频率一周上一个点的采样。

当目标具有零多普勒频率时，连续的各个尖峰信号的高度不变，如图 7.5.25 所示。原因很清楚。因为目标回波具有与参考信号相同的频率，所以目标回波的相位相对于参考信号来说，从一个回波到另一个回波时是不变的。在目标驻留的距离增量范围内，检波器输出是一个脉冲的直流电压。如图 7.5.26 所示，这个电压的幅度介于零和正或负 A 之间的任何位置，具体视目标回波的相位 φ 而定。

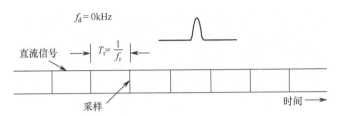

图 7.5.25　当目标具有零多普勒频率时，检波器的输出具有恒定的幅值

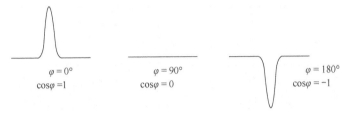

图 7.5.26　当目标具有零多普勒频率时，检波器输出的是回波幅度乘以+1 和-1 之间的任意值

同时采用 I 和 Q 通道的原因之一自然是消除这种变化性。因为 I 检波器的输出等于 $A\cos\varphi$，而 Q 检波器的输出等于 $A\sin\varphi$，这两个输出的矢量和的值在各个相位都等于 A。然而，从滤波的观点看，当多普勒频移为零时，I 和 Q 采样的重要特性是它们的各个幅度不会起伏。

对于多普勒频率为 1kHz 的运动目标，如图 7.5.27 所示，其信号幅度从一个脉冲到另一个脉冲时会有很大的起伏。原因也很容易理解——回波的射频与参考信号的不同，它们相对于参考信号的相位从脉冲至脉冲会变化。变化量是 360°乘以目标多普勒频率与 PRF 之比。在本例中（多普勒频率为 lkHz，PRF 为 8kHz），这个比值是 1/8。实际上，多普勒频率"波"是以 360°×1/8 = 45°的间隔采样的。I 和 Q 采样的矢量和的值仍然等于 A，而这个和的相位以等于多普勒频率的速率进行 360°循环。

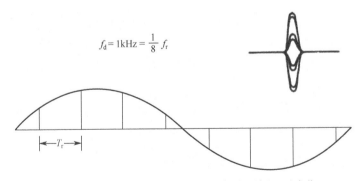

图 7.5.27　从一个脉冲到另一个脉冲，检波器输出正弦变化

如图 7.5.28 所示，对于多普勒频率为 6kHz 的目标，情况同样如此。唯一的差别是在 360°×6/8 = 270°的间隔上采样。因此，不仅检波器的输出幅度会有大的起伏，而且目标回

波会时而与参考频率同相，时而反相，采样将在正号和负号间交替变化。可是，对于多普勒频率为 8kHz 的目标，如图 7.5.29 所示，尖峰信号又具有恒定的幅度，原因是多普勒频率和 PRF 是相等的，采样都是在多普勒频率周期上的相同点上取得的。因此，无法区分多普勒频率是零还是 f_r，或者是 f_r 的某个整数倍，此时出现了盲速。

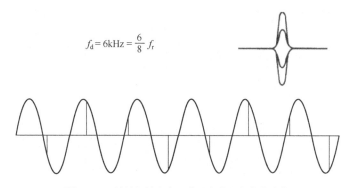

图 7.5.28　检波器输出在正值和负值之间交替变化

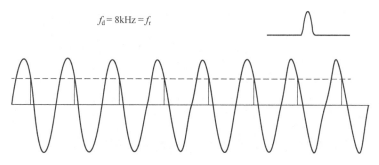

图 7.5.29　检波器输出与具有零多普勒频率的目标的情况相同

同样，如图 7.5.30 所示，如果回波来自多普勒频率为 9kHz 的目标，则其产生的信号将与多普勒频率为 1kHz 目标以完全相同的速率起伏，所观测的频率是模糊的，即出现了测速模糊。

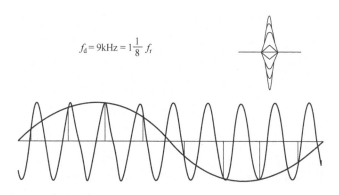

图 7.5.30　检波器输出与多普勒频率为 1kHz 的目标以完全相同的速率起伏

脉冲雷达通常也采用多 PRF 参差法来解决测速过程中发生的盲速问题。结合 7.1.3 节的内容可以发现，采用多 PRF 参差法可同时解决脉冲雷达测距和测速中发生的模糊问题。

7.5.6 动目标显示雷达

雷达要探测的目标通常是运动着的物体，但是目标周围存在的各种背景，有些是固定的，有些是缓变的，如图 7.5.31 所示。当固定目标、地杂波等与所关注的运动目标处于同一距离单元中时，前者的回波通常较强，以至于运动目标的回波被掩盖，因此要对其进行区分。

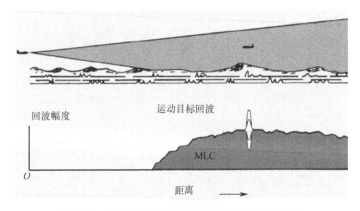

图 7.5.31   动目标回波相对于地面静止杂波的起伏特性

虽然在某些实际应用中，多普勒频移用于测量目标的径向速度（如各种警用测速计和卫星监视雷达），但是它被广泛地用于分离固定杂波和动目标回波，如在动目标显示（Moving Target Indication，MTI）雷达、机载动目标显示（Airborne Moving Target Indication，AMTI）雷达、脉冲多普勒（Pulse Doppler，PD）雷达和连续波（Continuous Wave，CW）雷达中那样。动目标显示 MTI 雷达是一种利用运动目标回波信号的多普勒频移来消除固定目标回波的干扰，进而使运动目标得以检测和显示的脉冲雷达系统。

当雷达辐射的高频脉冲能量被各种地形地物等固定目标和飞机等运动物体反射时，由于前者的回波信号相对于发射信号的相位差是固定的，而后者的回波信号相对于发射信号的相位差是变化的，经相位检波后，固定目标视频信号的幅度不变，而运动目标视频信号的幅度按多普勒频率的余弦关系变化，如图 7.5.32(a)所示。因此，雷达主要通过相邻脉冲回波信号经相位检波后输出的起伏特性来区别固定目标和运动目标，也常用目标的起伏特性来抑制杂波，有效提取动目标信号。通常将视频信号延时一个脉冲重复周期，与未延时的回波信号进行对消，以便消除固定目标而留下运动目标，对应的 MTI 对消效果如图 7.5.32(b)所示。

MTI 的核心是抑制静止杂波，显示运动目标，而对消静止目标杂波的主要方法有两种，分别是一次对消器和二次对消器。一次对消器也称**双脉冲对消器**，其原理和对消效果如

图 7.5.33 所示,其两个相邻周期的回波相减,即

$$y(n) = x(n) - x(n-1) \tag{7.5.8}$$

式中, $y(n)$ 为对消后的输出; $x(n)$ 为 n 时刻相位检波后的回波输出; $x(n-1)$ 为 $n-1$ 时刻相位检波后的回波输出。

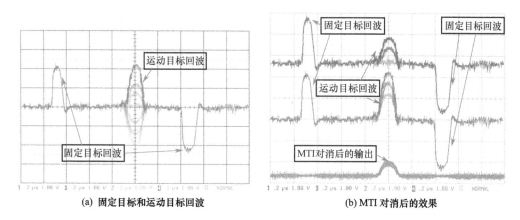

(a) 固定目标和运动目标回波　　　　　　　　(b) MTI 对消后的效果

图 7.5.32　固定目标和运动目标回波的对消效果

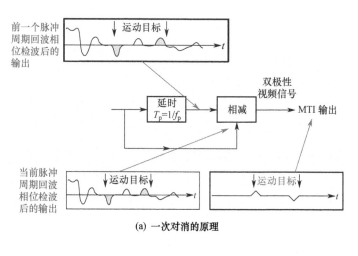

(a) 一次对消的原理

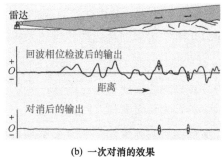

(b) 一次对消的效果

图 7.5.33　动目标显示雷达一次对消的原理与效果

二次对消器也称**三脉冲对消器**，即三个相邻周期的脉冲回波进行组合对消：

$$y(n) = x(n) - 2x(n-1) + x(n-2) \tag{7.5.9}$$

式中，$y(n)$ 为对消后的输出，$x(n)$ 为 n 时刻相位检波后的回波输出，$x(n-1)$ 为 $n-1$ 时刻相位检波后的回波输出，$x(n-2)$ 为 $n-2$ 时刻相位检波后的回波输出。

"二战"后，动目标显示技术得到了广泛使用，当前很多性能优异的 MTI 雷达系统也都与一些新技术结合使用，如 E-2D 预警机在对海目标探测时采用的还是 MTI 技术。实际应用中采用 MTI 技术时，还可根据多普勒频率差，将飞机和地面上运动车辆的回波与地杂波区分开来，如图 7.5.34 所示，也可简单地根据地面车辆极低的速度来区分飞机回波和地面上运动车辆的回波。

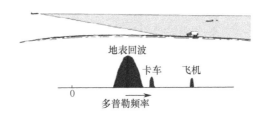

图 7.5.34 根据多普勒频率差采用 MTI 可将飞机和地面上运动车辆的回波与地杂波区分开来

小结

当进行目标参数测量时，需要考虑的核心问题是回波信号中的哪些信息可以用来测量目标参数、如何测量、测得怎样。为此，本章详细介绍了根据目标回波的幅度、频率、相位信息开展雷达目标参数测量与跟踪的基本原理。

测距是雷达的基本任务之一，而对目标距离做连续测量就是雷达的距离跟踪。目标距离测量的基本原理是精确测定回波延迟时间。根据雷达发射信号的不同，测定延迟时间通常可以采用脉冲法、频率法和相位法，目前较为成熟的方法有脉冲法测距、调频连续波测距和脉冲调频测距。

雷达在大多数应用情况下，为了确定目标的空间位置，不仅要测定目标的距离，而且要测定目标的方向，即测目标的角坐标，其中包括目标的方位角和高低角（仰角）。雷达测角的物理基础是电波在均匀介质中传播的直线性和雷达天线的方向性。测角的方法分为振幅法和相位法两大类。

目标回波的多普勒频移与其径向速度成正比，因此，只要准确地测出其多普勒频移的数值和正负，就可确定目标运动的径向速度和方向。

需要指出的是，虽然具体测量的参数不同，但目标参数测量的原理本质上是一样的，即都利用回波信号中某个参量的差值信息来获取目标的距离、角度和速度信息。距离测量利用的是回波信号相对于发射信号的时间差或频率差信息，角度测量利用的是回波信号间的幅度差、相位差信息，速度测量利用的是回波信号相对于发射信号的频率差信息，即多普勒频率信息。参数测量中对应的"距离分辨力""角分辨力""多普勒（速度）分辨力"等战术指标决定了雷达"能看得多清"。

思考题

1. 电磁波在自由空间中以什么速度传播？在地球大气层中传播时有何不同？

2. 假设某雷达的 PRF 为 2kHz，并且在 17km 的视在距离内观测到目标回波。目标可能在什么距离上？

3. 某雷达使用两个 PRF 测距，第一个 PRF 为 14706Hz，第二个 PRF 为 13158Hz，两者的距离单元都是 150m。在第一个 PRF 的 20 号距离单元和第二个 PRF 的 56 号单元中观测到目标回波。第一个和第二个 PRF 的目标视在距离是多少？目标的真实距离是多少？

4. 某连续波雷达采用上调频和下调频波形，假设每个波形的带宽为 100MHz，持续时间为 1ms。从特定目标观测到的回波差频为 55.13kHz（下调频）和 44.87kHz（上调频）。试计算目标的距离和速度。

5. 雷达测角的物理基础是什么？雷达测角的方法有哪些？振幅法测角的方法有哪些？

6. 描述振幅和差式单脉冲雷达自动测角系统的工作原理。其角误差信号有什么特点？

7. 测速的物理基础是什么？如何获得多普勒信息？如何提取速度信息？

8. 已知某脉冲雷达的中心频率为 $f_0 = 3000\text{MHz}$，回波信号相对于发射信号的延迟时间为 1000μs，回波信号的频率为 3000.01MHz，目标运动方向与目标所在方向的夹角为 60°，求目标距离、径向速度与线速度。

9. 试比较分析自动距离跟踪和自动测角原理的异同之处。

10. 尝试总结不同参数测量方法背后的共性原理。

第8章 电子战中的雷达

导读问题
1. 电子战中雷达可能面临哪些挑战？
2. 有哪些方法可以提高雷达在复杂电磁环境下的生命力？

本章要点
1. 雷达对抗控制管理系统的基本组成。
2. 有源干扰和无源干扰对雷达探测性能的影响及应对措施。

由现代局部战争的过程可以看出，现代战争是一场以电子战（Electronic Warfare，EW）为先导，以空战为主体，陆、海、空、天、电子战融为一体的，多维的、非接触式的、高科技的战争。因此，在现代战争中，首先进行的电子战就是雷达对抗战，而且随着电子技术的发展将愈演愈烈。雷达主动发射信号的基本特征，也成了其在电子战中的软肋。为了保证雷达系统能够在极为复杂的电磁环境中有效地工作，雷达综合电子对抗系统的分析应用有着十分重要的现实意义。

雷达综合电子对抗系统是指能够指挥控制雷达系统进行电子战的完整系统。除了雷达系统，还应当包括综合自卫系统、战场环境侦查系统、雷达对抗决策/控制/管理系统等部分。本章介绍电子战中的雷达综合电子对抗系统的相关概念。

8.1 雷达综合电子对抗系统的基本组成

雷达综合电子对抗系统的基本组成包括战场环境侦查系统、雷达对抗控制管理系统和综合自卫系统，如图 8.1.1 所示。

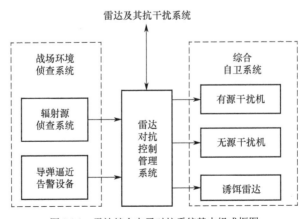

图 8.1.1 雷达综合电子对抗系统基本组成框图

战场环境侦查系统包括辐射源侦查系统和导弹逼近告警设备等。辐射源侦查系统侦查战场电磁环境，通过侦查接收辐射源（雷达、有源电子干扰）信号，识别出各个辐射源的类型、参数、威胁等级等；导弹逼近告警设备对来袭导弹等高威胁目标进行告警。战场环境侦查的结果送给雷达对抗控制管理系统。

综合自卫系统包括有源干扰机、无源干扰机和诱饵雷达等。有源干扰机用于对敌方的雷达和雷达相关武器系统实施压制性或欺骗性干扰，以破坏或降低其使用的效能，进而保证自身的安全；诱饵雷达用于对抗来袭的反辐射导弹，进行自卫。

雷达对抗控制管理系统是雷达综合电子对抗系统的指挥控制中心，对全系统的工作起指挥、控制作用。它对来自辐射源侦查系统、导弹逼近告警设备和雷达的信息数据进行实时综合情报处理，获得当前战场目标航迹分布、电磁态势分布和威胁态势分布；产生自卫控制命令，控制有源干扰机、无源干扰机和诱饵雷达等工作，保证雷达及其载体的安全；分析战场电磁态势、威胁态势和雷达当前的工作效能，产生雷达工作状态控制命令，控制雷达的工作，使其达到最佳工作状态。

雷达综合电子对抗系统在雷达对抗控制管理系统的控制、指挥和管理下协调工作。雷达对抗控制管理系统接收到具体作战任务后，根据战区的实际情况，控制雷达系统和战场环境侦查系统开机工作，按照设置的工作模式进行目标探测和电磁环境侦查，并实时地将探测数据和侦查结果传输给雷达对抗控制管理系统；雷达对抗控制管理系统对雷达系统、辐射源侦查系统和导弹逼近告警设备获取的情报数据进行综合实时相关处理，统一编批，形成当前战场目标航迹分布、电磁态势和威胁态势等数据文件与可视性文件；对电磁态势和威胁态势进行分析，评估威胁等级，确定威胁性质，制定自卫决策，并控制相应的自卫系统工作；对战场目标航迹分布和电磁态势进行分析，评估雷达工作效能，制定雷达反对抗决策，确定最佳工作模式，保证雷达工作效能的正常发挥。

雷达对抗管理控制系统高度自动化，可对来袭导弹、雷达制导武器等高威胁目标快速反应，进行快速自卫，并且可以人工干预。

在整个工作过程中，雷达对抗管理控制系统实时控制和掌握系统中各个分系统的工作状态，与上级和协同作战部队进行数据与信息交互，并记录作战过程的有关数据。

8.2　辐射源侦查系统

在雷达综合电子对抗系统中，辐射源侦查系统的功能是截获当前战场上雷达和有源干扰机辐射的电磁信号，并进行参数测量、分析和识别处理，从而获取当前战场的电磁态势和威胁态势，为雷达的正常工作和生存提供技术保障。

（1）截获当前战场雷达及有源干扰机辐射的电磁信号，测量载频、到达方向等参数。

（2）测量脉冲雷达信号的重复周期、脉宽、幅度、到达时间、波形等，进行信号分选、识别处理和扫描特性分析等，获取雷达的各种技术参数，并判别其工作状态和威胁等级等。

（3）测量有源干扰机的主要技术参数，如工作频段、干扰类型、干扰方位、时间等。

（4）管理、修订和更新雷达辐射源数据库和干扰辐射源数据库。

（5）输出结果数据文件到雷达对抗控制管理系统，以便后者根据辐射源威胁态势制定对抗决策。

由此可见，辐射源侦查系统是雷达综合电子对抗系统的核心设备，是雷达对抗控制管理系统的主要信息来源之一，是制定对抗决策所必不可少的。

8.2.1 辐射源侦查系统的组成

辐射源侦查系统的作用是接收侦查空域和侦查频段内的辐射源信号，发现辐射源的存在，测量辐射源参数及特性，比较全面、具体地掌握辐射源态势。辐射源侦查系统应当是宽频带（多个倍频程）、大视场（全空域或半空域）工作的，其所面临的信号环境是密集、复杂而多变的，因此侦查系统应具有对辐射源信号进行实时检测、测量的能力和高速信号处理能力，并且具备测量、识别和处理雷达、有源干扰等多种类型辐射源的能力。

辐射源侦查系统的基本组成框图如图 8.2.1 所示。侦查天线阵收集侦查空域和侦查频段内的辐射源信号，馈送给测向接收机和测频接收机；测向接收机实时检测和测量每个信号的到达方向，输出到达方向码和视频信号到信号处理机；测频接收机对每个信号进行实时载频测量，输出载频码及视频信号到信号处理机，同时输出中频信号到信号脉内特征分析器；信号脉内特征分析器对信号的脉内调制类型及参数进行分析，输出信号的脉内调制特征码；信号处理机首先对每个脉冲的前沿到达时间、宽度、幅度等参数进行测量，获得到达时间码、宽度码、幅度码等，并与来自测向接收机的到达方向码、测频接收机的载频码和信号脉内特征分析器的脉内调制特征码组合，形成脉冲描述字；再对脉冲描述字流进行辐射源分选、参数估计和测量、辐射源识别、威胁等级判断和作战态势判别等。输出结果在显示、记录的同时，送给雷达对抗控制管理系统。

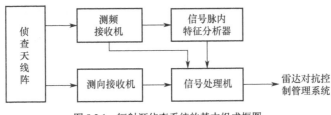

图 8.2.1 辐射源侦查系统的基本组成框图

8.2.2 测频接收机

测频接收机的作用是对来自侦查天线阵的信号进行载频测量。

载频是辐射源最重要的参数之一。目前，雷达的工作频率分布范围较广，从米波到毫米波段分布着各种不同功能和用途的雷达，有源干扰机的工作频率范围与之相当。但是，对单部雷达来说，其工作频率的变化范围相对于载频而言很窄，即其是窄带工作的。因此，辐射源载频是侦查系统进行信号分选、威胁识别的重要参数之一，对辐射源信号载频的测量是各类侦查系统必备的功能。

测频接收机的种类较多，目前用得较多的有搜索式超外差测频接收机、信道化接收机、比相法瞬时测频接收机、压缩接收机、声光接收机、数字接收机等。不同接收机具有不同的优缺点，在实际使用中往往两种以上的接收机配合使用，以取长补短。

下面简要介绍几种常用的测频接收机。

1. 超外差测频接收机

搜索式超外差测频接收机是一种直接在频域上进行频率值测量的测频技术，其基本组成如图 8.2.2 所示。

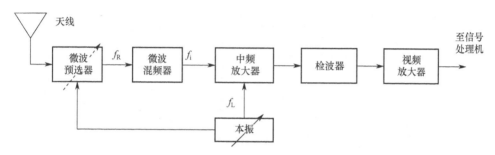

图 8.2.2 搜索式超外差测频接收机的基本组成

搜索式超外差测频接收机在测频范围 $f_1 \sim f_2$ 上开一个频率窗，窗口宽度为 Δf_r（瞬时带宽），它只接收进入频率窗内的信号，并以频率窗的中心频率值作为信号频率的测量值。在测频范围 $f_1 \sim f_2$ 上移动频率窗，就可实现频率搜索。微波预选器选择通带内的信号与本振混频，变为固定中频信号，再经中频放大器放大、检波器检波变为视频信号，放大后送给信号处理机。

超外差测频接收机测频的原理如图 8.2.3 所示。若接收机中频为 f_I，本振频率为 f_L，则接收机在频率轴上所形成的频率窗的中心频率为 $f_R = f_L - f_I$（或 $f_R' = f_L + f_I$），频率窗的宽度由中频放大器的带宽 Δf_r 决定。工作时，改变本振频率 f_L，且微波预选器与之统调，则频率窗在频率轴上移动，进行频率搜索。当信号频谱的大部分落入该窗口时，接收机会检测出该信号，并将频率窗的中心频率 f_R 作为信号频率测量值。若测频范围为 $f_1 \sim f_2$，频率窗的频带宽度即瞬时带宽为 Δf_r，则频率截获概率为 $\Delta f_r / (f_2 - f_1)$，Δf_r 越大，频率截获概率越高。但是，频率分辨力和测频精度也由 Δf_r 决定（可以证明，在本振精度较高时测频的均方根误差约为 $0.288\Delta f_r$），Δf_r 越小，频率分辨力和测频精度越高。这就使频率截获概率与频率分辨力和测频精度之间的矛盾难以解决，这正是这种测频接收机的最大障碍。

搜索式超外差测频接收机结构简单、灵敏度高、动态范围大，且对信号的波形检测能力强。但是，它对信号的截获概率低、截获时间长，不能解决好截获概率和频率分辨力之间的矛盾，且对频谱较宽的强信号可能产生旁瓣，引起测频模糊。目前，常见的应用是将其作为精测频手段与其他宽开测频接收机结合使用。

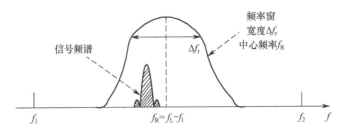

图 8.2.3　超外差测频接收机测频的原理

2. 信道化接收机

信道化接收机也是一种直接测频的接收机，它使用滤波器组将整个测频范围分为多个毗邻的频率信道，如图 8.2.4 所示，不同频率的信号将从不同的频率信道输出，并以信号输出的频率信道的中心频率作为该信号的频率测量值。

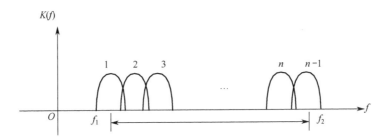

图 8.2.4　信道化接收机的频率信道

在实际使用中，由于工程上难以保证两个相邻信道公共边界的频率相同，通常使相邻信道频率范围重叠，如图 8.2.5 所示。这样，频率分路器分出的几个信道实际为 $2n-1$ 个测频信道，通过将各个信道输出与检测门限相比较，超过检测门限时判决为有信号出现，再根据出现信号的某个信道或者某两个相邻信道，判决出信号所出现的测频信道，将该测频信道中心频率作为该信号的频率测量值。

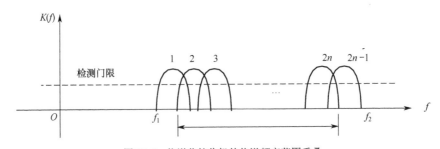

图 8.2.5　信道化接收机的信道频率范围重叠

由此可见，采用频率范围重叠的信道化接收机可以在回避边界重合问题的同时，提高测频精度。

3. 比相法瞬时测频接收机

比相法瞬时测频接收机是一种结构简单、紧凑的接收机，它在很宽的测频范围内是宽开的，且可获得较高的测频精度、频率分辨力和良好的灵敏度。它不具有对同时到达信号的检测能力，因此通常被作为混合接收机的一部分。

比相法瞬时测频接收机利用自相关技术将信号频率转换为相位，通过测相实现测频。图 8.2.6 所示为比相法瞬时测频接收机基本测频单元电路——微波鉴相器的典型结构示意图。输入射频信号经放大后由功分器分为两路，其中一路含有延迟时间为 T 的延迟线，使两路信号之间产生相对相位差，因此可以通过测出相位差求得信号的频率。

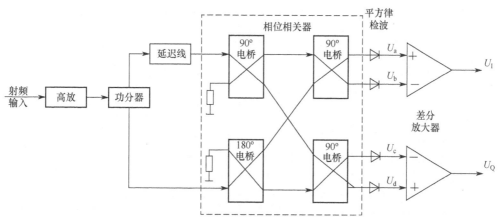

图 8.2.6　微波鉴相器的典型结构示意图

若将两路正交输出 U_I 和 U_Q 分别加到静电示波器的水平和垂直偏转板上，则光点相对于 x 轴的夹角即 φ，就能单值地显示出被测信号的载频，进而实现测频，这就是模拟式比相法瞬时测频接收机的测频原理。但是，通常需要将输出信号变为数字式的相位代码，以便后续电路进行数字处理。输出信号的数字化由极性量化器完成。

比相法瞬时测频接收机的特点如下。

比相法瞬时测频接收机在其测频范围上是宽开的，对单个脉冲的截获概率可接近 1，截获时间为一个脉冲周期。但是，它一次只能检测一个信号，为防止同时到达信号引起错误测频，在瞬时测频接收机中，由专用电路对同时到达信号的测量值打上"标志"，以便由信号处理机进行处理。为防止连续信号的影响，一种方法是在接收机输入端加装可调谐的陷波滤波器以滤除连续信号。

比相法瞬时测频接收机的测频范围即为瞬时带宽，通常可达一个倍频程以上；频率分辨力可达 1MHz；接收机灵敏度为−40～−50dBm；动态范围的典型值为 50～60dB；测频时间（从信号输入到频率码输出之间的时间）的典型值为 100～300ns；遮蔽时间（能精确测量相邻两个脉冲频率之间的最短间隔）通常为 50～70ns。

比相法瞬时测频接收机较好地解决了频率截获概率和频率分辨力之间的矛盾，是一种精确测频接收机，因此，在雷达告警、干扰机频率引导和反辐射导引头等侦查系统中得到广泛应用。但是，因对同时到达信号的检测能力差，在高密度信号环境下的应用受到限制。

4．数字测频接收机

数字测频接收机是对截获的信号直接进行 A/D 变换、数字存储后，再通过数字信号处理获取信号的载频和各种参数的接收机。由于受到数字电路工作速度的限制，目前尚不能直接对射频信号进行 A/D 变换和数字存储，而要通过变频将信号变换到频率较低的某个基带 B 后，再进行处理。通常采用正交双通道处理技术。正交双通道数字接收机结构框图如图 8.2.7 所示。

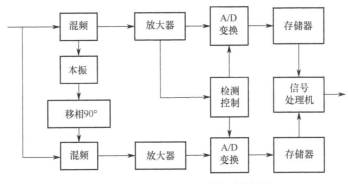

图 8.2.7　正交双通道数字接收机结构框图

雷达信号通常为脉冲信号，因此 A/D 变换器由检测脉冲启动，只在脉冲持续时间内对信号进行采样和变换。

8.2.3　测向接收机

测向接收机的作用是测量辐射源相对于侦查接收机的方向，又称**信号到达方向测量**或**波达方向测量**。

不同辐射源相对于侦查系统的空间位置不同，因此信号到达方向是稀释信号的最佳参数；而同一辐射源信号的到达方向相对稳定，因此到达方向也是分选信号的可靠参数；而方向测量又是进行干扰引导、辐射源定位等必不可少的功能之一。

测向接收机对辐射源进行方向测量的基本原理是利用侦查天线的方向性，即侦查测向天线对不同方向到达信号的振幅或相位响应特性。根据测向天线的体制，测向技术可分为波束搜索法测向和同时多波束测向两大类。波束搜索法测向通过转动侦查测向天线波束，通过检测信号幅度的变化进行测向；同时多波束测向利用多个天线波束覆盖测向范围，通过对各个天线波束所接收到的同一信号进行比较处理实现测向。因此，无论采用何种处理方法，截获一个脉冲便可实现对辐射源方向的测量，所以又称**瞬时测向**。

根据测向所用的是侦查天线对信号的振幅响应还是侦查天线对信号的相位响应，测向技术还可分为波束搜索法测向、比幅法测向和相位法测向。

1．波束搜索法测向

波束搜索法测向通过控制侦查天线波束在测向范围（360°或特定扇区）内转动，检测信号并比较信号的幅度，测定其到达方向。

图 8.2.8 所示为波束搜索法测向系统的组成框图。图中，测向支路的定向天线在测向范围内扫描以进行测向；辅助支路天线为全向天线，作用是切除定向天线的副瓣，以免其产生错误测向，同时消除雷达天线扫描对测向的影响。定向天线切除后，如果主瓣在扫过辐射源时接收到的脉冲串信号的起始角度为 θ_1，终止角度为 θ_2，则取二者的平均值作为信号到达角的一次测量值。

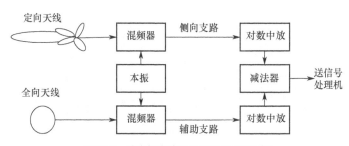

图 8.2.8　波束搜索法测向系统的组成框图

由于多数情况下雷达天线也处于搜索状态，当天线副瓣很低时，只有双方天线主波束互指时侦查接收机才能检测到雷达信号，这是一个随机事件。要提高截获概率，侦查系统必须尽可能地利用已知雷达的各种先验信息制定出自己的搜索方式和搜索参数，提高双方天线主波束互指的概率。

搜索法测向系统的接收机可采用晶体视频接收机或超外差测频接收机。图 8.2.8 中为超外差测频接收机，其特点是灵敏度高、动态范围大。搜索法测向系统的测向精度主要由波束宽度 θ_ρ 和检测门限处的信噪比 S/N 决定。搜索法测向系统的角度分辨力，主要由测向天线的波束宽度 θ_ρ 决定，而波束宽度又主要取决于天线口径 d。根据瑞利光学分辨力准则，当信噪比高于 10dB 时，角度分辨力为

$$\Delta\theta = \theta_r \approx 70\lambda/d \qquad (8.1.1)$$

2．比幅法测向

比幅法测向由多个特性相同的天线波束覆盖测向范围，每副天线后接一个接收通道对信号进行处理，且各个接收通道的传输特性相同。不同天线所接收的信号是信号方向的函数，因此各通道的输出响应与信号方向具有一一对应关系，通过比幅处理便可确定辐射源所在的方向。

比幅测向系统只需截获一个脉冲就可确定辐射源方向，因此称为**单脉冲测向**。实际中，用得较多的是双波束比幅单脉冲测向系统和全向比幅单脉冲测向系统。

1）双波束比幅单脉冲测向系统

双波束比幅单脉冲测向系统由两个指向不同的天线波束和两个接收通道构成，如图 8.2.9 所示，其中(a)为原理图，(b)为测向原理图。为了便于比幅处理，接收通道通常为对数化通道。两个通道的输出进行相减运算，以消除信号幅度调制，输出送信号处理机以确定辐射源方向。

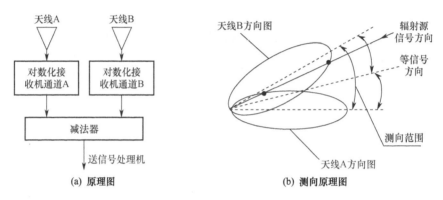

图 8.2.9　双波束比幅单脉冲测向系统的原理

双波束比幅单脉冲测向系统主要用于对辐射源方向进行跟踪，如进行干扰方向引导、反辐射攻击瞄准等。它由减法器的输出产生误差控制信号，控制天线转动方向，使等信号方向对准辐射源方向。

2）全向比幅单脉冲测向系统

全向比幅单脉冲测向系统的原理如图 8.2.10 所示，其中(a)为系统原理框图，(b)为四天线方向图。采用四副或多副天线均匀覆盖 360°方位，每副天线后跟一个接收通道（晶体视频结构或超外差结构）对天线接收到的信号进行处理，输出视频信号送信号处理器进行比幅运算，确定信号的到达方位。比幅运算的算法较多，每种算法的复杂度和得到的测向精度不同，常用的算法为相邻比幅算法和全向比幅算法。

采用相邻比幅算法时，各接收通道均采用对数处理，输出对数视频信号。采用相邻比幅算法时，信号处理在相邻通道之间进行，因此，可以同时检测从不同方位同时到达的信号。但是，由于天线旁瓣的存在，强信号可能使多个通道过门限而造成虚假错误，需要在信号处理时予以消除。

全向比幅算法采用权系数对所有接收通道输出的视频信号进行加权求和，以求得信号的到达方位。采用全向比幅算法时，所有接收通道同时参加运算，因此不能对同时到达信号进行测向，但不会有强信号引起虚假测向。此外，全向比幅算法的测向误差较相邻比幅算法的小，对天线方向函数的适应能力强。

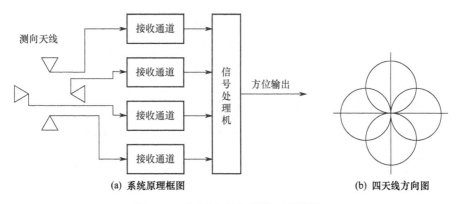

図 8.2.10　全向比幅单脉冲测向系统的原理

全向比幅单脉冲测向系统采用的天线常为平面螺旋天线和 Honey 天线等。平面螺旋天线的方向函数近似为高斯函数，Honey 天线的方向函数近似为正弦函数。

全向比幅单脉冲测向系统的精度主要由所用的天线数量、各个接收通道的平衡程度和天线方向函数决定，测向误差在 10° 以下。

综上所述，全向比幅单脉冲测向系统的主要特点是测向范围大，方位截获概率高，可以瞬时、全概率截获信号，工作频带宽，设备简单、体积小、重量轻，因此被广泛用于雷达告警系统中。然而，其测向精度低，方位分辨力较差，不适用精确测向的应用场合。

3．相位法测向

相位干涉仪测向技术是另一种常用的瞬时测向技术，它通过比较多个测向天线所接收的同一信号的相对相位来测量信号的到达角。一维相位干涉仪可以测量方位角或仰角，二维干涉仪可以同时测量方位角和仰角，即可以确定辐射源在三维空间中的指向。以下仅介绍一维单基线相位干涉仪。

一维单基线相位干涉仪是最简单的一维干涉仪，其原理框图如图 8.2.11 所示，它仅由两副测向天线和两个信道组成。

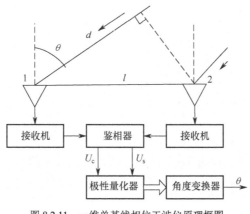

图 8.2.11　一维单基线相位干涉仪原理框图

到达两副天线的信号由于波程差，信号相位差为ϕ，并由鉴相器输出至极性量化器。极性量化器的作用是将鉴相器输出的两路正交视频变换为二进制数字码表示的相位差ϕ。角度变换器采用数字运算实现。

8.2.4　信号脉内特征分析器

信号脉内特征分析器的作用是分析、识别雷达信号的脉内调制特征，将其作为辐射源识别的重要依据。

一直以来，电子侦查系统对辐射源信号的分选、识别及特征参数数据库的建立，都是依据辐射源信号的五个基本参数——载频（RF）、脉宽（Pulse Width，PW）、脉幅（Pulse Amplitude，PA）、到达时间（Time Of Arrival，TOA）和到达方向（Direction Of Arrival，DOA）完成的。但是，随着电子对抗及反对抗技术的迅速发展，在现代战场电磁环境中的辐射源信号形式呈现出日益复杂化的趋势，如雷达采用频率捷变、脉内调频/调相、重频抖动/参差、类噪声的扩谱信号等破坏了侦查系统进行信号分选和识别所用信号的规律性；数字波束形成技术使得一个辐射源可以同时以多个不同的波束发射信号；低截获概率技术的采用使得信号样式复杂，参数多变、快变；各种辐射源数量急剧增加，信号样式复杂化。因此，五个基本参数难以全面描述现代辐射源信号的特征。

脉内调制特征是雷达最具特色的参数之一，将其作为一个分选识别参数无疑会大大提高对雷达辐射源识别的速度和可信度。信号脉内特征分析的目的，就是通过对雷达信号的脉内调制特征及其参数进行分析和提取，在辐射源识别中加以应用，以达到唯一准确识别雷达辐射源的目的。雷达信号的脉内特征包含雷达发射机对频率、相位和包络形状的调制特性，可分为人为调制和附带调制。附带调制不具有规律性，难以提取，因此目前的雷达信号脉内特征提取分析技术都是围绕人为调制进行的。目前，雷达信号脉内调制样式（即信号波形样式）主要有单载频、多载频分集、多载频编码、线性调频、二相编码和多相编码等。各种调制类型所对应的调制参数如表 8.2.1 所示。

表 8.2.1　各种调制类型所对应的调制参数

调制类型	主要调制参数
单载频	频率 f
多载频分集	分集数 k、频率集 $\{f_i\}_{i=0}^{k-1}$
多载频编码	载频数 k、频率集 $\{f_i\}_{i=0}^{k-1}$、子码宽度 $\Delta\tau$
线性调频	频宽 $B=[f_{\min},f_{\max}]$、时宽 T
二相编码	频率 f、码长 N、子码宽度 $\Delta\tau$、码组 $\{c_i\}_{i=0}^{N-1}, c_i \in \lvert 0,1 \rvert, \forall i = 0,1,\cdots,N-1$
多相编码	频率 f、码长 N、子码宽度 $\Delta\tau$、相数 k、码组 $\{c_i\}_{i=0}^{N-1}, c_i \in \lvert 0,1 \rvert, \forall i = 0,1,\cdots,N-1$

雷达信号脉内特征分析技术的研究是近年来电子对抗领域的一个热门课题，已形成了许多估计算法和相关技术，如瞬时自相关算法、短时傅里叶分析、小波模糊分解（Wavelet Vaguelette Decomposition，WVD）算法、过零点检测算法、小波分析法等。这些方法对单载

频信号、线性调频信号、非线性调频信号、相位编码信号、频率编码信号等的脉内调制分析都有一定的效果，有些已在工程中得到应用。

8.2.5　信号处理机

随着电子技术的飞速发展，各种电子设备和电子系统在军事上的应用日益增多，使得辐射源侦查系统工作在成百上千台辐射源信号所形成的密集、交叠的电磁环境下，单位时间内出现在辐射源侦查系统所处空间的脉冲数可达数万、数十万甚至数百万。此外，由于雷达技术的迅猛发展，雷达信号调制日趋复杂，参数多变、快变。这就要求辐射源侦查系统必须能够从错综复杂的电磁环境中检测出各种新体制雷达信号，进行分选识别和分析处理，掌握各个辐射源的参数取值及变化情况，判明其工作状态、用途、平台类型、配置的武器系统以及威胁等级等，为综合控制管理系统进行电磁态势和威胁态势分析等提供依据。同时，还要能够截获并跟踪分析有源干扰信号，掌握有源干扰系统的干扰参数、工作状态等，为综合控制管理系统进行干扰分析提供依据。辐射源侦查系统的典型工作过程如下。

（1）**实时检测和测量**。侦查天线阵截获侦查空间、侦查频段内的射频信号，馈送给测频接收机和测向接收机进行载频、到达方向的实时检测和测量，输出每个脉冲信号的载频码和到达方向码，同时输出可进行时域参数测量的保幅和保宽视频脉冲。

（2）**脉冲描述字**（Pulse Descriptive Word，PDW）**形成**。参数测量电路对每个视频脉冲进行到达时间、脉冲宽度、脉冲幅度等时域参数测量，并将各时域参数与该脉冲的到达载频码、到达方向码一起形成一个有固定字长、固定格式和固定位含义的 PDW，存入 PDW 采集存储器中。

（3）**信号处理**。信号处理机对采集存储器中的 PDW 流进行分选识别、参数估计、辐射源识别等处理，获得有关辐射源的各种技术、军事情报和信息，形成特定格式的辐射源数据文件，输出送后续系统。

通常，对信号的实时检测和测量电路构成辐射源侦查系统的前端，即侦查系统前端主要由测频接收机和测向接收机构成；PDW 形成电路与信号处理电路由信号处理机完成，信号处理机与显示、记录等设备通常被称为**系统终端**。

由此可见，信号处理机的任务是进行参数测量和信号处理。

1．参数测量器

参数测量是辐射源侦查系统的核心任务之一，即对各个雷达辐射源进行信号参数和工作参数的测量，以掌握雷达辐射源的特征。这些参数主要包含如下内容。

（1）频域参数，包括载波频率、频谱结构、载频和频谱的变化规律及变化范围等。

（2）时域参数，包括到达时间、脉冲宽度、脉冲重复周期（或重复频率）及其变化规律、变化范围等。

（3）空域参数，包括信号的到达方向（方位角、仰角）、地理位置和极化方式等。

（4）脉冲幅度参数，包括雷达天线方向图调制参数、天线扫描周期及扫描规律等。

以上参数可分为两类：第一类是由侦查系统前端和参数测量器可以直接测量得到的参数，如单脉冲参数、脉冲到达时间（TOA）、脉冲宽度（PW）、脉冲载频（BF）、脉冲到达方向（DOA）、脉冲幅度（PA）、脉内调制特征 F 等；第二类是需要经过信号处理由直接测量参数分析导出的参数，如由脉冲到达时间导出的脉冲重复周期（Pulse Repetition Interval，PRI）、由 TOA 与 PA 导出的雷达天线方向图调制特性、扫描周期及扫描规律等。由直接测量参数可以导出其他各种非直接测量参数。

参数测量器的作用是对侦查系统前端输出的每个视频脉冲进行时域参数（到达时间、脉宽）及幅度的测量，并与前端已测量得到的 DOA、RF 及 F（由脉内体制特征测量电路提供）一起组合形成一个 PDW。因此，参数测量电路的输出是由脉冲到达时间和密度决定的 PDW 流。

可见，参数测量器输出的 PDW 中只含有第一类参数，第二类参数需要由信号处理机通过信号处理获得。

2. 信号处理

信号处理是信号处理机的核心任务，它对参数测量器输出的 PDW 流进行辐射源分选、识别和参数估计，并且最终识别出辐射源，获取有关辐射源的各种技术、军事情报。

信号处理的首要问题是选择分选参数（或称**特征参数**）。分选参数是对 PDW 流进行分选的基本依据，可选择作为分选参数的必须是 PDW 中所包含的、能够代表辐射源特征且具有相对时间平稳性和空间聚敛性的参数。

通常，PDW 中包含的主要参数有到达方向、信号载频、脉冲宽度、脉冲重复周期和脉冲幅度等，其中有些可作为分选参数，有些则不能，具体分析如下。

1）到达方向

到达方向是指雷达与侦查系统之间的相对方向，它为常数或者缓慢变化，与雷达信号无关，是侦查信号处理中最常用的分选参数之一。

2）信号频率

信号频率也是侦查信号处理中最常用的分选参数之一。由于雷达侦查系统具有较高的测频精度，且测频范围通常可达到若干倍频程。虽然雷达的频率可跳变、捷变、分集、编码等，变化样式灵活快捷，但是变化范围有限，通常在载频的 10%以内，因此，RF 仍具有较好的聚敛性，可以作为分选参数。

3）到达时间

到达时间是信号分选中一个很重要的分选参数。然而，由于分选时可利用的已知信息是脉冲重复周期，而 PDW 中包含的是信号的到达时间，将 TOA 转换为 PRI 信息需要较长的处理时间和较复杂的处理算法，难以满足预处理实时性的要求，所以到达时间分选一般不在预处理中进行，而作为主处理的主要分选、识别参数。

4）脉冲宽度

侦查系统具有较高的脉宽测量精度和较宽的测量范围，现代雷达信号的脉宽本身也比较稳定，数值分布较集中，具有较好的平稳性和聚敛性。但是，很多雷达的脉宽相同或相近，且在信号密度大、时域重合概率高的情况下，脉宽测量的准确性会受到影响，因此脉宽被认为是一个可以利用但可信度不高的分选参数。在侦查系统采用新技术提高脉宽测量准确性的条件下，脉宽可作为一个辅助分选参数。

5）脉冲幅度

由于影响脉冲幅度（即信号电平）的因素太多，使得脉冲幅度的平稳性较差，一般也不作为分选参数。但是，脉冲幅度是进行雷达天线扫描分析的主要依据。

因此，可选择作为分选参数的信号参数有到达方向、信号载频、脉冲宽度和脉冲重复周期。

8.3　有源干扰机

雷达对抗系统中有源干扰机的作用是在侦查确知敌方雷达参数的情况下，通过辐射电磁信号（有源干扰）破坏或扰乱敌方雷达的正常工作。它是一种对抗雷达相关武器系统的软杀伤手段，也是雷达对抗系统进行自卫的有效手段。

按照干扰信号对雷达的作用原理，有源干扰可分为压制性干扰和欺骗性干扰。

（1）**压制性干扰**：即噪声干扰，通过辐射强噪声进入干扰频段内的雷达接收机，淹没或遮蔽目标回波信号，达到干扰的目的。它是应用最为广泛的一种干扰样式。

（2）**欺骗性干扰**：由干扰机产生与目标回波相类似的干扰信号，作用于雷达接收机，使雷达真假难辨，无法识别出真实目标回波，或以大量假目标信号使雷达终端系统饱和，不能有效发挥效能。欺骗性干扰根据干扰对象的不同，可分为电子假目标欺骗或参数欺骗（距离欺骗、速度欺骗、方位欺骗和多维相干欺骗等）。参数欺骗主要破坏炮瞄或制导雷达的跟踪系统，电子假目标可对搜索雷达、目标指示雷达等进行欺骗。

现代有源干扰机通常同时具有实施压制性干扰（连续波）和欺骗性干扰（脉冲）的能力，称为**综合性干扰机**或**噪声/欺骗干扰**，是现代干扰技术在多功能方面合理发展的必然结果。

8.3.1　有源干扰机的组成

要对雷达实施有效的干扰，干扰机必须满足如下条件。

（1）频率、方向、极化上对准雷达。

（2）具有足够的干扰功率强度。

（3）有效的干扰调制样式。

因此，尽管现代雷达有源干扰机种类繁多，不同用途、不同使用平台的具体雷达有源干扰机的构成及所用的技术也不尽相同，但是其基本组成可分为侦查、控制和干扰资源库三部分，如图 8.3.1 所示。

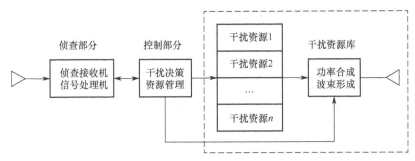

图 8.3.1　有源干扰机的基本组成

第一部分：侦查部分，请参阅 8.2 节。目的是分析、监测干扰机工作环境，为干扰决策提供依据和实施有效的干扰。

第二部分：控制部分。以干扰控制计算机、显示设备及大容量存储设备（即辐射源数据库）为主体，接收综合控制管理系统的干扰命令或者根据侦查结果，制定干扰决策、资源管理以及显示、记录等。所谓干扰决策，是指根据各个辐射源的威胁等级，确定干扰对象，制定干扰方案、并产生干扰控制命令等；而资源管理则是根据干扰对象选择有效的干扰调制样式，控制相应的干扰资源产生干扰信号，并通过控制一个或多个参数（频率、时间、空间等），实现发射机功率的分配等。控制部分可以人工操作或自主工作。

第三部分：干扰资源库。包括多个干扰资源、功率合成和波束形成。干扰资源库能够根据控制命令产生所需的干扰信号。波束形成电路则根据控制命令产生不同指向的波束，将干扰信号发射出去。因此，干扰资源库能够根据控制部分发出的指令，产生干扰信号，并对准敌方的雷达发射，对其实施有效干扰。

作为雷达综合电子对抗系统组成部分的有源干扰资源库，其工作应受控于综合控制管理系统，即综合控制管理系统在接收到战场环境侦查系统和敌方雷达系统的信息后，通过综合分析处理，根据对己威胁的情况，做出积极干扰的决策，并将其基本信息发送给有源干扰资源库实施有效的干扰。

有源干扰机的装备方式如下所示。

有源干扰机作为雷达对抗系统的一种自卫手段，具体使用中的装备方式需要根据雷达对抗系统的载体和干扰对象的不同合理选择，主要有以下几种。

1）单站有源干扰机

单站有源干扰机是使用最早、最广泛的一种有源干扰机，其干扰信号样式可分为压制性、欺骗性或综合性干扰机。由于干扰技术的发展，新型干扰机通常为综合性干扰机，可以同时具备实施压制性和欺骗性干扰的双重功能。

单站有源干扰机可以为地面车载、海面舰载或机载内置或吊舱携载。

2）地面分布式干扰系统

地面雷达对抗系统的载体是固定的或慢动的，而其主要威胁来自空中运动目标。随着机载雷达反干扰性能的改善，特别是对具有旁瓣抑制特性的雷达，地面单站有源干扰机不能进行有效的旁瓣干扰而大大降低了干扰机的效能，因此，分布式地面干扰系统已逐渐成为地对空干扰系统的一种必然趋势，典型应用如美军的"狼群"干扰系统。

分布式干扰系统由多个分系统组成，每个分系统均是一个具有独立功能的有源干扰机。干扰信号样式可分为压制性、欺骗性或综合性干扰。工作时，由中心控制站对各个分系统的侦查结果进行综合分析处理，并控制系统中各个分系统的工作，以对威胁目标实施联合电子干扰。各个分系统之间的空间距离可相距数千米到数十千米，因此需要由卫星定位系统进行定位和校时。

3）有源诱饵

有源诱饵是近年来发展极为迅速的有源干扰装备之一，是作战飞机或舰船等进行自卫的重要手段之一。它在飞机或舰船受到雷达制导武器系统威胁的情况下，被投放出去自由飞行，或者拖曳在载体后与载体一起运动，并产生较强的假目标信号（诱饵信号），诱骗敌方雷达的跟踪系统跟踪诱饵信号，从而达到保护目标的目的。

有源诱饵是一种离机式有源干扰机，其作用时间很短（防空网的一次攻击时间），可以是一次性的，也可以回收再使用。其干扰信号样式可分为压制性干扰、欺骗性干扰或综合干扰。

由于有源诱饵工作时离开了其所要保护的载体，从而对雷达造成客观上的方位欺骗，在诱饵产生的干扰信号共同作用下，对雷达具有极佳的干扰效果。典型的有源诱饵如美军的 ALE-50，自从其问世以来，在历次使用中均取得显著的效果。

4）一次性干扰机

一次性干扰机，又称**投掷式干扰机**，被投放后由降落伞或气球悬浮在空中，可用于支援和自卫。在自卫情况下，当载机遇到导弹威胁时投放出去，将雷达制导导弹引诱到干扰机上，达到自卫的目的。当用于支援攻击时，将一次性干扰机投掷到目标雷达附近，干扰雷达对被保护目标的探测。一次性干扰机可分为压制性干扰机或欺骗性干扰机，干扰功率根据悬浮物体和用途的不同而异。一次性干扰机在通常应用中，结构简单，在水平面具有全向覆盖。在工作频率上，可由接收机进行频率引导，或者在投放前将干扰机的载频调整为干扰对象的工作频段，投放后不需要进行频率引导。欺骗性干扰机通常采用转发放大式。

8.3.2　压制性干扰

1. 压制性干扰的分类

压制性干扰是一种通用型干扰，可对任意雷达和其他电子系统实施干扰。根据干扰对象的不同，所产生的干扰信号不同，主要类型如表 8.3.1 所示。

表 8.3.1　噪声干扰分类表

分类依据	时　间	频　率	角　度
噪声干扰	连续式	阻塞式	阻塞
	脉冲式	瞄准式	瞄准
		扫描式	扫描式

阻塞式噪声干扰是指在时间、频率或角度上明显超过目标回波信号参数 τ、ϕ、α 的干扰。它可将目标回波淹没。而瞄准式噪声干扰是指可在时间、频率和角度上与目标回波信号参数 τ、ϕ、α 相比拟的干扰，要将目标回波淹没，需要进行时间、频率和角度的精确引导。扫描式噪声干扰是指在频率或角度上随时间改变的干扰，只有干扰信号的频率或角度与目标对准时才能起到干扰作用，因此这种干扰样式实际上是对目标进行周期性的间断干扰。

通常所说的阻塞式干扰、瞄准式干扰和扫描式干扰仅指频率上的干扰。

（1）瞄准式干扰一般满足如下条件：①干扰中心频率对准雷达信号载频；②干扰瞬时带宽为雷达接收机带宽的 2～5 倍。特点是干扰能量集中，压制效果好，但要求频率引导的精度高。

（2）阻塞式干扰一般满足如下条件：①干扰中心频率变化量小于其瞬时带宽；②干扰瞬时带宽大于雷达接收机带宽的 5 倍。由于干扰信号瞬时带宽较宽，对频率引导精度的要求降低，但是功率密度下降。主要用于干扰频率捷变雷达、频率分集雷达或多部不同频率的雷达。

（3）扫描式干扰是指干扰信号的中心频率在干扰频段内周期性、连续变化，因此干扰频率范围较宽，但瞬时干扰带宽较窄。它对干扰频段内的雷达造成周期性、间断的强干扰，能够干扰频率分集雷达、频率捷变雷达，并能同时干扰多部不同频率的雷达。

角度上的瞄准式干扰需要采用定向天线，将干扰能量集中在干扰方向。当使用只有一个天线波束的定向天线时，只能产生角度阻塞干扰。要同时干扰多个不同方向的目标，就要采用多波束天线阵实现。角度阻塞式干扰采用全向天线，不需要方向引导，通常用于近距离干扰。

时间上的阻塞式干扰即连续干扰，是使用得较多的干扰方式。脉冲式噪声干扰可用于对付脉间捷变频雷达，或者用于自卫。

2. 压制性干扰机的基本组成

根据信号的产生方式，噪声干扰机可分为引导式和回答式两类。

1）引导式噪声干扰机

引导式噪声干扰机的干扰信号由干扰机产生，其频率、方向、干扰样式等由控制系统引导，基本组成框图如图 8.3.2 所示。

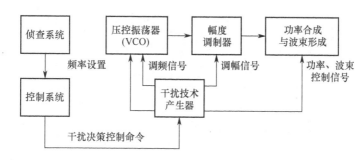

图 8.3.2 引导式噪声干扰机的基本组成框图

干扰信号由压控振荡器（Voltage Controlled Oscillator，VCO）产生，振荡器可为低功率振荡器或高功率振荡器，当为低功率振荡器时，输出需要由功率放大器放大。这种干扰机的侦查、控制系统的功能比较完善，系统的工作方式通常有自动、半自动或人工控制三种。但是，无论以哪种方式工作，干扰系统都完全受控于干扰决策控制命令，并由干扰技术产生器实施控制。它根据干扰决策命令中的载频设置命令，控制 VCO 的中心载频；根据调频参数的设置命令，产生相应的调频波形和波形参数；根据调幅参数的设置命令，产生相应的调幅波形和波形参数，通过幅度调制器控制干扰信号的幅度变化；根据干扰功率和干扰方向的设置命令，产生功率和波束控制信号，控制功率合成与波束形成电路对干扰信号进行放大、合成，并将干扰能量在指定的方向辐射出去。

干扰机可产生连续噪声干扰或脉冲噪声干扰、阻塞式噪声干扰或瞄准式噪声干扰，具体由控制系统根据需要来决策。干扰机干扰信号的干扰波形可分为射频噪声干扰或噪声调制干扰。

2）回答式噪声干扰机

回答式噪声干扰机的工作方式是每收到一个雷达脉冲，就发射一个干扰信号。它可分为转发式和应答式两种。

转发式干扰机的干扰信号来自侦查系统接收到的雷达信号，经过存储、调制、放大后转发出去。存储方式可分为模拟式的储频环路存储或数字式的数字射频存储，基本组成框图如图 8.3.3 所示。

转发式干扰机产生的干扰信号形式由控制系统决定，可以为连续干扰或脉冲干扰、阻塞干扰或瞄准干扰，其干扰信号为噪声调幅干扰、噪声调频干扰、噪声调相干扰或联合调制干扰。

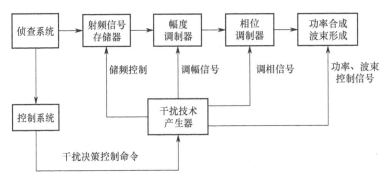

图 8.3.3 转发式干扰机的基本组成框图

应答式干扰机的干扰信号由压控振荡器产生，其频率由瞬时测频接收机控制调谐，干扰波形可以分为射频噪声干扰或调制噪声干扰。

8.3.3 欺骗性干扰

1. 欺骗性干扰的作用和分类

1）欺骗性干扰的作用

如前所述，欺骗性干扰的目的是让类似于真目标回波的假目标信号作用于雷达，以假乱真，实现如下目的：

（1）诱骗或破坏跟踪或制导雷达对真目标的跟踪。

（2）以一个或大量假目标使雷达无法辨别真假，或使其终端系统饱和。

前一个目的主要用于载机自卫，采用的干扰形式主要为拖引干扰；后一个目的既可用于支援，又可用于自卫，还可用于其他目的，如欺骗各种类型的雷达。不论目的如何，欺骗性干扰有效的基本条件都是其必须具有两重性，即相似性和欺骗性。相似性是指从假目标信号模拟真目标回波的角度说，必须具有与真目标回波相同的统计特性；欺骗性则是指假目标信号与真目标回波的某些参数是有差异的，以便掩盖真目标回波，达到欺骗的目的。因为有差异，雷达就有可能鉴别出真目标回波，这就要求在设计干扰参数时，根据雷达的鉴别能力，合理地设计欺骗参数，使欺骗有效。

2）根据假目标信号与真目标回波的参数差别分类

（1）**距离欺骗干扰**。欺骗参数为距离，即假目标信号的距离与真目标回波的不同，能量较强，其他参数则近似等于真目标回波的相应参数。

（2）**角度欺骗干扰**。欺骗参数为角度，即假目标信号的角度与真目标回波的不同，能量较强，其他参数则近似等于真目标回波的相应参数。

（3）**速度欺骗干扰**。欺骗参数为速度，即假目标信号的速度与真目标回波的不同，能量较强，其他参数则近似等于真目标回波的相应参数。

（4）**AGC 欺骗**。欺骗参数为能量，即假目标信号的能量与真目标回波的不同，其他参数则近似等于真目标回波的相应参数。

（5）**多参数欺骗**。欺骗参数为两个以上，即两个以上的参数与真目标回波的不同。为了改善欺骗效果，常将 AGC 欺骗与其他欺骗结合使用；此外，还有距离－速度同步欺骗干扰等。

3）根据假目标信号与真目标回波参数差别的大小分类

（1）**质心干扰**。假目标信号的参数与真目标回波的差别小于雷达的空间分辨力，雷达不能将二者区分开，而是作为一个目标回波进行检测和跟踪。在多数情况下，雷达对此的最终检测和跟踪结果是二者的能量加权质心（重心），因此被称为**质心干扰**。

（2）**假目标干扰**。假目标信号的参数与真目标回波的差别大于雷达的空间分辨力，雷达能够将它们区分开，但是雷达往往将假目标信号作为真目标回波进行检测和跟踪，从而造成虚警，也可能因此丢掉真目标回波而造成漏报。大量的虚警还可能造成雷达信号处理电路的过载。

（3）**拖引干扰**。周期性地从质心干扰到假目标干扰连续变化的欺骗干扰，典型的拖引干扰有停拖、拖引、关闭三种状态，周而复始。

"停拖"是指假目标信号与真目标回波参数近似相同，假目标信号能量较强，雷达很容易捕获，并在捕获后按照假目标信号的强度调整其 AGC 电路的增益，以便对其进行连续测量和跟踪。停拖时间的长度应当由雷达检测和捕获目标回波以及调制 AGC 电路增益所需要的时间决定。

"拖引"是指将假目标信号的欺骗参数（距离、速度或角度）逐渐改变，以将假目标信号与真目标回波逐渐分离（拖引），参数的改变速率要在雷达跟踪目标运动的速度响应范围内，直到假目标的拖引参数达到预定的值。在拖引过程中，雷达的 AGC 电路已调整为适合接收假目标信号，因此其跟踪系统很容易被假目标信号拖引而丢掉真目标回波。拖引时间的长度由参数的最大拖引量和拖引速率决定。

"关闭"是指在拖引参数达到预定值时关闭发射，使假目标突然消失，造成雷达跟踪信号的突然中断。此时，雷达跟踪系统通常需要滞留和等待一段时间，AGC 电路也需要重新调制增益。如果信号消失达到一定的时间，雷达确认目标丢失后，才重新进行目标搜索、检测和捕获。关闭时间的长度要由雷达跟踪中断后的滞留和调整时间决定。

无论使用哪种欺骗干扰，要使雷达难辨其真假，关键都在于假目标信号与真目标回波的相似程度。雷达波形的日益复杂和反干扰能力的不断完善，对欺骗性干扰技术提出了严峻的挑战，目前，只有基于数字射频存储技术的转发式欺骗干扰机才具备良好的欺骗性能。

2. 欺骗干扰机的典型结构

典型欺骗干扰机的结构如图 8.3.4 所示，与转发式干扰机的组成基本相同。它利用侦查系统截获雷达信号，并由数字射频存储器存储，然后在延时信号控制下读出，并在进行频率调制、幅度调制后形成假目标信号。由于它是通过对雷达信号进行调制产生的，与目标回波具有较高的相似性，使雷达接收机难以区分。当用于载机自卫时，实施拖引干扰，拖引过程如上所述，分为停拖、拖引和关闭三个时间段进行：在停拖时间段，不进行参数调制，而只对信号进行放大即转发出去，因此，假目标信号参数与载机形成的回波相近但较强，可以诱使雷达对其假目标进行跟踪；在拖引时间段，控制转发干扰信号的延时以使假目标的距离逐渐改变，进行频率调制以改变假目标的速度，或者进行幅度调制以改变假目标的方位，使假目标信号与载机回波逐渐分离，从而将雷达的跟踪系统从载机回波上拖引开，使雷达跟踪不到载机或偏离载机，达到自卫的目的。当用于电子欺骗时，可通过控制调制参数使假目标信号形成连续航迹，通常可同时形成多批假目标。在图 8.3.4 中，延时信号控制假目标的距离，调频信号控制假目标的速度，调幅信号控制假目标信号的幅度以形成角度信息。

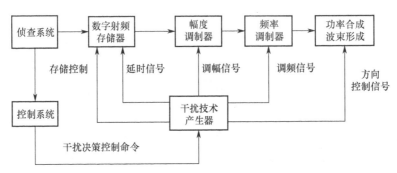

图 8.3.4   典型欺骗干扰机的结构

8.4   无源干扰机

雷达无源干扰是一种应用最早、最基本、最普遍的雷达对抗手段，也是现代战争中必不可少的重要作战手段。无源干扰机将无源材料和器材投放到雷达信号的传播通道上，对电磁波产生散射或吸收，以破坏或妨碍雷达对目标回波的检测。因为无源干扰有其特有的优点，所以在雷达对抗中一直受到重视并不断发展。

无源干扰的主要特点如下。

（1）适应性强。能干扰各种体制的雷达，包括各种新体制的雷达，且干扰空域大、频带宽。可以同时干扰多部不同体制、不同方向、不同频段的雷达，干扰效果好。

（2）使用方便、干扰可靠、适用于各种平台装备。

（3）制造简单、易于大量生产。

无源干扰技术主要包括如下几种。

（1）箔条。产生干扰回波，遮盖目标回波或破坏雷达对目标的跟踪。

（2）反射器。对雷达信号产生强反射，形成假目标回波，以掩护作战目标或欺骗对方。

（3）等离子气体云。形成吸收电磁波的空域，以掩护目标。

（4）假目标、无源雷达诱饵。对雷达产生假目标回波，以假乱真，使雷达发现不了或者跟踪不了真目标，达到自卫的目的。

（5）隐身技术。减小目标的雷达截面积，使雷达难以发现目标。

在实际应用中，常常配合使用有源干扰和无源干扰。

8.4.1 箔条干扰

箔条，又称**偶极子**，是由金属箔、镀金属的介质或金属制成的长度为 $k\lambda/2$（k 为整数）的薄丝条。长度为 $k\lambda/2$ 的箔条振子对波长为 λ 的电磁波产生谐振，带宽为 15%～20%。为了增加干扰带宽的覆盖范围，通常采用不同长度的箔条混合包装，一包中可以有 5～8 种不同长度的箔条。

箔条被投放后，在空中散开的过程和速度受大气涡流、风、重力和飞行器发动机尾流等的影响，是一个随机量，每根箔条回波的强度和相位都是随机的。箔条云回波是大量单根箔条的散射信号之和，其频谱近似为高斯形，频谱中心对应于箔条云移动的中心频率。

因为箔条在空中取向的随机性，所以可以对各种极化形式的雷达产生回波。

1. 箔条的应用

箔条的应用主要分为两类。

（1）**形成干扰走廊，掩护目标或制造假象**。在主要攻击方向上大量抛撒箔条，形成干扰走廊，以掩护群目标，或者制造假的进攻方向。一般采用飞机携带的大容量箔条投放系统布设干扰走廊。电磁波通过箔条干扰走廊时，箔条的散射使其衰减，致使目标回波减弱，同时，箔条产生很强的杂波，将目标回波淹没在其中。因此，雷达必须在强杂波中检测很弱的目标回波，这便大大降低了雷达对干扰走廊中飞机的发现能力，可以达到掩护群目标的目的。若箔条弹散开投放，则可对雷达产生许多假目标回波，造成大批目标进攻的假象。

（2）**用作假目标和诱饵**。当飞机或舰船自卫时投放箔条弹，箔条迅速散开，形成假目标或雷达诱饵，产生强回波，诱使雷达对其进行跟踪、攻击，保证载体的安全。

2. 箔条的投放

箔条干扰可由机载、舰载和地面投放设备投放。这些投放设备通常是多功能的，可以发射箔条弹、红外干扰弹和一次性干扰机，可以携载的干扰弹数目很大。设备的基本组成包括控制器、发射器和干扰弹，通常，可以自动工作或人工控制工作。控制器根据威胁情况或操作员的指令，发出投放的弹种、投放顺序、时间间隔等参数控制信号，发射机按指令发射干扰弹。箔条干扰弹由弹体、箔条包底火等部分组成，发射时底火被引爆将箔条推出，弹体在空中散开。

3. 箔条干扰的突破与前景

随着现代电子战的日趋复杂和高新技术的不断应用，箔条干扰技术得到了很大的发展。箔条的发射技术有了重要突破：可以做到在极短的时间内将大量箔条部署在雷达分辨单元内，特别是在对抗分辨单元很小、波束很窄的新型高频火控雷达时，这一改进显得极为重要；目前的投放器可在平台的多处位置同时投放，使箔条在雷达分辨单元中扩散得更快、更宽；箔条弹内的半波振子数在维持雷达散射截面不减小的条件下可以只装填为原来的一半，这相当于一次使用箔条数量的 2 倍。箔条采用美国新型的 CHEMRING 模块化一次性干扰装置（MEB），该装置及其系统的设计是用新型箔条/曳光弹取代原系统中传统的盒/匣式装置，以满足宿主平台中的信号特征及其编程需求，以及获得快速装填的时间优势和较低的飞行航线支援。

实战证明箔条对飞航式反舰导弹的干扰特别有效，而且更加灵活、经济，在现代舰船电子对抗中得到广泛使用。另外，舰船的有效反射面积大，航速慢，应尽早发现来袭导弹，为舰船发射箔条弹和做机动规避提供足够的反应时间。因为各种新技术在战争中的使用，对箔条材料、工艺设计的要求也越来越高，新型箔条材料将在保持原有优势的基础上向多功能复合及宽频段干扰方向发展，其干扰范围及综合作战效能无疑都将得到进一步的提高。因此，在可预见的未来，它仍然是对抗雷达制导武器的首要软杀伤手段。

8.4.2 无源假目标

无源假目标是能够对雷达信号产生强反射回波的无源干扰物，它们的体积小、质量轻，可以反射各个方向的电磁波，对雷达模拟出实际目标回波进行欺骗。

常用的无源假目标有角反射器、龙伯透镜反射器和万-阿塔反射器。

1. 角反射器

角反射器结构示意图如图 8.4.1 所示，它由三个互相垂直相交的金属平板构成。按照平板的形状，角反射器可分为三角形角反射器、圆形角反射器和方形角反射器。

  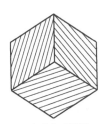

(a) 三角形角反射器　　　　(b) 圆形角反射器　　　　(c) 方形角反射器

图 8.4.1　角反射器结构示意图

角反射器可在较大的范围内将入射电磁波反射三次，再按原方向反射回去，如图 8.4.2 所示。角反射器的最大反射方向称为**中心轴**，它与三个垂直轴的夹角相等，都为 54.75°。在中心轴方向上，角反射器的雷达截面积最大，它与其棱长的 4 次方成正比，而与波长的平方成反比。在棱长相等的条件下，三角形角反射器的雷达截面积最小，圆形的次之，方形的最大。但是，方形角反射器使用不便，所以很少应用。

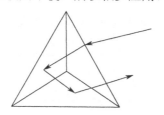

图 8.4.2　角反射器原理

角反射器对电磁波的反射强度（即雷达截面积）随入射方向变化，在中心轴方向上反射最强。在中心轴以外，反射强度逐渐降低。通常用水平方向图和垂直方向图来描述角反射器的方向性，并将大于最大截面积一半以上的角度范围称为角反射器的**方向图宽度**。三角形角反射器的水平和垂直方向图的宽度约为 40°，圆形角反射器的水平和垂直方向图的宽度约为 30°，方形的约为 25°。在实际工作中，常将多个（8 个）角反射器组合起来，以获得近全空域覆盖性能。

角反射器的三个平面之间的垂直度和三个平面的平整度对雷达截面积有较大的影响。三个平面不够垂直或者存在凹凸时，雷达截面积下降。

2. 龙伯透镜反射器

龙伯透镜反射器是在龙伯透镜的局部表面加上金属反射面构成的。龙伯透镜是一个不均匀的介质圆球，球中任意一点的折射率随其到球心的距离连续变化。在透镜的表面，折射率和空气的相同；在球心处，折射率最大。由于介质折射率变化，引起透镜中光路的变化，使龙伯透镜可以将外径上的一个点辐射源变为平面波辐射出去，或者将透镜所截获的入射平面波聚为一点。利用龙伯透镜的这个特点，在透镜的局部表面加上金属反射面，即可构成将入射电磁波沿原方向反射回去的雷达反射器。

龙伯透镜反射器的雷达截面积由球体半径 a 决定，并随波长 λ 变化。当 a 远大于 λ 时，其有效反射面积为

$$\sigma = 4\pi^3 \frac{a^4}{\lambda^2} \tag{8.4.1}$$

龙伯透镜反射器的方向图取决于其金属反射面的大小，常用反射器的波束宽度分别为 90°、140° 和 180°。由于介质损耗和制造不完善等因素的影响，龙伯透镜的雷达截面积实际上要比理论值小约 1.5dB。

龙伯透镜反射器的体积小、有效反射面积大，水平和垂直波束宽度都较宽，但其重量

大、造价高，并且需要专门的材料和制造工艺。龙伯透镜反向器的应用较为广泛，产品已经系列化。当前，四代战机为了不让外界掌握其隐身特性，在平常训练时常加载如图 8.4.3 所示的龙伯透镜反射器，增大反射截面积。

图 8.4.3　龙伯透镜反射器

3．万-阿塔反射器

万-阿塔反射器是由多个天线阵元按一定格式排列、组合在一起构成的无源天线阵列，它可将电磁波按入射方向反射回去，因此可作为假目标和诱饵使用。

当反射器作为无源假目标和诱饵使用时，可用于地面伪装、模拟河上桥梁等，也可由火箭、无人机、遥控飞行器携载，飞行到预定空域，或者配置在滑翔机、高空气球或降落伞上，抛掷到预定区域，以产生出突然攻击的假象（如模拟突袭飞行队编队的幻影效果）或者进行作战掩护；作为自卫诱饵时，反射器由飞机或舰船携载，必要时投放出去，拖曳在载体后面或者自由飞翔。

8.5　导弹逼近告警设备及诱饵雷达

8.5.1　导弹逼近告警设备及诱饵雷达的作用

现代雷达所面临的致命威胁是反辐射导弹的攻击，导弹逼近告警设备及诱饵雷达是雷达对抗反辐射摧毁武器的有效手段。导弹逼近告警设备及时发现来袭的反辐射导弹，迅速告警，启动诱饵雷达，辐射出与雷达信号相同的假雷达信号，以引偏反辐射武器的导引头，使其攻击点偏离雷达，达到自卫的目的。诱饵雷达的成本通常比所保护的雷达成本低得多，一部高成本雷达部署的诱饵雷达通常有三部。

导弹逼近告警和诱饵雷达的典型应用是美国的防空雷达 AN/TPS-75，它采用超高频脉冲多普勒雷达系统 AN/TPQ-44 作为导弹逼近告警设备，并且部署了三部诱饵系统 AN/TLQ-32。AN/TPQ-44 采用相参脉冲压缩体制，具有速度鉴别和目标识别能力，作用距离可达 46km 以上，能对来袭的反辐射导弹提供 1min 的预警时间，并能自动断开 AN/TPS-75 雷达的触发器，启动 AN/TLQ-32 辐射假雷达信号，将来袭的反辐射导弹诱骗到指定的安全地带爆炸。AN/TLQ-32 的辐射波形、频率等与雷达的一致，能够模仿雷达的各种特征，并且能够全空域覆盖，与雷达之间由一条轻型光纤相连，成本仅为雷达的十分之一。

8.5.2　导弹逼近告警设备

导弹逼近告警设备是现代雷达进行反摧毁自卫的前提。在雷达对抗系统中，导弹逼近告警设备根据反辐射导弹的空间运动特点和光电辐射特点，采用有源手段（多普勒雷达等）或无源手段（光电成像等），识别出导弹回波或图像，发现来袭导弹，发出导弹逼近告警信号，采取相应的措施进行自卫。有源手段和无源手段可以同时使用，以发挥各自的优势。

导弹逼近告警设备可以是一部专用雷达，如超高频脉冲多普勒雷达，安装在雷达附近，与雷达以电缆相连，及时发现来袭导弹，迅速告警，或自动引导诱饵雷达等工作。

导弹逼近告警设备也可以是雷达系统中的一台专用分机，它采用对数中放或限幅中放体制接收回波信号，使雷达能够在强目标回波附近发现弱目标（导弹）回波，以便检测出敌机回波附近的导弹回波。同时，雷达需要有较高的灵敏度，并配置对信杂比要求较低的 A 或 A/R 显示器，以提高对导弹的发现概率和发现距离。由于导弹处在目标和雷达之间，操作员只有注意观察在飞机回波前方、径向高速逼近的小目标回波，就可根据"先验性"做出判断，迅速告警，或者自动引导干扰系统等。

导弹逼近告警设备还可以是光电成像告警设备，可以采用红外告警设备、紫外告警设备或激光告警设备。

红外告警设备目前已发展到第三代，具有全方位告警能力，可以完成对大群目标的搜索、跟踪和定位，用先进的成像显示提供清晰的战场情况。在高威胁情况下，可自动引导干扰系统等工作。由于红外告警设备采用大面积阵列的区域凝视技术，对目标的分辨力最高可达微弧量级，告警距离可达 10～20km。例如，美军的 AN/SAR-8 红外告警系统是一种红外搜索与跟踪系统，用于补充舰载雷达告警系统，确保探测到掠海飞行的导弹。又如，法国的 Vipere 系统是一种红外全景监视与告警一体化系统，其方位角为 360°，仰角为 20°，探测距离大于 10km，目标指示精度约为 1mrad。

与红外告警系统相比，紫外告警系统具有虚警率低、不需要低温冷却、不扫描等特点，是目前装备量最大的导弹逼近告警设备之一。它利用"太阳光谱盲区"即 220～280nm 的紫外波段探测导弹的火焰与尾焰。在空域中太阳光等紫外辐射能量很低，因此能在微弱的背景下，比较容易地探测出具有较强紫外辐射的导弹。目前已发展到第二代的紫外逼近告警系统，以多元或面阵器件为核心探测器，可对导弹进行分类识别，具有优异的技术性能。例如，德国"米尔兹"紫外告警系统采用高灵敏度、高分辨力紫外传感器和实时图像处理软件，可探测超声速导弹的发射和逼近，并能有效抑制虚警，反应时间仅 0.5s，角分辨力为 1°，总质量不足 8kg，探测距离为 5km；又如，美国的 AN/AAB-54 紫外告警设备采用凝视型、大视场、高分辨力紫外传感器和先进的综合航空电子组件，可以提供 1s 的截获时间和 1°的角分辨力。

激光雷达告警系统与超高频雷达告警系统具有更高的分辨力、更远的作用距离和良好的抗电磁干扰能力，也是告警技术的重要发展方向。

值得指出的是，导弹逼近告警设备利用的是导弹的空间运动特点及光电辐射特点，因此，可以用于各种制导类型的导弹告警，既可用于地面、海面雷达，又可用于机载雷达。对地面雷达而言，主要威胁是反辐射导弹，导弹逼近告警可以和诱饵雷达相配合进行自卫；对机载雷达而言，威胁导弹的类型很多，通常采用导弹逼近告警设备与有源干扰机或有源、无源诱饵相配合，对抗雷达制导导弹；而采用导弹逼近告警设备与红外诱饵弹等相配合，以对抗红外制导导弹。因此，要进行有效的自卫，还必须了解威胁导弹的类型。

8.5.3 雷达诱饵

雷达诱饵是一个简易的辐射源，辐射与被保护雷达相同或相近的假雷达信号。它配置在造价昂贵的被保护雷达附近的特定位置，在雷达载体受到反辐射导弹威胁的情况下开机工作，辐射假雷达信号。诱饵辐射的假雷达信号与雷达的辐射信号同时进入反辐射武器的导引头，因为反辐射武器的导引头对辐射源的识别能力有限，当真假雷达信号同时进入导引头时，很难分辨，不能精确跟踪真实雷达信号，从而保证雷达的安全。

对诱饵雷达的具体要求如下。

（1）与雷达之间的距离。既要保证反辐射武器导引头在其发射点（通常距目标 10km 以上）测向时，诱饵在导引头的角度跟踪范围以内；又要保证雷达（及诱饵）距攻击点的距离大于武器的杀伤范围。目前，新型反辐射导弹的杀伤半径可达 30m。

（2）诱饵雷达辐射信号频率要与雷达信号频率相同或相近，使导引头不能从频率上将二者区分开。

（3）诱饵雷达辐射信号要与雷达信号同步到达或稍微提前（如提前 0.1～0.2s）到达导引头，以使导引头不能从到达时间上将二者区分开来。

（4）诱饵雷达辐射信号的幅度由被保护雷达的副瓣电平决定。当副瓣电平较大时，采用辐射功率较弱的小型诱饵系统，在告警设备发现反辐射武器来袭后雷达关机几十秒，同时启动配置在雷达近旁百米左右的诱饵，将反辐射武器诱偏。当雷达副瓣电平较低（达到 −30～−35dB 以下）时，除了可以采用小型诱饵系统，还可以采用辐射功率大于雷达副瓣电平 3dB 左右的大型诱饵系统，此时，雷达可以照常工作，而依靠较副瓣电平强的诱饵信号诱偏反辐射武器。但是，为了兼顾战区的各个方向，一般需要三部诱饵来保护一部雷达。上述对诱饵信号的四条要求应当同时满足，实际中的诱饵信号通常是从雷达信号中取出部分能量，再经过放大来产生的。此时，诱饵信号与雷达信号不仅同频、同步，而且相参。

反辐射导弹的导引头通常采用单脉冲比幅测向技术和相位干涉仪测向技术来确定辐射源的方位，并引导武器系统飞向辐射源进行摧毁。若在辐射源附近配置诱饵雷达，并使诱饵辐射信号与雷达信号相同或相近，且与雷达信号同时到达反辐射导弹的导引头，则导引头所测得的辐射源方向必将偏离雷达方向，从而使雷达得到保护。

综上所述，反辐射导弹通过截获雷达辐射的电磁信号，跟踪引导导弹系统飞向雷达，进行毁灭性打击，对雷达及操作员形成致命威胁。然而，由于其工作原理所带来的固有缺陷和导引头的局限性，以及反辐射导弹的空间运动特点，雷达可以采取反辐射导弹逼近告警技术，在反辐射导弹刚一发射时就得到报警，启动雷达诱饵工作；辐射与雷达相同或相近的电磁信号，使反辐射导弹的导引头测向结果出现较大的偏差，从而诱使反辐射导弹的攻击点远离雷达，保障雷达的安全。

8.6 雷达对抗控制管理系统

雷达自问世以来，经过多年的发展，无论是理论上还是技术上都有了长足的进步，技术性能和战术性能都发生了巨大的变化。特别是近年来电子技术和信息技术的飞速发展以及雷达对抗技术的发展，给雷达性能的进一步改善提供了契机和动力，集雷达和电子战系统功能于一身的综合一体化系统已浮出水面。例如，美国的 F/A-22 "猛禽" 战斗机和 F-35 联合攻击战斗机采用新一代有源电扫阵列（AESA）雷达系统，不但具有雷达与有源干扰的双重功能，而且由于共用天线系统，体积更小、重量更轻，性能也更优越。而在地面系统中，现代雷达系统配置各种电子战设备作为辅助探测手段或自卫手段，电子战系统则配置有源雷达作为辅助探测手段。这些综合系统在提高作战能力的同时，生存能力也得到很大的提升。因此，雷达/电子战综合一体化系统必将成为一种发展趋势。

在现代雷达系统中，雷达对抗控制管理系统是整个系统的指挥、控制中心，对全系统的工作起着指挥、控制和管理的作用。具体任务使命如下。

（1）接受具体作战任务后，根据战区的实际情况，控制雷达对抗系统中的雷达或战场环境侦查系统开机工作，进行目标探测和电磁环境侦查，并与上级和协同作战部队进行数据和信息的交互。

（2）对雷达、辐射源侦查系统、导弹逼近告警设备获取的情报及其他渠道获得的情报进行综合实时相关处理，形成当前战场目标航迹分布、电磁态势和威胁态势等数据文件及可视性文件。

（3）分析当前战场威胁态势，评估威胁的性质及等级，制定自卫决策，并且控制相应的自卫系统工作。

（4）分析当前战场电磁环境（干扰环境），制定雷达反对抗决策，确定并控制雷达的工作模式。

（5）监视战场威胁环境和电磁环境的变化，掌握系统中各个分系统的工作状态，并且记录作战过程的有关数据，以便事后进行分析。

8.6.1 雷达对抗控制管理系统的基本组成及工作

由于雷达是利用电磁波工作的，它只要开机工作，辐射的信号就有可能被敌方的侦查系统截获而暴露身份，使其受到敌方电子干扰、反辐射攻击等各种威胁。因此，现代雷达系统本身必须具备完善的反对抗能力。实际上，现代雷达系统是一种集雷达和电子对抗为一体的雷达综合电子对抗系统，其原理框图如图 8.1.1 所示。它以雷达为主要探测手段，以战场环境侦查系统（辐射源侦查系统、导弹逼近告警系统等）为辅助探测手段，以综合自卫系统（有源干扰机、无源干扰机、诱饵雷达等）为主要自卫手段，在雷达对抗控制管理系统的控制管理下，确保雷达效能的正常发挥。

系统中的分系统都有各自的计算机和各自的操作系统，分别独立完成对辐射源和目标的探测控制与数据处理等。各分系统通过互连网络进行通信，实现信息和资源共享。各分系统输出的数据是经过处理的信息。雷达对抗控制管理系统（也称**系统主控计算机**）完成数据提取、综合相关处理、定位跟踪和目标识别工作，形成综合态势，制定反应决策，并且控制各分系统的工作，管理各分系统之间的通信等。因此，雷达对抗控制管理系统是以综合数据处理设备、指挥控制设备为核心的高速计算机，它除了接收各分系统传来的数据，还接收上级指挥机关的作战指令及情报信息，并可与友邻部队交换信息。雷达对抗控制管理系统的基本工作流程如下。

（1）接收到作战指令后，指挥控制设备将其存入系统数据库，根据作战使命和已有的情报，制定工作模式，生成指挥控制指令，控制相应的分系统开机工作。

（2）综合数据处理设备得到雷达、辐射源侦查系统及导弹逼近告警设备上报的数据后，进行综合数据处理，并与数据库、上级通报的情报信息等进行综合相关处理，判明当前战场上（或探测范围内）各个目标的属性、航迹分布、电磁态势和威胁态势等，显示并提供给指控控制设备或指挥员进行分析决策，同时更新情报数据库内容。

（3）指挥控制设备自动或在指挥人员的干涉下，对当前战场的电磁态势和威胁态势进行综合分析，根据威胁性质和威胁等级制定相应的自卫决策，生成并下达自卫控制指令，启动相应的设备进行自卫；根据干扰环境，制定雷达的工作模式，并生成模式控制指令，控制雷达以新的模式工作，提供工作效能。

在工作过程中，指挥控制设备要根据综合数据处理设备不断更新的处理结果，实时调整系统工作模式，并且实时记录作战过程中的重要环节，更新系统数据库。

8.6.2 综合数据处理

综合数据处理的数据来源于不同类型的传感器，且面对的往往是多目标信号环境。因此，当进行综合数据处理时，首先要对各传感器数据按照目标进行匹配判决，然后在此基础上对来自同一目标的所有传感器数据进行综合数据处理。这个处理过程称为**数据合并和相关处理**。

早期的异类传感器综合数据处理采用各传感器测量数据直接合并处理方式，灵活性差，对硬连接和系统同步的要求较高，且数据传输合并处理量很大。目前，应用得较多的是对传感器跟踪文件或报告文件进行数据合并。各传感器仅向综合数据处理设备传送跟踪结果，数据量小。但是，从数据测量到跟踪的过程会损失传感器得到的某些特殊信息的内在联系，会使系统达不到应有的性能。因此，采用测量数据与跟踪文件相结合的方式，即首先对传感器跟踪文件进行相关处理，根据相关结果规划传感器的使用，并将信息量大的传感器测量数据（如新出现的或状态发生改变的目标）送到综合处理设备进行合并。这种方式可望得到较高质量的态势图像。它既可根据环境的变化来控制数据传输量，又不会损失过多的详细信息。

对雷达数据和辐射源侦查系统数据进行相关处理时，只有方位参数可以精确相关，因此，通常将方位数据作为主要相关数据。目标距离变化信息和分类信息也可作为相关处理的两个辅助参数。数据相关合并的常用方法有最小距离法、贝叶斯统计法或最大似然法。

例如，F-22 飞机的综合一体化系统采用了两个中央综合处理器（CIP），并预留了一个 CIP 位置。CIP 是全机综合航道系统的核心，它对所有雷达、电子战和识别传感器数据，以及通信、导航、武器和系统状态等数据进行综合，形成融合的信息，并通过多功能显示器显示。来自雷达 APG-77、雷达告警接收机 ALR-94 和数传系统的数据依据方位、仰角、距离进行综合，形成跟踪文件，并且实现从最合适的传感器上读出有关目标信息，如由 ALR-94 雷达告警接收机提供最佳方位数据，由雷达提供最精确的距离信息。CIP 软件根据辐射控制原则，对 APG-77 雷达实施控制，在保持飞机战情感知能力的同时，将雷达信号被截获的概率减至最小。

8.6.3　雷达威胁环境分析及自卫

雷达威胁环境分析及自卫是指雷达对抗控制管理系统指挥控制设备，通过对综合数据处理设备产生的当前战场电磁态势和威胁态势进行综合分析，掌握雷达当前所面临的威胁环境，判断出威胁的性质和等级，并由此制定相应的自卫决策，启动相应的设备进行自卫。

目前，雷达所面临的威胁主要有电子侦查及干扰、反辐射摧毁、隐身及低空和超低空突防。此外，机载和舰载雷达载体还会受到雷达制导、光电制导等武器系统的攻击。对隐身问题，需要改进雷达对弱信号的检测能力，或者从体制上加以解决。而对低空和超低空突防，则需要提高雷达的抗杂波能力，或者以其他战术措施解决。因此，对具体雷达及载体而言，作战中所面临的主要威胁是电子侦查、干扰和各种类型导弹的攻击。雷达要对抗这些威胁，首先必须具有威胁识别能力，并且具有相应的对抗措施。

雷达的电磁暴露特性是造成雷达受到各种威胁的根源，因此，雷达在设计中采取了各种反侦查技术措施，如低截获概率技术等。在实际使用中，雷达对抗控制管理系统要根据具体情况，合理启用这些反侦查技术措施，并运用战术方法使雷达的暴露机会降至最低。例如，控制雷达的工作时间，在确保完成任务的前提下，尽可能发挥辐射源侦查系统等设备的作用，以减少雷达开机的时间和开机的次数，并对雷达的发射功率进行管制，如控制发射能量、扇区工作（或扇区静默）等。

在雷达系统已受到电子干扰的情况下，要依靠辐射源侦查系统的数据和雷达数据进行判断，判明威胁的性质、所处的方位和距离后，根据干扰的严重程度，采用雷达关机依靠辐射源侦查系统进行跟踪、雷达采取抗干扰措施或者启用积极手段将之摧毁等。

对来袭的导弹威胁，主要依靠导弹逼近告警设备的数据进行识别，并结合辐射源侦查数据和雷达数据判明导弹的制导方式，采取相应的自卫手段。

1．对反辐射导弹，雷达或载体可采用的自卫方法

（1）启动诱饵雷达，引偏反辐射导弹。

（2）启动有源干扰机，对反辐射导弹实施干扰，使其导引头跟踪中断。

（3）采用无源干扰技术，如使用偶极子反射体或偶极子云、箔条干扰等，干扰反辐射导弹导引头对雷达信号的跟踪。

（4）采用强激光武器等使反辐射武器在杀伤半径之外提前引爆。例如，采用高频激光脉冲干扰器可以引爆采用近炸引信的反辐射导弹，而采用激光致盲武器可以对其近炸引信装置实施软杀伤。

（5）采用雷达发射控制，如间歇发射或闪烁发射，即发射停止时间大于工作时间的几倍，使反辐射导弹难以保持跟踪；设置扇区静区；应急关机，即在发现反辐射导弹发射后立即关机；保持静默，待目标进入有效攻击范围时突然开机并快速控制火力进行攻击；关机并机动等。

（6）采用各种硬杀伤手段拦截或摧毁反辐射导弹或其载机。

2．对抗雷达或复合制导武器系统，可采用的自卫方法

（1）启用各种有源干扰设备，施放压制性、欺骗性或混合性干扰，基本原理见 8.3 节。

（2）投放有源诱饵，引偏来袭导弹，基本原理见 8.3 节。

（3）投放各种无源干扰器材，如箔条干扰弹、假目标等，基本原理见 8.3 节。

（4）启用反辐射导弹等各种硬杀伤手段进行拦截或摧毁其载机。

（5）对抗复合制导武器或光电制导武器，需要同时采用投放红外干扰弹等光电对抗措施，参见有关资料。

8.6.4　电磁环境分析及雷达工作状态控制

电磁环境分析及雷达工作状态控制，是指雷达对抗控制管理系统的指挥控制设备，通过对综合数据处理设备产生的当前战场电磁态势和威胁态势进行综合分析，掌握雷达当前所面临电磁环境中的电子干扰的类型、样式、波形等具体样式，并由此制定雷达的工作模式，产生控制命令，控制雷达工作状态自适应变化，达到最佳效能。

如前所述，电子干扰的主要类型是有源干扰和无源干扰，干扰样式包括压制性和欺骗性。其中，有源压制性干扰可分为瞄准式、阻塞式和扫描式，有源欺骗干扰则有假目标干扰、质心干扰和拖引干扰。有源干扰的运用方式有自卫干扰、随队支援干扰、远距离支援干扰和近距离支援干扰。无源干扰有箔条干扰、假目标干扰等。在雷达中已采用了多种抗干扰技术措施，无论哪种干扰，雷达都有相应的抗干扰方法，使其不受或少受干扰的影响，发挥出一定的效能，其中的关键是要了解干扰样式，并采用合理的反干扰措施。因此，雷达对抗控制管理系统对保证雷达正常工作起着至关重要的作用。

目前，雷达对抗有源/无源压制性干扰的方法包括相控阵扫描、超低副瓣、副瓣匿隐/副瓣对消、发射功率控制、自适应频率选择、捷变频、宽-限-窄电路、可变中频带宽、自动增益控制、对数接收、动目标显示/检测、脉冲多普勒、脉冲压缩、恒虚警处理、视频积累等；对抗欺骗干扰的方法还有单脉冲角跟踪、前沿跟踪、噪声源跟踪等。有些抗干扰技术已成为雷达的正常工作模式，如相控阵扫描、脉冲多普勒、脉冲压缩、视频积累、单脉冲角跟踪等，但是在干扰情况下需要合理运用；另一些抗干扰技术则需要在受到干扰的情况下，根据干扰的类型和样式启用，如宽-限-窄电路、噪声源跟踪等。在所有这些技术中，多数技术可以同时对抗多种干扰，并且可以针对不同的干扰样式合理地组合运用。因此，在具体的雷达系统中，雷达对抗控制管理系统能够根据干扰的具体情况，结合本系统的反干扰技术，综合考虑，制定反干扰对策，控制雷达的工作模式自适应变化。

小结

脉冲雷达主动发射信号的基本特征是其在电子战中的软肋。为了保证雷达系统能够在极为复杂的电磁环境下有效工作，在雷达系统基本组成的基础上，还需要雷达电子综合对抗系统提供支持。

为此，本章介绍了雷达综合电子对抗系统的基本组成和工作过程。该系统包括辐射源侦查系统、有源干扰机、无源干扰机、导弹逼近警告设备以及诱饵雷达和雷达对抗控制管理系统。辐射源侦查系统的功能是截获当前战场上雷达和有源干扰机辐射的电磁信号，并且进行参数测量、分析和识别处理，从而获取当前战场的电磁态势和威胁态势，为雷达的正常工作和生存提供技术保障。它是雷达综合电子对抗系统的核心设备，是雷达对抗控制管理系统的主要信息来源之一，是制定对抗决策所必不可少的。

有源干扰机的作用是在侦查确知敌方雷达参数的情况下，通过辐射电磁信号（有源干扰）破坏或扰乱敌方雷达的正常工作。它是一种对抗雷达相关武器系统的软杀伤手段，也是雷达对抗系统进行自卫的有效手段。按照干扰信号对雷达的作用原理，有源干扰可分为压制性干扰和欺骗性干扰。现代有源干扰机通常同时具有实施压制性干扰（连续波）和欺骗性干扰（脉冲）的能力，称为**综合性干扰机**或者**噪声/欺骗干扰机**。

雷达无源干扰是一种应用最早、最基本、最普遍的雷达对抗手段，也是现代战争中必不可少的重要作战手段。它将无源材料和器材投放到雷达信号的传播通道上，对电磁波产生散射或吸收，以破坏或妨碍雷达对目标回波进行检测。因为无源干扰有其特有的优点，所以在雷达对抗中一直受到重视并不断发展。它常与有源干扰配合使用。

　　导弹逼近告警设备及诱饵雷达是雷达对抗反辐射摧毁武器的有效手段。导弹逼近告警设备及时发现来袭的反辐射导弹，迅速告警，启动诱饵雷达，辐射出与雷达信号相同的假雷达信号，以引偏反辐射武器的导引头，使其攻击点偏离雷达，达到自卫的目的。

　　在现代雷达系统中，雷达对抗控制管理系统是整个系统的指挥、控制中心，对全系统的工作起着指挥、控制和管理的作用，是雷达/电子战综合一体化系统的重要组成。

思考题

1. 描述雷达综合电子对抗系统的基本组成部分的作用。
2. 简述辐射源侦查系统的基本组成。
3. 测频接收机有哪几种类型？
4. 超外差测频接收机与雷达超外差测频接收机有何区别？
5. 有源干扰有何典型特征？压制性干扰和欺骗性干扰分别如何识别？
6. 无源干扰主要有哪些特点？无源假目标如何产生雷达截面积？
7. 如何识别雷达诱饵？
8. 如何区分箔条干扰与释放它的平台？
9. 描述雷达对抗控制管理系统的基本组成及其工作过程。

附录 A 电磁波的性质与特征参数

有些雷达初学者并未系统地学过关于电磁波的相关知识，而关于电磁波的性质和特征参数的预备知识对于理解雷达的工作原理至关重要。因此，本附录给出电磁波的性质及其基本特性，供有需要的读者选读。

A.1 电磁波的性质

我们可以将电磁波想象成辐射到空间中的能量。这种能量一部分以电场的形式存在，另一部分则以磁场的形式存在。因此，这种波被称为**电磁波**。

1. 电场和磁场

虽然人们不能直接感受到电场和磁场的存在，但是都熟悉它们。电场的一个常见例子是形成闪电的电荷所产生的电场，如图 A.1.1 所示，它存在于云和地面之间。电场的另一个例子是在特别干燥的天气里，梳子上所积聚电荷产生的电场，它使得梳子能够吸起碎纸片，但是相比闪电，其电场强度弱得多。

图 A.1.1 存在于云和地面之间的电场

磁场的例子同样常见。例如，围绕地球并引起指南针产生反应的场、玩具磁铁周围的场；又如，电流流过电话耳机内的线圈时所产生的场，它使膜片振动，从而发出声波。

在有些场合，这两种形式的场不可分割地互相联系在一起。电磁铁就是一个常见的例子。为了使电流流动，无论是在避雷针中还是在电话线中，都必须存在电场，一旦有电流流动，就会产生磁场，如图 A.1.2 所示。如果这些场随时间变化而变化，那么它们相互之间的关系将进一步加深。磁场的任何变化，如强度的增大或减小，或者相对于观测者的运动，都会产生电场。在发电机和变压器的工作中，我们可以观测到这种关系。与此相类似，电场的任何变化都会产生磁场，虽然并不十分明显。

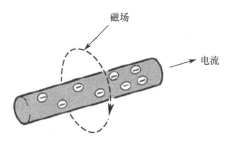

图 A.1.2　一旦有电流流动，就会产生磁场

有趣的是，变化的电场能够产生磁场这种想法是由麦克斯韦于 19 世纪下半叶提出的。如图 A.1.3 所示，麦克斯韦在这一想法及已被证明的电场和磁场特性的基础上，假设存在电磁波并用数学描述其特性，建立了麦克斯韦方程组。直到约 13 年后，才由赫兹真正证明了电磁波的存在。

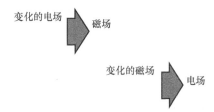

图 A.1.3　电磁波的动态关系。如果电场以正弦形式变化，它产生的磁场也以同样的形式变化。如果磁场以正弦形式变化，它产生的电场也以同样的形式变化

2. 电磁辐射

电场和磁场之间的动态关系，即变化的磁场产生电场及变化的电场产生磁场，是产生电磁波的原因。因此，如图 A.1.4 所示，一旦电荷加速，改变其运动方向或者速率，从而改变周围的场，就会产生电磁能量辐射。电荷运动变化时，其产生的磁场也会变化，而这个磁场的变化会在稍远一些的地方产生一个变化的电场，而这个变化的电场又在其外面一些的位置产生一个变化的磁场，如此不断持续。

图 A.1.4　一旦电荷加速，就产生一个变化的磁场，并且辐射电磁能量

由此可见，由于热运动，所有物质中的电子都处在连续不断的随机运动状态之中。因此，如图 A.1.5 所示，一切物体都在辐射电磁能量，其中大部分能量是以热辐射形式出现的，如波长较长的红外光，但总有一小部分能量是以电磁波的形式出现的。

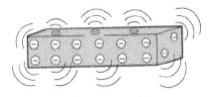

图 A.1.5　热运动使得一切物体在都辐射电磁能量

3．天线是如何辐射能量的

为了解释天线是如何辐射能量的，赫兹最初证明电磁波存在时所用的简单偶极子天线是很好的模型。如图 A.1.6 所示，偶极子天线是由一根细直的导体组成的，其两端带有像电容器一样的平板，加在导体中心的交流电压使电流在平板间来回流动。因此，电流在导体周围产生了连续变化的磁场。同时，由于电流的流进和流出，在平板上交替积聚的正负电荷于平板之间产生了一个连续变化的电场。在紧靠天线的区域电场很强，且与电磁铁的场或电容器平板之间的场一样，在每次振荡的过程中，每个场的大部分能量又回到了天线，但也有一部分能量未返回。因为平板之间变化的电场在其稍微外边一点的地方产生了一个变化的磁场，而这个磁场又在其外边一点的地方产生了一个变化的电场，如此不断持续。

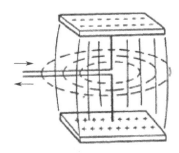

图 A.1.6　赫兹证明电磁波存在时所用的简单偶极子天线

与此相类似，环绕导体的变化磁场在其稍微外边一点的地方产生一个变化的电场，而这个电场又在它外边一点的地方产生了一个变化的磁场，如此不断持续。通过这种相互交换能量的方式，电场和磁场由天线向外传播。如图 A.1.7 所示，就像池塘中石头落点周围的波纹一样，在最初产生场的电流停止很久后，这些场仍然在继续向前运动，这时场及场所包含的能量脱离了天线。

4．电磁场的形象化理解

虽然电场和磁场是看不见的，但可以很容易想象出来。我们可将电场视为作用在一颗悬浮着的微小带电粒子上的力。这个力的大小对应于场的强度 E，而力的方向则对应于场的方向。如图 A.1.8 所示，我们常将电场画成一系列实线，这些线的方向表示场的方向，而线的密度表示场的强度，即在垂直于场方向的平面内，单位面积上线的数量。

如图 A.1.9 所示，我们可以类似地将磁场视为作用在一个悬浮小磁体上的力。力的大小仍然对应于场的强度 H，而力的方向则对应于场的方向。磁场可以用画电场那样的方式画出，只不过将实线改为虚线。

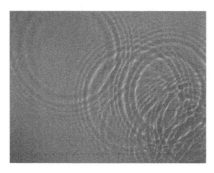

图 A.1.7　与池塘中石头落点周围的波纹一样，在最初产生场的电流停止很久后，电磁波仍在继续向前传播

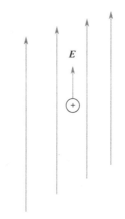

图 A.1.8　将电场视为作用在带电粒子上的力

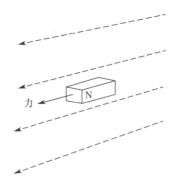

图 A.1.9　将磁场视为作用在一个悬浮小磁体上的力

A.2　电磁波的特征参数

为了描述电磁波，通常采用速度、方向、极化、强度、波长、频率、周期和相位等特征参数来分析其特性。

1. 速度

在真空中，电磁波以恒定的速度即光速 $c = 3 \times 10^8 \mathrm{m/s}$ 传播。在对流层中，电磁波传播得稍慢一些。此外，电磁波的速度随大气的组成、温度和压力的不同而产生微小的变化，但是这种变化极其微小，对大多数实际应用来说，可认为电磁波是以与真空中一样的恒定速度传播的，这个速度非常接近于 $3 \times 10^8 \mathrm{m/s}$。

2. 方向

电磁波的方向指的是波行进的方向，即传播方向，如图 A.2.1 所示，它指向离开辐射器的方向。传播方向总与电场和磁场的方向相垂直。当电磁波遇到反射物时，电场或磁场的方向反向，从而使得传播方向反向，具体取决于反射物的电特性。

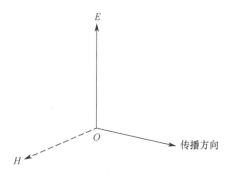

图 A.2.1　传播方向总与电场和磁场的方向垂直

3. 极化

极化是用来表示电磁波中场的指向的术语。根据约定，极化方向取为电场矢量的方向，即作用在带电粒子上的力的方向。在自由空间中，如图 A.2.2 所示，磁场是垂直于电场的，且二者的方向都是垂直于传播方向的。当电场方向是垂直方向时，就称波是垂直极化的；而当电场方向是水平方向时，就称波是水平极化的。如图 A.2.3 所示，如果辐射电磁波的辐射器是一根细导体，则在最大辐射方向上的电场将平行于导体。因此，如果细导体是垂直的，则辐射器对应的就是垂直极化，而如果细导体是水平的，则辐射器对应的就是水平极化。

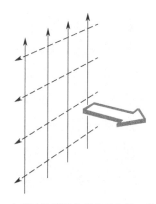

图 A.2.2　在自由空间中，电磁波的磁场总垂直于电场，传播方向与二者的方向垂直

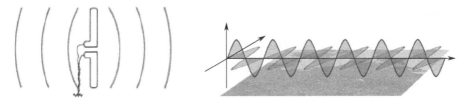

图 A.2.3 如果辐射单元是垂直的，则称该单元是垂直极化的

如果天线的极化和电磁波的极化相同，那么放在波传播路径上的接收天线就能从波中接收到最多的能量。如果极化不同，那么接收到的能量将和它们之间夹角的余弦成比例地减少。

当电磁波被反射时，反射波的极化不仅取决于入射波的极化，而且取决于反射物体的结构。因此，雷达回波的极化可用作判别目标类型的一种辅助手段。为简单起见，这里仅讨论线极化波，即波的极化在波的整个传播过程中都是一样的。在某些应用中，人们希望能够发射出每经过一个波长的距离，其极化方向就旋转 360° 的波，如图 A.2.4 所示，这种波被称为**圆极化波**。它可通过同时发射幅度相等、相位相差 90° 的水平极化波和垂直极化波来实现。在最一般的情况下，极化是椭圆的，而圆极化和线极化则是椭圆极化的特殊情况。

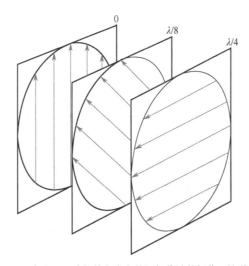

图 A.2.4 相隔 1/8 波长的各点上的圆极化波的极化。这种波可以通过合成两个相位相差 90° 的等幅波产生

4．强度

强度是一个用来表示电磁波在空间传送能量的术语，它定义为在垂直于传播方向的平面内，每秒通过单位面积的能量，如图 A.2.5 所示。电磁波的强度与电场及磁场的强度直接相关，其瞬时值等于电场及磁场强度的乘积再乘以两个场之间的夹角的正弦。在天线的远场区，电场与磁场间的夹角等于 90°，电磁波的强度等于两个场强的乘积，即 EH。

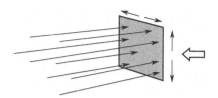

图 A.2.5 电磁波的强度是每秒通过垂直于传播方向的单位面积的能量

一般来说，工程上感兴趣的不是电磁波强度的瞬时值，而是它的平均值。如果天线被放在波的传播途径的某一点，将波在该点的平均强度乘以天线的面积，就得到每秒由天线所截获的能量，如图 A.2.6 所示。在电路中，用来表示能流率的术语是功率。因此，考虑电磁波的发射和接收时，常用功率密度来表示电磁波的平均强度。因此，天线接收信号的功率就是截获的电磁波的功率密度乘以天线的有效面积。

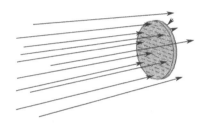

图 A.2.6 天线接收信号的功率等于截获的电磁波的功率密度乘以天线的有效面积

5. 波长

如果能让一个线极化的电磁波静止，并从远处观测它的电场和磁场，那么可以发现两个规律：第一，电场和磁场的强度在电磁波传播方向上周期性变化，场强从零开始逐渐上升到最大值，接着逐渐回到零，然后又上升到最大值。两个相邻最大值平面内的场如图 A.2.7 所示；第二，每次强度穿过零时，两个场的方向都反向。

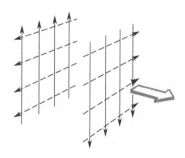

图 A.2.7 电磁波在空间静止并处于最大场强处的场。当场强过零值时，场的方向反向

图 A.2.8 画出了场强与沿波传播方向上与距离之间的变化关系，图中相邻波峰之间的距离就是波长。波长常用小写希腊字母 λ 表示，并根据其长短用米、厘米或毫米来度量。可

以看到，曲线具有波浪形状，非常像洋面上起伏的小波浪。如果电磁波是连续的，那么其波形和角度的正弦值与角度之间的关系一样，因此电磁波常被称为**正弦波**。

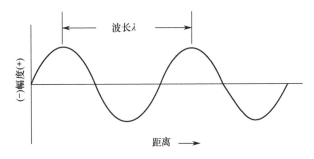

图 A.2.8　波传播方向上场强的变化，相邻波峰之间的距离为波长

6. 频率

电磁波的频率与波长直接相关。想象正在通过空间中某个固定点的电磁波，在该点上，随着波的通过，电场和磁场的强度周期性地增大和减小。如果在波的传播路径上放一个接收天线，并在示波器上观察天线终端负载上产生的电压，就会发现它与传播方向上场强和距离之间关系图形的形状一样。这个信号每秒所完成的周期数就是波的频率。在天线终端负载上所观测到的信号类似于普通家用电源的交流电形状，唯一的差别是天线上的信号一般要弱得多，而频率却高得多。

为了纪念科学家赫兹，频率常用小写字母 f 表示，并以赫兹（Hz）为单位。1Hz 就是 1 周/秒，1000Hz 就是 1kHz。

因为电磁波是以恒定速度传播的，所以其频率与波长成反比。如图 A.2.9 所示，波长越短，即波峰靠得越近，在给定时间内通过某个给定点的波峰数就越多，频率就越高。

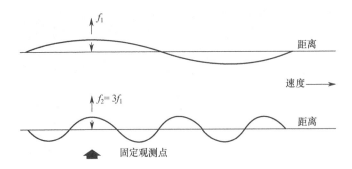

图 A.2.9　因为电磁波是以恒定速度传播的，所以波长越短，频率越高

频率用数学公式表示就是

$$f = c/\lambda$$

式中，f 为频率；c 为光速；λ 为波长。利用这个公式，可以很快地求出对应于任何波长的频率值。

7. 周期

频率的另一种度量方式是周期 T，如图 A.2.10 所示，周期是波或信号完成一次循环所需的时间。如果频率已知，周期就可用每秒的循环数除 1 秒求出，即 $T = 1/f$ 秒。例如，如果频率是 1MHz，即波或信号每秒完成 100 万次循环，那么它将在百万分之一秒内完成一次循环，它的周期就是百万分之一秒，即 1μs。

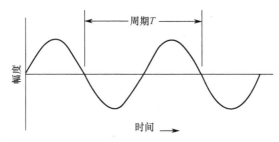

图 A.2.10　周期是波或信号完成一次循环所需的时间

8. 相位

相位表示波或信号的各次循环与同频率参考信号的循环相符合的程度，如图 A.2.11 所示。相位是理解雷达工作过程中许多问题的基础。

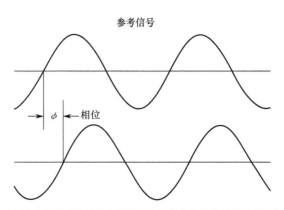

图 A.2.11　相位表示波或信号的各次循环与同频率参考信号的循环相符合的程度

相位通常是由信号幅度以正方向经过零点的时间来确定的。因此，信号的相位就是过零点在时间上超前或滞后于参考信号中相应点的大小，这个大小可以用多种方式来表示。最简单的一种方式是用波长或周期的几分之几来表示，但一般用度来表示，360° 对应一个完整的周期。例如，如果波滞后于参考信号 1/4 波长，它的相位就是 90°。

A.3 小结

一旦电荷加速，无论它是由物质中的热运动引起的，还是由电流在导体中来回流动引起的，都会辐射电磁波。电磁波的能量一部分包含在电场内，另一部分包含在磁场内。

波的极化就是电场矢量的方向。波传播的方向总垂直于两个场的方向。

在自由空间中，在与辐射器相隔几个波长的距离处，磁场垂直于电场，功率密度等于两个场的大小的乘积。

对于未经调制的波，当波通过时，场强以正弦方式变化。相邻波峰之间的距离就是波长。如果在波的传播路径上放置一个接收天线，那么在其终端负载上将出现正比于电场的交流电压。每秒内这个信号完成的周期数就是波的频率，信号完成一次循环所需的时间就是它的周期。

相位是信号与同频率参考信号相比较时，超前或滞后的部分在周期中所占的比例。

附录 B 脉冲信号的波形参数

脉冲雷达辐射的电磁波波形信号称为**发射波形**，它有如下四个基本特征参数：①载频；②脉冲宽度；③脉内或脉间调制方式；④脉冲重复频率。

B.1 载频

载频并不总是固定不变的，可以用不同方式改变载频以满足特定系统或特定工作要求。从一个脉冲到下一个脉冲，载频可以增大或减小，可以随机改变，或者按某种特定规律改变。载频甚至可以在每个脉冲期间以某种特定规律增大或减小，这就是脉内调制。

B.2 脉冲宽度

脉冲宽度就是脉冲的持续时间，如图 B.2.1 所示，常用小写希腊字母 τ 表示。脉冲宽度可以从几分之一微秒到几毫秒。

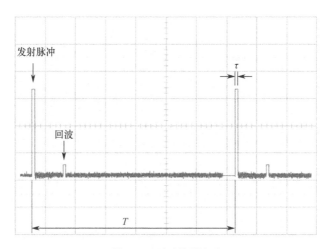

图 B.2.1 脉冲信号波形

脉冲宽度对距离分辨力的限制可通过脉内调制的办法解决。采用相位编码或频率调制的方法，将发射脉冲宽度增量逐段编码。每个目标回波也同样编码。接收回波时进行解调，使各增量段的延时逐段递减。这样，实际上将一个增量叠加到了另一个增量上，达到了发射能量相同但宽度只有一个增量宽度的脉冲高分辨力，如图 B.2.2 所示，对应的技术称为**脉冲压缩**。

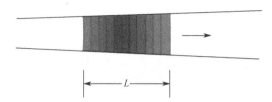

图 B.2.2　如果发射脉冲的各段是脉内调制编码的，就可以获得与一段脉冲宽度相同的分辨力

B.3　脉冲重复频率

如图 B.3.1 所示，脉冲重复频率（Pulse Repetition Frequency，PRF）就是雷达发射脉冲的速率（每秒发射的脉冲数），常用 f_r 表示。雷达脉冲重复频率的范围是从几百赫兹到几百千赫兹。在雷达工作过程中，脉冲重复频率可根据雷达的战术应用随时变化。另一种度量脉冲重复频率的参数是从一个脉冲的起始时刻到下一个脉冲的起始时刻的时间间隔，称为**脉冲重复周期**或**脉冲重复间隔**（Pulse Repetition Interval，PRI），常用大写字母 T 表示。

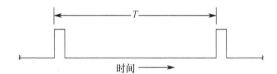

图 B.3.1　脉冲重复周期 T，每秒发射的脉冲个数就是脉冲重复频率（PRF）

脉冲重复周期等于 1 秒除以每秒发射的脉冲数，即 $T = 1/f_r$，如图 B.3.2 所示。例如，当 PRF 为 100Hz 时，脉冲重复周期就是 1/100 = 0.01s。

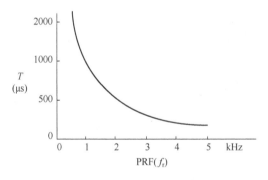

图 B.3.2　脉冲重复周期 T 随 PRF 的增加而迅速减小

PRF 的选择非常重要，因为它决定了雷达探测距离和多普勒频率是否模糊，以及模糊的程度。产生距离模糊的原因是雷达无法直接区分特定回波属于哪个脉冲。假如脉冲周期足够长，使得雷达能够在下一个脉冲发射之前接收到上一个脉冲的所有回波，就不会出现测距模糊。此时，如图 B.3.3 所示，任何一个目标回波都是刚发射的那个脉冲对应的回波。但是，如果脉冲重复周期比上述周期短，那么随着脉冲周期的长短不同，一个回波就可能属于前面脉冲串中的任何一个，雷达观测的距离就可能是模糊的。因此，PRF 越高，脉冲重复周期越短，测距模糊将越严重。

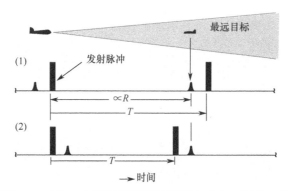

图 B.3.3 任何一个目标回波都是刚发射的那个脉冲对应的回波

产生多普勒频率模糊的原因是脉冲信号的不连续性。当脉冲信号加到滤波器组时，例如在雷达信号处理机中通过多普勒频率分辨的滤波器组时，它不仅能够通过频率对准信号波长的那个滤波器，而且能够通过其频率比原频率高或低 PRF 整数倍的滤波器。这些频率称为**谱线**。

B.4 输出功率和发射能量

功率是能量流的速率，如图 B.4.1 所示，雷达发射能量等于输出功率乘以发射的时间宽度，即功率乘以时间。

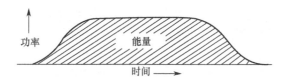

图 B.4.1 功率是能量流的速率，雷达探测到的是后向散射能量

1. 峰值功率

峰值功率是指单个脉冲的功率。如果脉冲是矩形的，也就是说，每个脉冲从头到尾其功率电平都是恒定的，峰值功率就是发射时的输出功率，如图 B.4.2 所示。峰值功率用大写字母 P 表示。

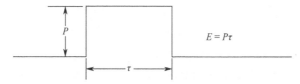

图 B.4.2 峰值功率既取决于电压的大小，又取决于单位脉冲宽度内的能量。常用两种不同的度量来描绘脉冲雷达的输出功率：峰值功率和平均功率

峰值功率很重要，首先它决定了发射机应当加上的电压。峰值功率还决定了加在绝缘体上的电磁场、发射机和天线波导中的电磁场。如果这些电磁场太强，就会产生电晕和电弧等问题。电晕是电场强到足以使空气电离时的放电现象。当电离达到在空气中形成导电

通路的程度时，就会产生电弧。这两种现象都会造成严重的功率损失，而且会损坏设备，所以允许的峰值功率电平有一个上限。

峰值功率和脉冲宽度共同决定发射脉冲给出的总能量。如果脉冲是矩形的，每个脉冲的能量就等于峰值功率乘以脉冲宽度，即 $E = P\tau$。

2. 平均功率

雷达的平均功率是发射脉冲在脉冲周期内平均的功率，用 P_{avg} 表示。若雷达脉冲是矩形的，其平均功率就等于峰值功率与脉冲宽度 τ 的乘积，再除以脉冲重复周期 T，

$$P_{avg} = P\frac{\tau}{T}$$

例如，雷达的峰值功率为 100kW，脉冲宽度为 1μs，脉冲周期为 2000μs，则平均功率为 100×1/2000 = 0.05kW 或 50W。

脉冲宽度 τ 和脉冲重复周期 T 之比被称为发射机的**工作比**，如图 B.4.3 所示。它表示雷达发射时间与总工作时间之比。例如，雷达的脉冲宽度是 0.5μs，脉冲周期是 100μs，则工作比是 0.5/100 = 0.005。也就是说，该雷达在工作期间有千分之五的时间进行发射，或者说工作比为 0.5%。

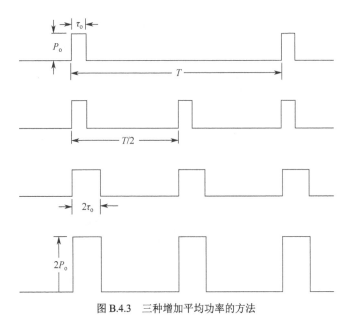

图 B.4.3 三种增加平均功率的方法

平均功率是决定雷达潜在探测距离的一个关键因素。在给定时间内，雷达发射的总能量等于平均功率乘以时间长度 T。为了得到更大的探测距离，可以用三种方法增大平均功率，即增大脉冲宽度、增大峰值功率和增大 PRF，如图 B.4.3 所示。平均功率和发射机效率一起决定了因损耗而产生的热量。这些热量需要散发掉，而这又决定了所需的冷却量。平均输出功率加上损耗决定了必须供给发射机的输入功率，而平均功率越大，发射机就变得越大和越重。

附录 C　脉冲串信号频谱的解释

什么是信号的频谱？下面用傅里叶级数来解释脉冲串信号的频谱。

C.1　频谱的形象解释

广义上，信号频谱是信号能量在可能的频率范围内的分布。我们常用幅频曲线来描述信号频谱，如图 C.1.1 所示。将信号同时加到无数个无损耗窄带滤波器上，假设滤波器的频率间隔无穷小，而且覆盖了从零到无限大的频率范围，如图 C.1.2 所示。这样，信号的频谱就是滤波器输出的幅度与滤波器频率的关系曲线。图 C.1.3 显示了一个完整的频谱，图 C.1.4 显示了无损耗滤波器输出与常规模拟滤波器输出的区别。

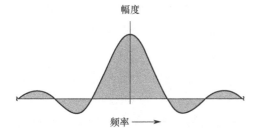

图 C.1.1　常用幅频曲线来描述信号频谱

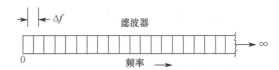

图 C.1.2　可用一个信号同时加在无数个无损耗滤波器上时产生的输出来形象化描述频谱

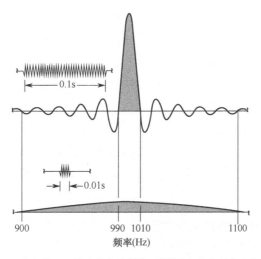

图 C.1.3　上部是 0.1s 脉冲的完整频谱，显然大部分能量集中在载频周围。假如脉冲宽度降至 0.01s，中心谱瓣展宽为 200Hz

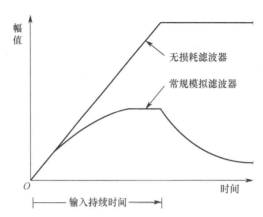

图 C.1.4 无损耗滤波器输出与常规模拟滤波器输出的区别,无损耗滤波器是理想的积累器

C.2 频率的定义

正弦信号的频率实际上是信号在每秒内所完成的周期数,但这个定义是严格以连续、无调制的信号为条件的。虽然一般来说并不这样,但雷达发射的脉冲射频波形实际上是一个幅度受脉冲射频信号调制的连续波。它在脉冲内的幅度为1,而在脉冲之间的幅度为0,如图 C.2.1 所示。

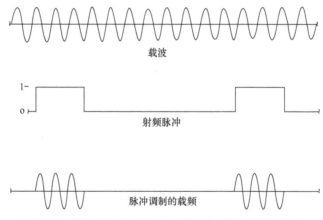

图 C.2.1 脉冲射频波形实际上是被脉冲射频信号调制的连续波

调幅的任何信号都有一定的边带,信号的部分能量就分布在每个边带中。因此,解释脉冲射频信号的能量在频率上的分布的一种方法是,通过脉冲调制信号产生的边带来想象频谱。我们将借助于傅里叶级数来确定边带的性质。

C.3 基于傅里叶级数的频谱解释

用数学方法和图解法都可以证明,任何连续的、周期性重复的波形,如脉冲调制信号,都可用一系列具有特定幅度和相位的正弦波叠加在一起来形成,它们的频率是该波形重复频率的整数倍，重复频率称为**基波**，它的倍数称为**谐波**。实际上，基波是第一个谐波，这些波形集合的数学表达式就是傅里叶级数。

1. 矩形脉冲

方波的基本波形如图 C.3.1 所示，而图 C.3.2 表示的是更具一般性的矩形脉冲。可以看出，合成后的波形既与谐波的相位有关，又与它们的幅度有关。为产生矩形脉冲，它们的相位必须使所有谐波与基波同时达到正值或负值的最大值。

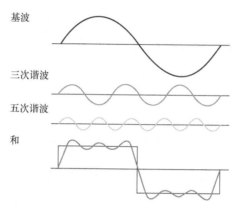

图 C.3.1　两个谐波叠加到基波上形成的方波

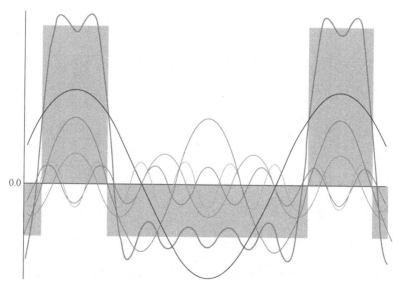

图 C.3.2　由四个谐波叠加到基波上形成的矩形脉冲。合成的波形取决于各
谐波的相对幅度和相位，所有谐波都必须与基波同时达到最大值

理论上，为了形成理想的矩形脉冲，要求有无限个谐波。实际上，高次谐波的幅度已相当小。因此，用有限个谐波就可形成相当好的矩形脉冲。例如，图 C.3.1 只用两个谐波，图 C.3.2 只用 4 个谐波，加到基波上就可形成可辨认的矩形脉冲。包含的谐波越多，就越

像矩形脉冲，且纹波也越小。在图 C.3.3 中，除了矩形脉冲的转角处，波纹已降低到可以忽略的程度。这个矩形脉冲包含 100 个谐波。如图 C.3.4 所示，当雷达发射信号时，为了产生一串脉冲，即其幅度在 0 和 1 之间交替变化的波形，除了一系列正弦波，还要增加一个直流分量。这个直流分量的大小等于矩形波腹的幅度，而符号相反。

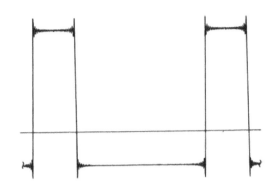

图 C.3.3　由 100 个谐波合成的矩形波形，注意纹波的减小

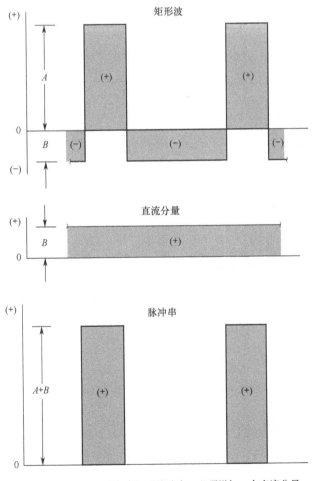

图 C.3.4　利用矩形波产生矩形脉冲串，必须增加一个直流分量

2．脉冲串的频谱

无限长矩形脉冲串波形如图 C.3.5(a)所示，而图 C.3.5(b)是为产生脉冲串波形而必须叠加在一起的各个谐波的幅度和频率，即脉冲串的频谱。将频谱和波形联系起来的工具称为**傅里叶变换**。

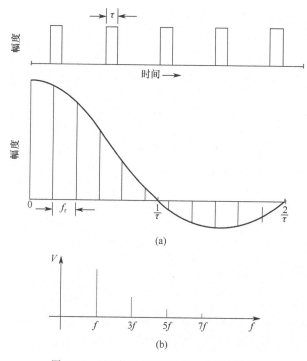

图 C.3.5　无限长矩形脉冲串的一部分及其频谱

除了零频谱线，频谱的每根谱线都代表一个正弦波，它们和基波同时达到最大值。各正弦波的相位隐含在频谱曲线上。频谱包络过零点后，谐波的相位变化 180°，对应谐波的幅度为负值。因为这些谐波的频率是基波频率 f_r 的整数倍，所以谱线的间隔等于 f_r。谱线包络的第一个零点出现在频率等于脉宽的倒数（$1/\tau$）处，其他零点出现在 $1/\tau$ 的整数倍处。

3．脉冲调制射频信号的频谱

当频率为 f_c 的载波幅度被频率为 f_m 的单一正弦波调制时，就产生两个边带，一个比 f_c 高 f_m，另一个比 f_c 低 f_m。因此，当相参发射机的载频被脉冲视频信号调制后，如图 C.3.6 所示，调制信号频谱中每根谱线代表的正弦波产生两个边带。基波产生的两个边带以 f_r 高于和低于载频。第二个谐波产生的边带以 $2f_r$ 高于和低于载频等。当然，零频谱线在载频上产生输出。因此，包络的频谱对称出现在高于和低于载频的两侧。

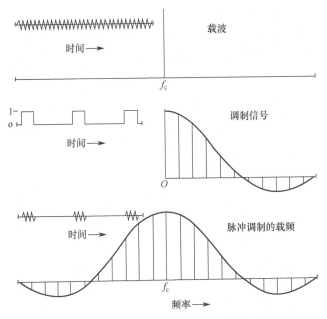

载波

时间 →

f_c

调制信号

时间 →

O

脉冲调制的载频

时间 →

f_c

频率 →

图 C.3.6　单载频连续波信号被无限长脉冲视频信号调制时，视频信号对应的谐波对称出现在高于和低于载频的两个边带上

4. 谱线的意义

在脉冲载波的频谱中，每根独立谱线都代表一个连续波，如图 C.3.7 所示。脉冲串在从开始到结束的整个时间内，存在一个幅度和频率为常数的连续信号，但仅在每个脉冲间隔周期的一小部分时间里才接通发射机，这怎么可能呢？

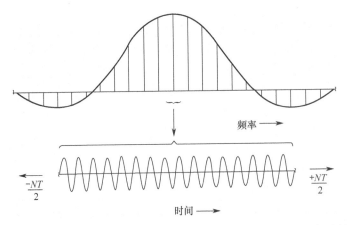

频率 →

$-\dfrac{NT}{2}$　　$+\dfrac{NT}{2}$

时间 →

图 C.3.7　脉冲调制的载频频谱内的每根独立谱线代表脉冲串长度的一个正弦波

简单的解释是，在脉冲间歇期间内，基波及其谐波的幅度和相位使它们彼此完全抵消；而在每个脉冲的短时间内，基波和谐波合成产生了具有载波波长和发射机满功率的信号。

　　图 C.3.3 给出了矩形脉冲的情况，而在图 C.3.8 上用相位矢量图粗略展示了脉冲射频信号的情况。两幅图都表明了载波和高于及低于载频的前三个上下边带是如何合成而产生发射脉冲的。代表载波的相位矢量与给相位矢量提供参考相位的选通脉冲同步。因此，代表上边带的相位矢量逆时针方向旋转，代表下边带的相位矢量顺时针方向旋转。边带的阶数越高，相位矢量旋转得越快。

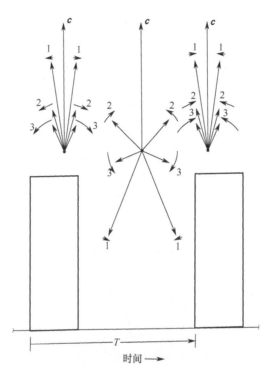

图 C.3.8　代表载波的相位矢量 *c* 和无限长脉冲串的前几个边带的
相位矢量。在脉冲内同相叠加，而在脉冲之间反相相消

　　由于谐波都是基波的整数倍，且基频等于脉冲重复频率，所以所有相位矢量在每个重复周期开始时重叠一次。这时，相位矢量同相叠加。此后，反向旋转的相位矢量迅速展开。它们基本上指向相反的方向，和载频矢量叠加产生反相相消的结果，只是在下一周期开始时再次同相叠加。

　　用相位矢量表示的信号都是连续波。当将脉冲信号加到调谐在某个谱线频率对应的窄带滤波器时，滤波器的输出就是一个连续波信号。只有当信号无限长时，脉冲信号才有真正的线状频谱；否则，谱线都有一定的宽度。

　　傅里叶级数可以解释谱线的宽度，而单个脉冲的频谱可给出最简单的解释。

5．单个脉冲的频谱

　　严格地说，只有假定信号在无限长时间内连续不间断地重复波形，才能对此信号做傅里叶级数展开。但在某些情况下，如图 C.3.9 所示，可以直接利用这一假设，甚至波形可能完全不是重复的。单个矩形脉冲就是如此。

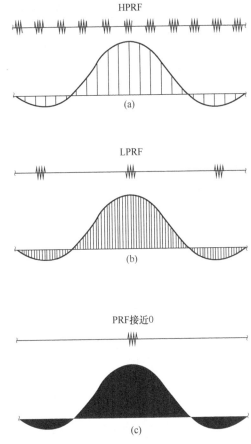

图 C.3.9　无限长的连续脉冲串及其频谱。当 PRF 降低时，频
谱线互相靠近；当 PRF 接近零时，频谱变为连续

　　以连续重复的脉冲为例，脉宽一定，脉冲重复频率逐渐降低，这时脉冲信号的谱线间隔就越来越小，但是谱线的包络仍保持原先的形状，因为包络是完全由脉宽决定的。继续降低脉冲重复频率，将脉冲之间的时间延长到几周、几年……谱线之间的间隔最终消失。单个脉冲对应一个连续的频谱，该连续频谱与连续重复的脉冲波形的谱线包络的形状完全一样。

　　假如按照上述逻辑再进一步，将得出一个有趣的结论。因为脉冲串（单个脉冲实际上是脉冲串的一部分）是无限长的，故脉冲频谱中的每个点都代表持续时间无限长的一个连续波。

　　这怎么可能呢？当然，工程上的信号不可能无限长。但是，这里研究的信号频谱和无限长信号频谱是完全一样的。因此，当建立频谱特性时，实际上是否存在这样长的信号波形关系并不大。解决这一点后，我们回到原来的问题：如何用傅里叶级数解释谱线宽度？

6. 谱线宽度

了解单个脉冲的频谱后，就很容易得到有限长脉冲串的频谱。例如，雷达接收到的目标回波就是脉冲串，假设雷达收到 N 个脉冲的脉冲串频谱，脉冲间隔周期为 T，因此总长度等于 NT。对于无限长的脉冲串，脉冲串频谱的每根谱线都代表一个单一频率的连续波，且持续时间无限长，即真正的连续波信号。保持 PRF 和脉宽不变，逐渐减小脉冲串的长度，如图 C.3.10 所示。由于谱线组成的连续波信号和脉冲串信号一样长，它们就都变为单个宽脉冲。当脉冲宽度减小时，代表脉冲的谱线逐渐展宽成 $\sin x/x$ 形状。一旦达到脉冲串的长度 NT，这根谱线对应主瓣的零点到零点的宽度就等于 $2/(NT)$。

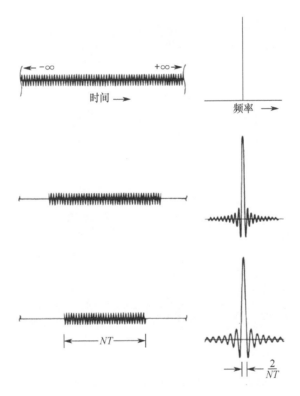

图 C.3.10 无限长脉冲串谱中的单根谐线代表的连续波。当脉冲串长度减小时，这个波变为单个脉冲且频谱展度成 $\sin x/x$ 形状

由傅里叶级数间接可知，有限长脉冲串的频谱与无限长脉冲串频谱的区别仅在于，前者的每根谱线是 $\sin x/x$ 形状，谱线零点到零点的宽度与脉冲串长度成反比：

$$线宽 = \frac{2}{脉冲串长度}$$

因此，总结起来，连续波、单个脉冲、非相参脉冲串、相参脉冲串（无限长、有限长）信号的频谱对应关系如图 C.3.11 所示。

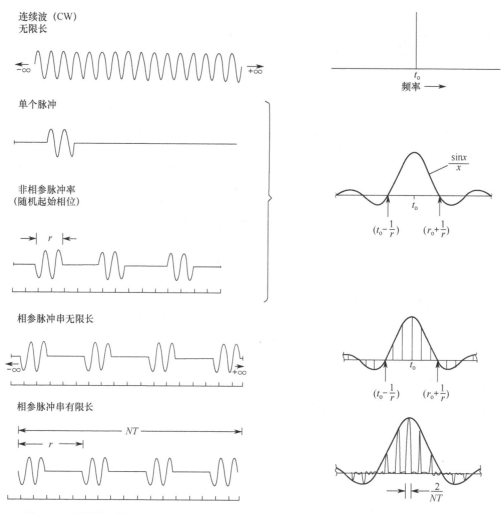

图 C.3.11　连续波、单个脉冲、非相参脉冲串、相参脉冲串（无限长、有限长）信号的频谱对应关系

C.4　小结

信号的频谱是信号能量在可能频率范围内的分布。

雷达发射的脉冲射频信号实际上是幅度被一个视频信号调制的连续波（载波）。该视频信号在每个脉冲内的幅度为 1，而在脉冲之间的幅度为 0。因此，解释脉冲射频能量在频率上分布的另一种方法就是从视频调制信号产生边带的观点来看。

一个连续的矩形波如调制信号，可以由一系列适当幅度、相位、频率等于矩形波重复频率整数倍的正弦波以及一个适当幅度的直流信号叠加在一起构成，这就是傅里叶级数。当载波的幅度被脉冲调制时，每个正弦波都在载频两边产生边带。

单个脉冲的频谱可以由无限重复的脉冲调制波开始并将脉冲重复频率降低为零来得到。有限长脉冲串的频谱，可以将组成脉冲调制信号的每个正弦波长度都视为与脉冲串长度相同的单个脉冲来得到。

附录 D　关于分贝

分贝（dB）是雷达系统最常用的单位之一。

D.1　什么是分贝

分贝最早是用来表示功率比的一种对数单位，但现在也用来表示其他一些比值。用分贝表示的功率比定义为

$$用分贝表示的功率比 = 10\lg\frac{P_2}{P_1}$$

式中，P_2 和 P_1 是用于比较的两个功率。例如，如果 P_2/P_1 等于 1000，则用分贝表示的功率比为 30dB。

1．起源

以亚历山大·格拉姆·贝尔的姓（Bell，贝尔）命名的单位"分贝"，最早是一种测量电话线中的衰减时所用的单位，即电缆的输出信号功率与从另一端输入的信号功率之比。如图 D.1.1 所示，1 分贝就定义为 1 英里标准电话线的衰减。另外，1 分贝几乎也正好等于人耳所能区分的最小声频功率比，因此在声学中人们很快就采用了分贝这个单位。电话通信中用的"分贝"很自然地就应用到了无线电通信中，继而又应用到了雷达技术中。

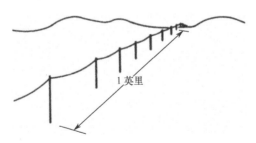

图 D.1.1　通信技术中用的"分贝"等于 1 英里标准电话线的衰减

2．dB 表示的优点

dB 的几个特点使得它对雷达工程师特别有用。首先，因为 dB 是对数，所以大大缩小了用来表示大功率比的数的范围，如图 D.1.2 所示。

2:1 的功率比是 3dB，而 10000000:1 的功率比仅是 70dB。雷达发射信号和接收信号的功率变化范围非常大，因此 dB 提供的数值范围上的压缩就非常有价值。

另一个优点也是由 dB 的对数特性产生的。用对数表示的两个数相乘，只需将它们的

对数相加。因此，用 dB 表示比值后，就使得功率比的乘积更易处理。例如，口算 63/1 乘以 2500/1 并不容易，但当将同样的比值用 dB 表示后就是 34 + 18 = 52dB。类似地，利用对数后，一个数的倒数可以简单地通过给对数值加负号来得到。仅通过改变用对数表示的比值的符号，马上就可将比值上下倒过来。例如，157500/1 是 52dB，而 1/157500 则是-52dB。

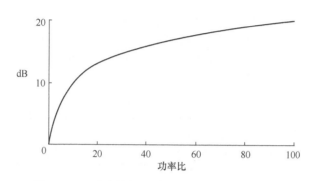

图 D.1.2 dB 大大缩小了用来表示大功率比的数的范围

当比值升为高次幂或开方时，优点就更加明显。例如，63^2 = 18dB×2 = 36dB，将它的对数除以 4，同样很容易地得到它的 4 次方根 $\sqrt[4]{63}$ = 18dB/4 = 4.5dB。虽然用科学记数法也可将数字压缩，例如 20000000 = $2×10^7$，且利用计算器可以快速地将任意范围内的数字相乘、相除或求根，但是 dB 的优点在于其值中正好包含了 10 的次方，因此在记录小数点位置的时候可以降低出现严重错误的可能性，并且可以对用 dB 表示的数字进行口算。

其次，传统上许多雷达的参数一般是用分贝表示的。在雷达应用中，检测距离与大多数参数的 4 次方根成正比，目标信号的功率可能以一万亿的倍数变化，且 20%或 30%的损耗是可以忽略的。这时，用 dB 来讨论和思考比用数字的科学记数法来表示或从计算器上读出来的数来讨论和思考要方便得多。

为了能和经验丰富的雷达工程师一样熟练地使用 dB，需要了解：①如何将功率比换成分贝和反过来变换；②如何将 dB 应用到雷达的几个基本特性上。

3. 将功率比换算成 dB 数

要以任何希望的精度将任意功率比（P_2/P_1）换算成 dB，只需先用 P_2 除以 P_1，后求结果的对数值并乘以 10。然而，对于通常所需要的精度，并不需要计算器。使用下面所介绍的方法，一切都可以快速计算，条件是要记住几个简单的数。

首先用科学记数法表示比值。例如，比值 10000/4 是 2500，用科学记数法表示它，就是 2500 = $2.5×10^3$，换算成 dB 时，数 2.5 是基本功率比，数 3 是 10 的幂次。类似地，用 dB 表示的比值可由两个基本部分组成：①"个位"位置上的数（加上任何小数部分）；②个位数左面的数或几个数。"个位"位置上的数字表示基本功率比，在上例中是 2.5。个位数左面的数（如果有的话）表示 10 的幂次，在上例中是 3。如果把功率比 P_2/P_1，化整为最接近的 10 的幂次，如 $2.5×10^3$ 化整为 10^3，则把它换算成 dB 是显而易见的事。基本功率比这时是零(lg1=0)，从而 P_2/P_1 的等价 dB 数就是 10 乘上 10 的幂次，在上例中是 30。

在实际应用中，基本功率比可以是从 1 到 10（不包括 10）的任意值。因此，"个位"位置上的数可以是从 0 到 9.999… 的任意数。表 D.1.1 给出了 0～9dB 的功率比值。为了简化该表，除了对应于 1dB 的比值，其他比值都已舍入为两位数。如果想熟练地使用 dB 数，就要记住这些比值。

表 D.1.1 基本功率比值

dB	功率比值	dB	功率比值
0	1	5	3.2
1	1.26	6	4
2	1.6	7	5
3	2	8	6.3
4	2.5	9	8

如果查找表中基本功率比 2.5 的等价 dB 数，就会发现它是 4dB。因此，用 dB 表示时，整个功率比 2.5×10^3 是 34dB，如图 D.1.3 所示。

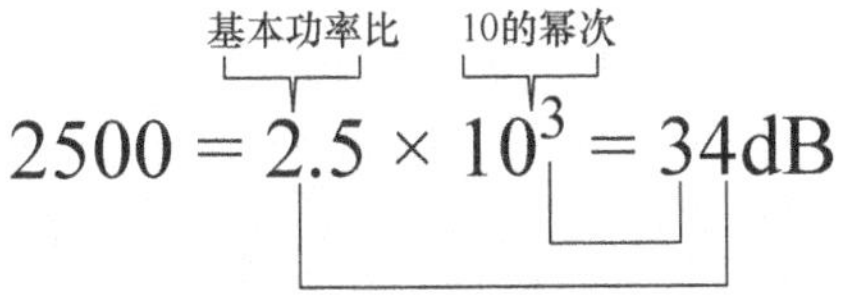

$$2500 = 2.5 \times 10^3 = 34\text{dB}$$

图 D.1.3 将功率比 2500 换算成 dB 数

4. 将 dB 数换算成功率比

要将 dB 数换算成功率比，也可使用计算器。为此，先用 10 除 dB 数，得到 10 的幂次，然后将 10 升至这个幂次以获得功率比：

$$功率比 = 10^{\text{dB}/10}$$

但是，可以同样进行换算，只需将前面几个步骤反过来即可。

例如，假定需要将 36dB 换算成相应的功率比。"个位"位置上的数 6 是功率比 4 的等价 dB 数。个位数左面的数字 3 是 10 的幂次。因此，功率比是 $4 \times 10^3 = 4000$，如图 D.1.4 所示。

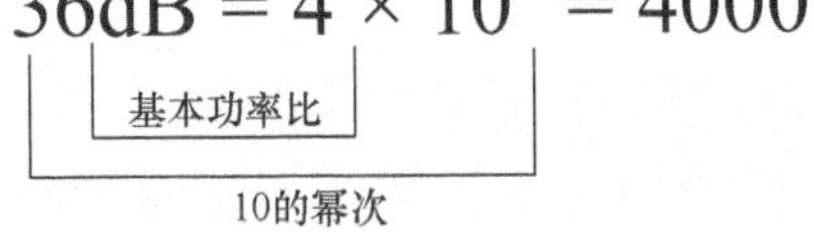

$$36\text{dB} = 4 \times 10^3 = 4000$$

图 D.1.4 将 36dB 换算成功率比

5. 功率比小于 1 的表示

如果 0dB 对应于功率比 1，那么怎样将小于 1 的功率比换算成 dB 数呢？当然，要用负的 dB 数，如图 D.1.5 所示。前面已经指出，用 dB 表示的比值可以采用在 dB 前加一个负号的方法倒过来：

$$3dB = 2$$

$$-3dB = 1/2 = 0.5$$

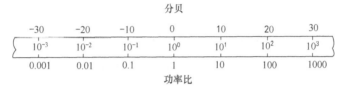

图 D.1.5 负分贝数表示小于 1 的功率比，正分贝数表示大于 1 的功率比，0dB 表示比值为 1

功率比为零时会怎样？功率比越小，用来表示它的负分贝数就越大。当比值趋近零时，负分贝数会无限增长。例如，功率比 0.000000000000000001＝ −180dB，等于零的功率比没有等价的分贝数。

D.2 分贝的应用

在雷达应用中，分贝常用于表示功率增益和功率损耗。增益是表示功率电平增加的术语，即放大器的输出功率与输入功率之比：

$$增益 = \frac{输出功率}{输入功率}$$

如果输出功率是输入功率的 250 倍，增益就是 250。250:1 是 24dB，如图 D.2.1 所示。

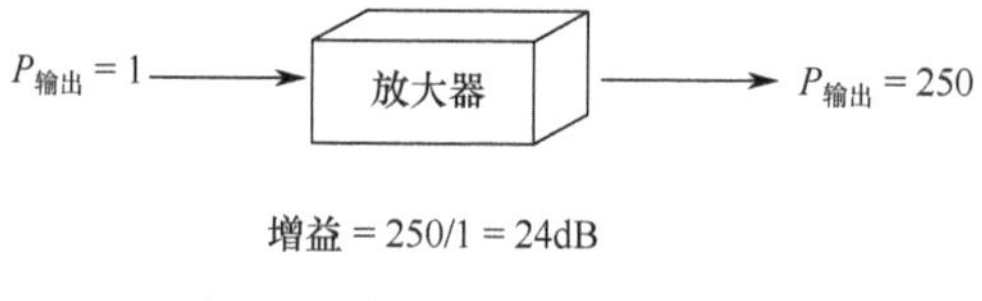

$$P_{输出} = 1 \longrightarrow \boxed{放大器} \longrightarrow P_{输出} = 250$$

增益 ＝ 250/1 ＝ 24dB

图 D.2.1 增益是输出与输入的比值

损耗是表示功率减小的术语，是输入功率与输出功率之比，正好和增益相反：

$$损耗 = \frac{输入功率}{输出功率}$$

假设上例中的放大器通过一根约吸收 20%功率的波导拉到了天线上。由此，输入功率和输出功率之比是 10:8 ＝ 1.25，即损耗为 1dB，如图 D.2.2 所示。有些人认为增益和损耗是同义词，并且只考虑输出与输入之比。从这个观点看，1dB 的损耗等价于−1dB 的增益。

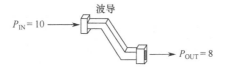

图 D.2.2 损耗是输入与输出功率之比

假设放大器输入端至天线输入端之间的总增益 G_T，为了直接用功率比求总增益，可用波导的损耗 1.25 来除放大器的增益 250：

$$G_T = G_{AMP}/L_{W.G.} = 250/1.25 = 200$$

另一方面，如图 D.2.3 所示，为了用 dB 来确定增益和损耗，假定源和负载阻抗是匹配的，只需从增益中减去损耗即可：

$$G_T = 24dB - 1dB = 23dB$$

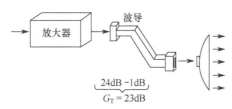

图 D.2.3 用分贝表示，总增益等于增益减去损耗

23dB 与功率比 200 等价。因此用两种方法得到的答案是一样的。

按照同样的步骤，可以考虑任何数量的增益和损耗。例如，放在原放大器前面或后面的附加放大器的损耗，天线中的损耗，天线罩中的损耗，现场使用过程中性能变坏引起的增益的减小等。使用总增益乘以输入功率，就能很快地知道供给天线的功率是多少。

有时通过电压来表示增益更方便。在电阻中消耗的功率等于加在电阻上的电压乘以通过它的电流，即 $P = UI$，但是电流等于电压除以电阻，即 $I = U/R$，因此功率等于 U^2/R。相应地，电路的输出功率等于 U_o^2/R，而输入功率等于 U_i^2/R，如果电路的输入阻抗和输出阻抗相同，增益就是 U_o^2/U_i^2，如图 D.2.4 所示。这时，如果用 dB 表示，增益就是

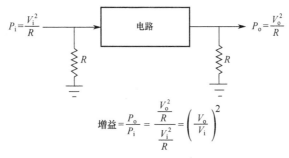

图 D.2.4 用电压表示的增益为 U_o^2/U_i^2，条件是输入阻抗和输出阻抗相同

$$G = 10\lg\left(\frac{U_o}{U_i}\right)^2 = 20\lg\left(\frac{U_o}{U_i}\right)$$

D.3 分贝用作绝对单位

分贝最早只用来表示功率比，但现在也用来表示功率的绝对值，仅需确定某个绝对功率单位作为参考值。通过将给定的功率值和参考单位进行比较，功率值就可用分贝数来表示。一个常用的参考单位是 1W。相对于 1W 的分贝数称为**分贝瓦**，表示为 dBW。1kW 的功率是 30dBW，2W 的功率是 3dBW，1W 的功率是 0dBW；另一个常用的参考单位是 1mW。相对于 1mW 的分贝数称为 dBm。dBm 广泛地用来表示小信号功率，如雷达回波的功率，它可以在非常大的范围内变化。很远的小目标回波可以弱到 -130dBm 或更小，而近距离目标回波可以强至 0dBm 或更强，因此，回波功率的动态范围至少有 130dB。考虑到 -130dBm 是 10^{-13}mW，用 dBm 来表示绝对功率的方便性就很明显，如图 D.3.1 所示。

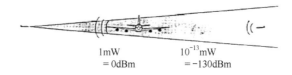

1mW
= 0dBm

10^{-13}mW
= -130dBm

图 D.3.1　雷达横截面积的数值可以在很宽的范围内变
化，可以方便地相对于 1m² 的分贝数来表示

分贝还常应用到功率以外的其他变量上，雷达横截面积就是一个例子。随着目标姿态的变化，典型目标的雷达横截面积很容易由 1m² 变到 1000m²。1m² 的雷达横截面积的分贝数被称为 0dBsm，如图 D.3.2 所示。

1m²
= 0dBsm

1000m²
= 30dBsm

图 D.3.2　近距离大目标收到的功率可比远距离小目标收到的功率大
10000000000000 倍，所以用相对于 1mW 的分贝数来表示类似
功率的优点明显

还有一个应用是天线增益。天线增益定义为给定方向上单位立体角内辐射的功率与同样总功率各向同性辐射时单位立体角内的功率之比，相对各向同性辐射功率的分贝数记为 dBi。

D.4 小结

分贝是最早用来表示功率比的。对数表示大大地压缩了数值的范围。

分贝通常用来表示增益和损耗，有绝对单位作参考时，分贝也可用来表示绝对值。

重要关系式

- 功率比：$dB = 10\lg P_2/P_1$
- 用电压表示的功率比：$dB = 20\lg U_2/U_1$
- $1dB = 1^{1/4}$
- $3dB = 2$
- dBW = 相对于 1W 的分贝数
- dBm = 相对于 1mW 的分贝数
- dBsm = 相对于 $1m^2$ 雷达横截面积的分贝数
- dBi = 天线相对于各向同性辐射的分贝数

参考文献

[1] Louis A. Gebhard. *Evolution of Naval Radio-electronics and Contributions of the Naval Research Laboratory*. 1979, p.170 or p.186.

[2] A. Hoyt Taylor. *Radio Remini scences: A Half Century* (U.S. Naval Research Laboratory Report, Washington, 1948), p.156.

[3] Historical Manuscripts, Navy Department Library, Naval History and Heritage Command, Washington, DC, Leo C. Young Collection.

[4] Radar Returns 1996-7. *Australian Dictionary of Biography: Volume17A-K* (Australian Dictionary of Biography) ISBN9780522853827. (William A. S. Butement).

[5] 丁鹭飞，耿富录，陈建春. 雷达原理（第 6 版）[M]. 北京：电子工业出版社，2020.

[6] George W. Stimson, Hugh D. Griffiths, Chris J. Baker, et al. *Introduction to Airborne Radar (3rd Edition)*. Published by SciTech Publishing, 2014.

[7] Peter Swerling. *Probability of Detection for Fluctuating Targets*. Rand Research Memorandum RM-1217, March 17, 1954.

[8] J. B. McKinney. *Radar: A Case History of an Invention*. IEEE Aerospace and Electronic Systems Magazine, Vol. 21, No. 8, Part II, August 2006.

[9] IEEE Standard for Radar Definitions. IEEE Std 686-2017 (Revision of IEEE Std 686-2008).

[10] 盛振华. 电磁场微波技术与天线[M]. 西安：西安电子科技大学出版社，2006.

[11] 赵国庆. 雷达对抗原理[M]. 西安：西安电子科技大学出版社，1999.